一流学科教材
生物医学科学

大数据生态学研究方法

METHODS FOR DATA-INTENSIVE ECOLOGY

刘方邻　编著

中国科学技术大学出版社

内 容 简 介

本书系统介绍了大数据生态学的有关原理、方法、软件工具，内容涵盖R语言与数据挖掘、数据获取与整合、探索性数据分析、机器学习建模、科学工作流等，清晰地勾勒了大数据生态学教学的基本框架。

本书突出实用性和可操作性，如以生态学典型数据集为例，选用生态学流行的R语言及常用的树模型，详细论述了数据获取和操作工具，以及如何利用数据集探索、提出和回答关键问题。本书对相关科研院校科研人员、教师以及生态领域的初学者，都有很好的参考和借鉴作用。

图书在版编目(CIP)数据

大数据生态学研究方法/刘方邻编著．—合肥：中国科学技术大学出版社，2021.3
（中国科学技术大学一流规划教材）
ISBN 978-7-312-05172-2

Ⅰ.大… Ⅱ.刘… Ⅲ.生态学—数据处理 Ⅳ.Q14-39

中国版本图书馆CIP数据核字(2021)第032498号

大数据生态学研究方法
DASHUJU SHENGTAI XUE YANJIU FANGFA

出版 中国科学技术大学出版社
安徽省合肥市金寨路96号，230026
http://press.ustc.edu.cn
http://zgkxjsdxcbs.tmall.com
印刷 安徽省瑞隆印务有限公司
发行 中国科学技术大学出版社
经销 全国新华书店
开本 787 mm×1092 mm 1/16
印张 12.75
字数 327千
版次 2021年3月第1版
印次 2021年3月第1次印刷
定价 39.00元

序

提起生态学，人们往往眼前浮现雪山冰川、葱郁的草原、连绵的森林、碧波荡漾的湖泊，也可能会联想到在黄昏时，几个人走进森林，张开雾网(mist net)，捕捉和记录着蝙蝠或者其他夜行动物。的确，在20世纪60年代以前，生态学家就是拿着测绳、捕虫网、望远镜等工具，穿梭在林间，专注于一个很小区域内的动物、植物的种类和数量。分类、自然史描述和生态格局推测，是那个时代由单个生态学家主导的研究重点。

从20世纪80年代起，随着研究的深入和领域的发展，生态学家需要相互协作，部署监测网络，如全球尺度的长期生态研究网络(Long-Term Ecological Research Network, LTER)，大陆尺度的美国国家生态观测网络(National Ecological Observatory Network, NEON)、澳大利亚陆地生态系统观测网络(Terrestrial Ecosystem Research Network, TERN)、南非环境观测网络(South African Environmental Observatory Network, SAEON)等。生态学研究重点不再以小尺度层面上的个体、群落和生态系统为对象，而是发展成为更大时空尺度上、由很多专业研究人员参与的大型综合性研究。例如，LTER就汇集了2000多名科学家，除了生态学家，还有地球科学、化学、分子生物学、人类学等领域的专家学者，大家协同工作，以期共同解决人类关切的全球性重大发展问题：从全球气候变化到渔业、林业的突然崩溃，从控制疾病传播、物种入侵到从自然界中获得医药、文化和技术等财富。从这个意义上说，生态学已发展成为真正意义上的"大科学"。

生态监测网点建设促进了微型传感器在水、土、气、生物等监测中的应用，如物候相机、动物声音记录仪、动物相机陷阱和各种水土监测仪等，这些传感器可自动采集数据，并通过先进的网络基础设施等，实时传输。基于高通量测序技术对某一生态区域中的物种等进行的大型数据采集，为生态学发展带来了前所未有的机遇。带宽传输能力的增加、灵活的数据库和分布式资源链接等数据技术的发展，使得数据访问很方便，数据处理和信息提取能力变得非常强大。越来越多的生态学研究依靠实时数据流和大型数据集，由此可见，生态学研究已进入了"大数据"时代。

要充分利用这些大数据资源，研究者往往需要具备相关技能。早在2009年，美国生态学会(Ecological Society of America)、美国国家生态分析和合成中心(National Center for Ecological Analysis and Synthesis)以及美国国家生态观测站网络(National Ecological Observatory Network)通过研讨会的形式，训练生态学专业的学生检索、下载和管理数据，以及处理、分析和可视化数据。这些训练不仅能培养学生操作和处理大数据集的能力，也利于传授生态学基本概念与原理，强化创新性思维。他们建议将这些数据密集型研究的训练，纳入国家生态学教学计划，以便帮助学生在职业生涯中取得成功。

目前，国内外大学都比较缺乏生态大数据密集型研究的系统培训教程，主要是因为精通数据管理和数据密集型研究的生态学专业教师比较少。此外，大数据处理所需的计算技能涉及数学、统计学和计算机科学等多学科，高校生态环境类学院难以获得校内上述学科的教学资源，因为数学、统计学和计算机科学等学科部门都专注于各自领域的人才培养。国外大数据生态学培训主要通过开办讲习班或提供在线自学教程来实现。

自 2016 年起，中国科学技术大学就开设了大数据生态课，训练学生掌握数据科学方法。在多年教学的基础上，作者总结整理出《大数据生态学研究方法》一书。该书共 8 章，系统介绍了大数据生态学的有关原理、方法、软件工具，内容涵盖数据检索、数据获取与整合、探索性数据分析、机器学习建模等。这些内容比较清晰地勾勒了大数据生态学教学的基础框架。作为教材，该书突出了实用性和可操作性。例如，以生态学典型数据集（时间序列、空间和种间关系网络）为例，选用生态学流行的 R 语言和生态学中常用的树模型，详细论述了数据获取和操作工具，以及如何利用数据集探索、提出和回答关键问题。对于初学者，可复制书中 R 代码用于自己的研究。

该书的出版，将是我国高校生态学传统教学内容变革的一次有益的尝试。我相信该书对相关科研院校的科研人员、教师以及生态领域的初学者，都有很好的参考和借鉴作用。

中国科学院院士

2020 年 8 月

前　言

生态学是研究生物与环境之间关系的一门科学，具有很强的理论性和实践性。面对纷繁复杂的生态关系，生态学家需要用模型来描述生态过程和格局，或进行预测，所以对每个从事生态学研究的人员来说，掌握相关数据的分析方法是非常重要的。

有关生态学研究方法的中文书籍和教材比较多，如《生态学研究方法》(Southwood 著，罗河清等译，1984)、《普通生态学：原理、方法和应用》(郑师章等编，1994)、《生态学实验原理与方法》(付必谦主编，2006)、《生态学研究方法》(张文军编，2007)、《生态学研究方法》(孙振钧等编著，2010)和《生态学研究的科学方法》(Ford 著，肖显静等译，2012)，这些书籍介绍了生态学研究的实验设计、数据采集与分析以及建模方法等。另外，Richard Karban 等著的《How to Do Ecology：A Concise Handbook》(中文版为《如何做生态学(简明手册)》，王德华译，2010)介绍了如何选择科学问题、提出科学假说、设计实验以及分析和解释实验结果。这些基于统计学原理的实验设计和分析方法，为从事生态学研究的科研工作者提供了很好的参考。

近几十年来，全球环境变化对生态系统和生物多样性威胁日益增加，生态学家正在利用各种现代技术获取海量数据，期望通过整合和分析数据，实现科学新发现，形成新知识，以解决生态环境问题。例如，在美国，David Schimel 博士带领建起覆盖美国 60 多个地区的生态观测网络(National Ecological Observatory Network，NEON)，安装 15000 多个传感器，收集 500 多种类型数据，包括各种气候要素、空气污染物浓度、土壤和溪流中各种养分、植被和微生物生长状态等。再如，德国弗赖堡大学(University of Freiburg)研究人员在德国全境安装了 300 个麦克风，记录不同生态系统声音，将鸟儿、昆虫和其他动物的声音与森林、草原等土地管理模式关联起来，以评估土地利用方式对生物多样性的影响。随着物联网、云计算和智能传感器在生态环境领域的广泛使用，生态学研究已进入大数据、大科学时代。

与传统抽样数据不同，大数据不是随机的，而且数据类型多、维数高，测定变量中可能有大量缺失值、异常值，不能满足统计分析要求的各种假设。另外基于抽样数据的假说-验证研究范式面临挑战。当下，越来越多的研究需要机器学习方法，如随机森林(random forest)、支持向量机(support vector machine)等，处理这类非线性、高阶相关性和有缺失值的数据。大数据正在驱动生态学研究方法的变革，数据科学范式逐渐成为生态学研究的新模式，通过大数据挖掘，捕捉生态过程和格局细节信息，在更大的混沌周期中发现变量之间的模式。为了满足当下生态学研究的需要，笔者在总结多年教学的基础上，参考相关文献编写了本书。

本书第1章概述生态学研究及其范式，第2章介绍基于R语言的数据挖掘基本方法，随后按照数据科学的知识发现逻辑顺序安排章节，其中，第3、4章介绍数据获取与探索性数据分析，第5、6、7章分别介绍空间、时间、生态网络数据的挖掘方法。为推动单个科学家主导的、小尺度和局域性的生态学科研方式的转变，第8章介绍了如何构建科学工作流，促进全球协作，培养参与全球环境治理的生态学专业人才。

本书不只是介绍数量生态学方法，更重要的是介绍生态数据的挖掘知识。为避免概念化，本书还参考了有关文献的一些实例，数据涉及从分子到生态系统多个层次，包括大尺度空间遥感数据和微观基因序列数据。在实例分析中，突出R语言以及有R接口的开源软件的应用，以方便学习和理解内容。

在撰写过程中，参阅了大量著作和论文，以及不少网络资料，在此向有关文献作者表示诚挚谢意！由于编者知识有限，书中难免出现不当和疏漏之处，欢迎广大读者提出批评和改进意见。

刘方邻

2020年11月于合肥

目　　录

第1章　生态学研究及其范式

生态学从诞生到现在，已有150多年的历史，形成了区别于其他学科的、比较完善的理论体系和方法论。

在很长一段时间里，生态学研究基于“假说-验证范式”或“理论科学范式”，致力于达尔文式的统一理论探索。如今，越来越多的生态学研究依赖全球观测所产生的数据流（data plunge），研究范式在改变，研究内容也从达尔文统一理论探索转向生态管理和具体生态过程。

本章扼要地介绍了生态学研究任务、学科范式及其演化，并简述了假说-验证范式所面临的困境，以及数据科学范式的特点和优势。

1.1　生态学之问

1.1.1　达尔文式统一理论探索

生态学是从博物学（Natural History）独立出来的一门学科。1895年，丹麦植物学家Eugenius Warming（1841～1924）在其所著的《Plant Ecology》一书中，明确了生态学是关于“不同栖息地动、植物分布和丰度”的研究，用“不同栖息地”来强调生物与环境之间的关系。

生物与环境之间是一种相互作用的关系（图1.1），一方面，环境可以影响生物的生长、发育和繁殖，另一方面，生物可适应环境，并且能够改变环境。

英国动物生态学家Charles Elton（1900～1991）是这样描述生态学的：

“生态学是用无人理解的语言研究众所周知的事情的一门科学。”

按照Charles Elton观点，生态学讲的都是一些很普通的问题。但他同时强调，生态学有很强的专业性，多数问题需要用数学语言表达，正如加拿大生态学家Pielou所说：“生态学本质上是一门数学。”

生态学研究的内容十分丰富，主要关注物种丰度、多样性、分布范围、个体大小等与环境密切相关的问题。由于人口增长，环境问题突出，生态学的研究重点从生物学范畴转移到自然与人类复合系统，它颠覆了Francis Bacon（1561～1626）的传统科学观，生态学研究不再是服务于对世界的技术性改造，而是服务于对世界的维持和保护，为解决人类发展面临的困境提供了美学、伦理、道德和思想方法等方面的哲学见解。

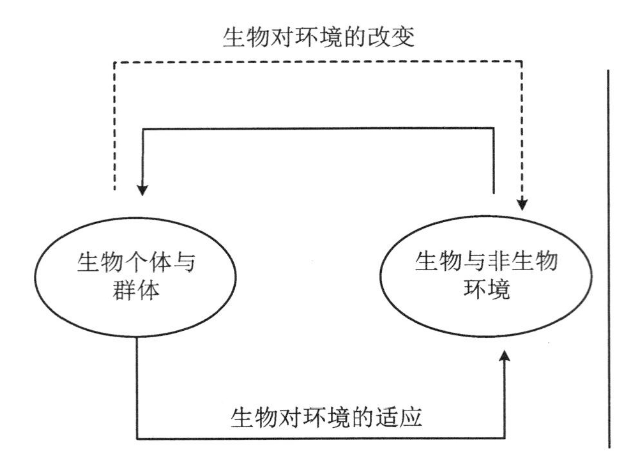

环境对生物的影响：如光、温度等对植物生长、发育的影响；肠道微生物对人畜免疫力的影响等。

生物对环境的适应：如高寒地区动物躯体比较大，以减少热量损失；动物用保护色、警戒色和拟态方式逃避天敌捕食。

生物对环境的改变：如植物光合作用吸收大气中的二氧化碳，并释放氧气；人类毁林开荒、排放温室气体，从而改变自身生存的环境等。

图 1.1

面对纷繁多样的研究内容，如何探讨生物与环境之间的“关系”呢？

美国著名生态学家 Robert MacArthur（1930～1972）在《Geographical Ecology：Patterns in the Distribution of Species》中写道：

> “科学研究就是寻找重复的模式……最适合从事生态学研究的人是那些喜欢关注山坡上鸟类变化、从大陆到岛屿的植物变化或从温带到热带的蝶类变化的博物学家。”

美国加州大学 Richard Karban 等在《How to Do Ecology：A Concise Handbook》一书中告诫年轻的科技工作者，开展生态学研究最有效方法就是观察生态“格局或模式(pattern)”，并尝试回答如下问题：

① 物种的数量和分布格局或模式是怎样的？

② 什么机制导致了这种生态格局或模式(生态过程与机制)？

③ 这种格局或模式会产生什么样的结果(生态效应或后果)？

④ 为什么要强调研究生物数量与分布的格局呢？通过格局研究可以揭示生物与环境之间的关系吗？

在长期进化过程中，物种逐渐形成对周围环境中的一些物理和化学条件的特殊依赖，如空气、光照、水分、热量和无机盐类等，由于这些理化环境的异质性、不均匀性，生物在空间上最终呈现出特定的格局或模式。例如，McGlynn 等(2019)研究发现 Los Angeles 市内蚤蝇(phorid fly)集中分布在中等温度地点，而高温和低温地点分布少，表明蚤蝇与温度关系密切。

种群内个体生长、发育和分布容易受到周围其他个体(即生态环境)的影响，这种影响也可通过格局来揭示。种群空间分布格局(spatial pattern)分为随机(random)分布、均匀(uniform)分布和集群(clumped)分布，分别表征种内个体之间没关系、竞争排斥、合作依赖，见表 1.1。此外，这些空间分布格局还隐含了可能的形成机制以及潜在的生态效应。

表 1.1

分布类型	形成机制	一些实例	生态效应
随机分布	种群内个体之间没有明显的吸引和排斥作用	植物种子可借自然风力散布，或通过勾刺，如鬼针草（*Bidens* spp.）、蒺藜（*Tribulus terrestris*）借动物传播，从而形成随机分布	在资源分布均匀的情况下，利于自由交配、繁殖和生长
均匀分布	种群内个体之间没有强烈的竞争排斥关系	通过扩散、维持领域形成，如繁殖期的鸟类的鸟巢常常均匀分布	避免个体间出现拥挤，确保基本生存资源的供给
集群分布	种群内个体之间没有强烈的合作关系	资源分布不均匀或动物的集群行为，如在西双版纳热带雨林，在旱季时，几群或数十群黄色大蜜蜂（*Apis dorsata*）聚集在木棉树（*Gossampinus malabarica*）上	有利于不同种群间基因的交流，也可能利于共同防御捕食者等

除了空间分布格局，生物数量模式也隐含了种内、种间关系。例如，种群的 Logistic 增长方式、种群存活曲线，群落中种-面积曲线等都隐含着种内或种间关系，以及生物对环境的适应。例如，美国生态学家 James Brown 等（1989）通过对美国亚利桑那州东南部 Chihuahuan 荒漠中的 11 种啮齿类动物的种群密度的观察进行，发现动物种群各年的种群密度呈现正相关，但各季节的种群密度同时存在正相关和负相关，这表明各物种之间存在负密度制约效应和生态位分化，揭示分割资源是群落物种共存的一种机制。

此外，流动是复杂系统中的普遍现象之一，如水流、热流、信息流等。生态学家很早就关注生态系统的“流动”或“生态流”。博物学家 Stephen Forbes（1844～1930）描述了美国伊利诺湖的能量动态，创立了能量生态学（Energetic Ecology）。正是基于生态流的研究，英国生态学家 Arthur Tansley（1871～1955）提出了生态系统的概念。

对于一些复杂系统，存量 M 和流量 F 之间普遍存在着一种幂律关系。生态流是否也有统一模式呢？加拿大 McGill University 的 Ian Hatton 博士等（2015）分析了全球 2260 个生态系统的种群生物量，发现也存在类似的幂律关系，捕食者（消费）与猎物生物量（存量）的比例接近 3/4 幂律规律，数学表达如下：

$$F = F_0 M^{\frac{3}{4}} \tag{1.1}$$

式中，F_0 和 M 都是常数。

可以推测，生态系统也存在类似其他复杂系统的分形结构，利于能量在生态系统内部的流动。正如 Richard Karban 所说的，生态保护之“道”就是维持生态系统的分形结构，使得系统能量流动类似小溪，确保其沿着阻力最小的方向前进，获得生态系统最大流。

总之，生态学研究致力于发现格局或模式，通过对生态格局和过程的分析，揭示隐含在格局和过程中的生物与环境之间的关系，这种达尔文式对一般理论探索的生态研究被看做 GitHub 是“新博物学”或“科学博物学”。

1.1.2 全球变化与生态治理

在 Arthur Tansley 提出“Ecosystem”概念后相当长的时间里，生态研究很少将人类作为物种纳入其中。直到 2005 年，以生态系统服务和人类福祉为重点的千年生态系统评估，研究者才意识到人类社会也是生态系统的一部分。在 2013 年英国生态学会精选的 100 个问题，将人类作为一个关键物种，探索人类活动的生态效应。例如，人类是如何影响其他物种进化的？

如今，包括人类在内的社会-生态复合系统成为全球变化研究的热点，出现了不少高频词，如“生态弹性（ecological resilience）”“临界点（tipping point）”和“临界慢化（critical slowing down）”。它是通过对系统弹性、临界点等的研究，表征一个社会-生态复合系统的属性，描述系统的演化动态，评估系统的稳定性（system stability）和可持续性。

生态学研究已经进入了一个新的阶段，在社会-自然复合生态系统中，研究常涉及人类感知，包括美学、道德和伦理以及社会经济等。生态学被看做是“后现代科学”，它强调环境生物影响与生物适应变化环境研究，尤其是关于“生态人”对地球环境的改变和影响，生态学研究从达尔文式的、一般生态理论的探寻转向对于生态管理理论和方法的研究，促使不同的资源管理方法的形成，建立起对未来变化的预测，提高人类应对全球变化的能力，由此产生了生态管理与生态工程等新兴交叉研究领域。

1.2 生态学研究范式

1.2.1 研究范式及演变

范式（paradigm）是一个哲学术语，来自 Thomas Kuhn（1922～1996）的著作《The Structure of Scientific Revolutions》。通俗地讲，它是一个学科的理论基础和实践规范的全部，包括定律、理论体系以及研究的仪器设备和具体方法，是从事某个学科研究成员公认的模式。

研究范式是学科范式的方法论部分。按照 Jim Gray 的观点，科学研究范式可分为四类：以观察和实验描述自然规律为主的经验科学，用模型推演得到结论的理论科学，利用电子计算机对科学实验进行模拟仿真的计算科学，以及直接分析海量数据发现相关关系而获得新知识的数据密集型科学。

生态学研究与物理学和化学等经典学科无根本差异，从现代生态学诞生到现在，生态学研究也经历了四种研究范式，各种范式研究的代表人物及其主要成就可概括在图 1.2 中。

在早期，生态学家主要进行自然史（Natural History）观察，描述生态现象，属于经验科学范式。主要方法包括：

（1）相关（correlation）。相关分析是研究两个或两个以上随机变量之间的关系。无论在生态学研究早期，还是当今，该方法常用于野外调查。例如，人们通过观察雄性山雀（*Parus* spp.）尾羽长度与雌性交配次关系，然后进行相关分析，确定雄性尾羽长短是否与吸引雌性交配有关。再如，有关气候变暖导致物种分布区的变化也是通过观察并进行相关分析发现的。

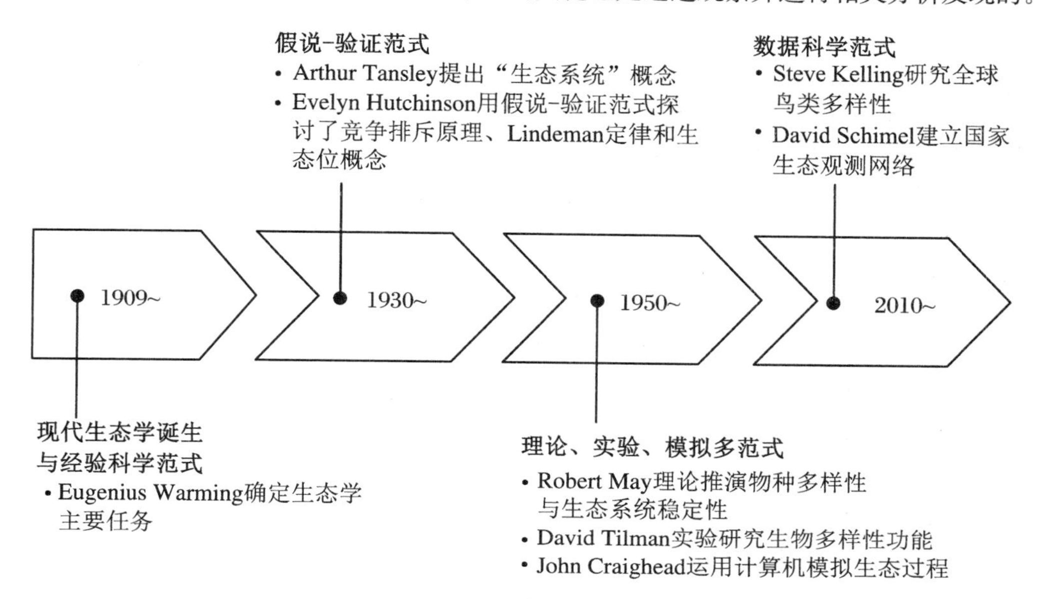

图 1.2

（2）比较（comparation）。对两个或两个以上有联系的事物进行考察，寻找事物之间的异同，是一种探求普遍规律与特殊规律的方法。例如，通过比较美国亚利桑那州东南部Chihuahuan荒漠中的 11 种啮齿类动物的种群密度和生活史性状，发现动物可以通过分割资源的方式实现共存。

科学研究是要探寻事物之间的因果关系，仅依据观察数据进行相关分析很难发现生态现象的因果关系。例如，在图 1.3 中，仅通过 A 与 B 的相关分析，就不知道是由 A 导致 B，由 B 导致 A，还是由 C 导致 A 和 B，很难确定哪一种因果联系。

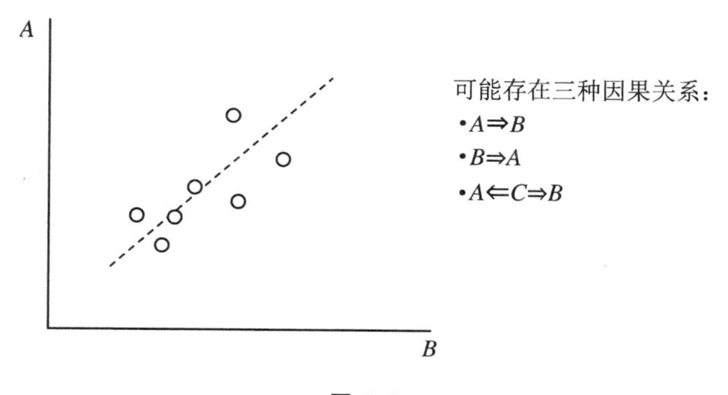

图 1.3

网上流传着一个伪相关的例子，即荷兰出生婴儿数量与鹳雀巢数之间存在相关关系。事实上，两者之间没有关联，只是这两件事都与观测之前 9 个月的天气有关，天气成了干扰因素（confounding factor）。显然，伪相关将导致错误的统计推断甚至误导科学发现。正是由于观察数据很难明确生态现象的成因，到了20世纪60年代，基于观察的生态学研究方法逐渐被弱化。

1935年，英国生态学家Arthur Tansley提出了"生态系统(ecosystem)"的概念，生态学进入一个新的发展阶段。这期间，美国动物学家Evelyn Hutchinson(1903～1991)系统地探讨了竞争排斥原理(competive exclusion)、生态位(ecological niche)概念和林德曼定律(Lindeman's law)，指出假说-验证范式对生态学研究的重要作用，将现代生态学带进"硬科学"的时代，开启了生态学的理论科学范式。

一个经典例子是美国华盛顿大学的Robert Paine(1933～2016)博士关于捕食者对局部地区物种多样性影响的一个实验研究。在生态系统中，能量和物质通过一系列取食与被取食关系在群落中传递，各种生物因食物关系形成食物链(food chain)，并进一步构成食物网(food web)。根据能量流动与物质循环，Robert Paine提出在复杂的食物关系中，捕食者对群落结构起着决定性影响，即所谓的"关键种假说"。

对于关键种假说的实验验证，启发了人们的更多思考。例如，非关键种缺失是否与局部地区物种多样性变化有关？这个结果会不会导致资源分布不均？等等。要回答这些问题，仅仅依靠实验可能是很困难的。

到了20世纪70年代，牛津大学生态学家Robert May(1936～)用数学模型来演示生物多样性与生态系统稳定性之间的关系，随后越来越多的生态学家采用数学模型和计算机模拟研究生态系统、物种多样性、全球变化等问题，开启了生态学模型与计算机模拟时代。

计算机模拟方法在研究一些复杂问题方面发挥了重要作用。例如，Jay Forrester运用系统动力学模型对全球社会复合生态系统进行动态仿真，美国的John Craighead等用计算模型推演美国黄石公园的垃圾场关闭对棕熊灭绝风险的影响，罗马学会应用多状态变量和参数，建立了"世界模型"，模拟人类活动造成的全球性影响。

为了解决人类活动导致的气候变化、环境污染、生物多样性降低等问题，从20世纪90年代开始，生态学家在全球开展了一系列研究计划，在大的时间、空间尺度上，就物理、化学和生物过程及其相互作用进行综合研究，生态学进入大数据、大科学时代，数据密集型科学成为重要研究方法，即所谓的"第四范式"。

随着传感器和物联网的广泛使用，源源不断地提供包括气候、土地覆盖、人口等数据流，越来越多的科研人员利用数据科学方法开展生物多样性的研究。例如，美国Steve Kelling博士(2009)等开发了一个数据密集型科学工作流程，确定影响北美鸟类种群分布和数量的因素。

数据科学与理论科学范式存在本质上的区别。对于理论科学范式，首先要思考"科学问题是什么?""有什么科学假设?"等，即先提出假说，然后设计实验验证，而数据科学是从数据开始的，通过分析发现模式生成假说。数据科学是科学研究方法上的一次革命。

1.2.2 假说-验证范式的困境

过去较长一段时间，生态学研究主要采用"假说-验证"范式，即芝加哥大学生物物理学家John Platt(1918～1992)的假说-演绎(hypothesis-deduction)科学研究模型(图1.4)。

科学发现的逻辑是：先针对科学问题，构思一个假说，即界定有关变量，并假设变量之间存在因果关系，然后根据假说，推演可验证的预言，再设计实验，收集数据，验证预言，最后依据验证结果，拒绝或接受假说。例如，在 1962～1964 年，Robert Paine 分别在 Mukkaw 海湾及加利福尼亚等地的岩石潮间带，开展海洋生物群落的捕食关系及物种多样性的研究。整个研究过程概括如图 1.5 所示。

通过阅读文献、野外观察，构思一个科学问题
根据观察或阅读文献，提出假设，形成可验证的预测
根据统计原理和现有条件设计实验，收集数据
进行参数估计和统计推断，并估计效应大小
接受或拒绝原假说
推论

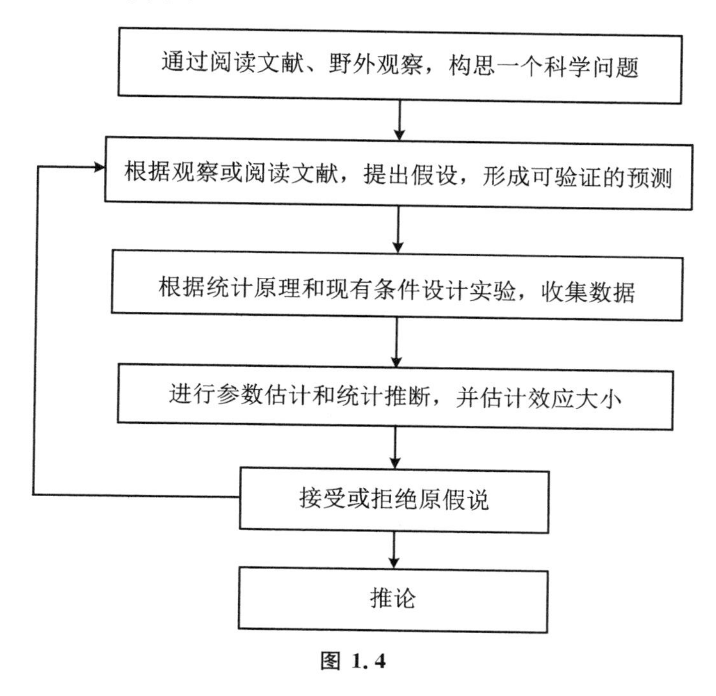

图 1.4

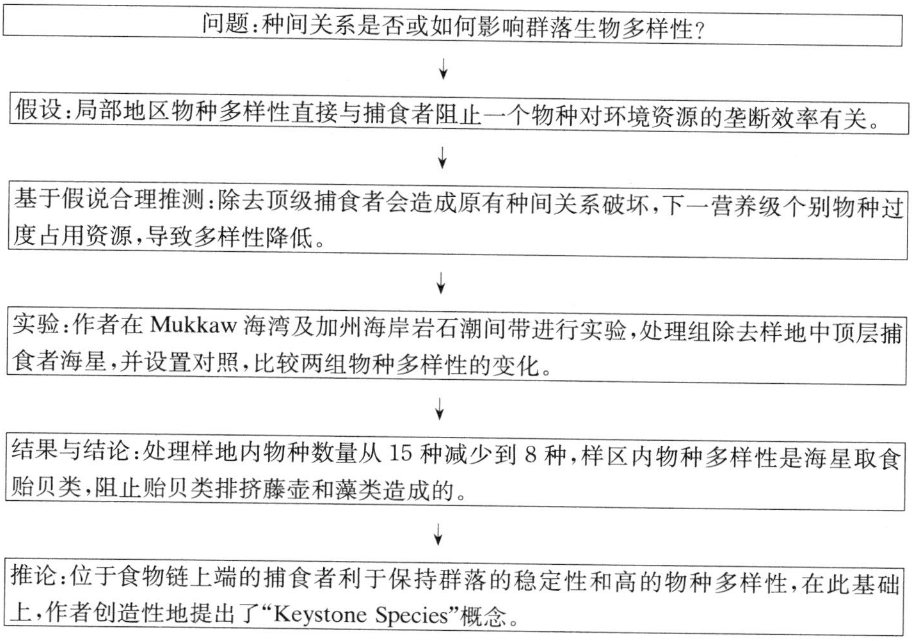

问题：种间关系是否或如何影响群落生物多样性？
假设：局部地区物种多样性直接与捕食者阻止一个物种对环境资源的垄断效率有关。
基于假说合理推测：除去顶级捕食者会造成原有种间关系破坏，下一营养级个别物种过度占用资源，导致多样性降低。
实验：作者在 Mukkaw 海湾及加州海岸岩石潮间带进行实验，处理组除去样地中顶层捕食者海星，并设置对照，比较两组物种多样性的变化。
结果与结论：处理样地内物种数量从 15 种减少到 8 种，样区内物种多样性是海星取食贻贝类，阻止贻贝类排挤藤壶和藻类造成的。
推论：位于食物链上端的捕食者利于保持群落的稳定性和高的物种多样性，在此基础上，作者创造性地提出了“Keystone Species”概念。

图 1.5

假说-验证范式几乎涉及生态学研究的方方面面，特别是在一些理论验证方面发挥了重要作用。例如，Gregory Gause（1910～1986）通过操控实验验证了物种之间存在着竞争关系。Samuel McNaughton（1939～）甚至认为生态学的理论应该依靠实验而非理论和模型

推演。

生态学家越来越多地期待估计种群、群落和生态系统对人为压力的反应程度，设计实验检验潜在和实际的影响以及减轻这些影响的策略。但是，人们质疑生态学理论的效用、预测能力，一些理论在实际情况下被一再证明没有什么价值。

例如，2014 年英国埃塞克斯大学的 Etienne Low-Decarie 博士和他的两名研究生收集了 80 多年来在《Journal of Ecology》《Journal of Animal Ecology》和《Ecology》上的共 18076 篇论文和报告，分析了有关影响藻类发生的研究结果。根据论文发表时间先后顺序，每篇论文 p 值的均值在稳步上升，说明研究人员探索了更多的可能因素，如水中磷含量、水温、水质等。按理说，更多预测变量被纳入到模型后，预测赤潮发生的可靠性应该增加，但令人意外的是，衡量变量之间相关性的统计量 R 值却越来越小，这个研究结果说明生态学实验存在问题。

为何出现这种情况？Ronald Fisher（1809～1962）的假说-验证的思想是小概率反证法，即构造一个小概率事件或原假说（null hypothesis，H_0），同时提出另一个与原假说对立的备择假说（alternative hypothesis，H_1），然后设计实验，即从总体中抽出样本，依据样本计算统计量（t、χ^2 或 F）的值，根据预设的概率水平（$p<0.01$ 或 $p<0.05$）检验和选择的统计量的概率分布，确定原假说成立的可能性大小，做出拒绝或接受 H_0 判断。

按照 Fisher 的本意，假说不是被证实的，而是采纳“证伪”的结论，即证伪主义。一般而言，任何一个 H_0 被提出时，被认为极有可能是错的，即构造的原假说是一个小概率事件，在一次实验中，这种事件是不可能发生的。就这个意义而言，整个验证过程是试图推翻 H_0，以支持与原假设对立的 H_1。在假说-验证体系中，只有当 H_0 被拒绝了，才可明确是否存在因果关系，增加对问题的理解。

与物理、化学等学科不同，生态学问题的答案不是简单的“是”或“不是”，通过 H_0 显著性检验来验证生态学假说并不严谨。例如，检验群落中竞争的作用，不是通过一个简单实验就可证伪的，因为群落中同时存在竞争、捕食和寄生、干扰等多因素作用。在生态学上构建单一主导因子的 H_0 是很难的。Kristin Shrader-Frechette 等认为不能确定 H_0 的初始条件，Aaron Ellison 甚至认为生态学中很少存在 H_0。

另外，生态过程是始终演化的，生态规律（因果关系）在不断变化。在逻辑上，生态学的所有实验验证倾向于“证实”假说（H_0）成立，而不是严格的 Fisher 证伪结论。

如前所述，许多生态学假说不能被证伪，Richard Karban 等建议努力提出备择假说，分析每个备择假说的相对重要性，也举了一个关于 Kevin Rice 研究沫蝉、羽蛾幼虫和牧草虫三种食草动物相互关系的例子，即 Kevin Rice 并不只是去验证所提出的竞争假说，而是测定了种间竞争、捕食和寄生的相对重要性。

类似地，Robert May 关于生物多样性与生态系统稳定性的理论在被搁置了 20 多年后，在 1994 年，David Tilman 等在明尼苏达州 Cedar Creek 自然保护区，开展生物多样性效应的备择假说的实验验证，研究生物多样性与生态系统初级生产力的关系。另外，一个分布在瑞典、葡萄牙至希腊设置的 BIODEPTH 生物多样性的实验，在 8 个实验站点，采用了相似的生物多样性处理，以探讨各个站点的初级生产力与物种数的关系。

假说-验证范式的另一个困境是操控实验。操控实验包括正交实验设计法与析因法，无论哪种实验，都遵循重复、随机化、区组化的原则。由于研究对象所处的环境是开放的，其中影响因子及相互关系难以被发现和确定。另外，在大尺度环境下，要采取严谨和一致操作才可能排除无关干扰。可是,Anja Jaeschke 等认为无论如何精心设计和操控,都"不可能包括所有的多样性和空间"。因此,Samuel Scheiner 等认为野外实验存在难以重复的困难,不能作为假说的判决性实验。

1.2.3 数据科学方法

数据科学指的是利用超级计算能力,直接分析海量数据发现相关关系,获得新知识。科学发现的逻辑见图 1.6。

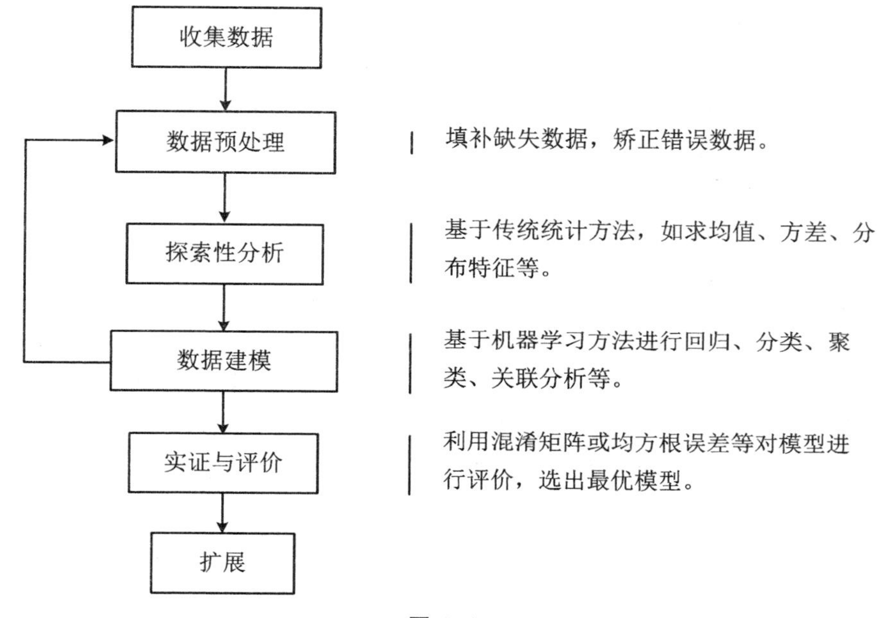

图 1.6

1.2.3.1 与其他范式的区别

数据科学范式在科学发现的逻辑上不同于其他范式,主要表现在如下三个方面:

第一,科学发现的逻辑起点不同。经验科学范式认为"科学始于观察",即在自然和实验观察的基础上,通过归纳提炼出科学理论,假说-验证范式主张科学发现始于科学问题,而数据科学颠覆了原来的科学发现模式,从数据出发,利用数据挖掘方法发现数据中蕴含的规律性,形成了"科学始于数据"的新模式。

第二,寻找相关性,而不是因果律。无论是经验科学范式,还是假说-验证范式,都认为科学研究的目的就是寻找现象之间的因果关系。与其他研究范式不同,数据科学范式认为分析变量之间的相关性比探寻因果律更重要,基于相关分析的预测是大数据研究的核心。

相关不能揭示因果关系,那么数据挖掘发现的规律是否是科学规律?按照科学哲学观点,如果一个命题能够解释以往出现的现象,又能预测未来可能出现的新现象和新问题,其科学性就得到了检验。一方面数据规律本身是从过去所积累的数据中挖掘出来的,完全可解释过去的现象或问题,另一方面,大数据包含了海量的各种现实数据,通过机器学习过去的经验来推测未来。因此,与因果律相比,基于大数据相关性的预测更准确,而且不易受偏见的影响。

第三，数据科学采用归纳方法，而不是演绎逻辑。经验科学采用的是不完全归纳。例如，19世纪德国生物学家 Carl Bergman(1814～1865)通过归纳法提出了“同一物种在越冷的地方，其个体的体积越大，外形越接近球形”这一规律。另外，从达尔文的生物进化论到种群增长的 Logistic 方程都采用了归纳方法。数据科学范式沿袭了经验科学的归纳逻辑，不同的是数据科学采用的是全数据模式，即“样本＝整体”的完全归纳法，克服了小样本不完全归纳法的局限性，利于发现异常值。

1.2.3.2 数据挖掘与数据分析

生态学研究对象或现象本身都比较复杂，如气候变化、环境污染、生物多样性降低等全球问题，需要大规模、大尺度、长时间数据，从数以百计的潜在因子中筛选出预测变量或特征，通过数据挖掘(data mining)方法，找到数据或变量之间关联性，并做出科学发现。可见，数据挖掘就是从数据中发现有意义的见解和知识，并将这种发现表示为模型。因此，数据挖掘是数据科学采用的具体归纳手段和工具。

数据挖掘与数据分析不同，数据分析强调对数据的概括总结，而数据挖掘强调的是探索隐藏信息，通过机器发现的知识规则。例如，在观鸟站，有些投食点很少有鸟来取食，通过对投食点取食的鸟种类数据分析，不来取食的80%为大型鸟类，结论是不来取食的为大型鸟类，但通过编写算法自行发掘现象背后的深层次原因，结果是投食点周围植被与筑巢栖息点有关，在很少有鸟来取食的投食点周围植被状况比较差，栖息的鸟类很少。

与传统的统计分析相比，数据挖掘在很多方法上与其是同源的。例如，数据挖掘采用的朴素贝叶斯分类就是统计理论的发展和延伸。再如，常用于数据挖掘的主成分分析和回归分析也属于统计学范畴。但数据挖掘与传统数据分析存在本质上的区别，传统数据分析需要对数据分布和变量间的关系做假设，确定用什么样的概率函数来描述变量间的关系，然后建立参数模型，并依据统计推断，确定模型的合理性，而数据挖掘并不需要对数据做任何假设，而是侧重利用机器学习方法，自动寻找变量间的关系。因此，对于海量数据，数据挖掘具有更加强大、更灵活、更高效的特点。关于数据挖掘与传统统计分析的区别见表1.2。

表 1.2

	数据挖掘	传统统计分析
前提条件	事先不清楚预测变量和响应变量之间关系	事先对预测变量和响应变量之间的关系做出假设
数据质量	对自变量多元共线性问题不敏感，不考虑交互和非线性作用，含缺失值	对多元共线性问题敏感，要求变量的独立性、正态分布
主要目标	发现数据模式，提出新的假设并建模	对模型和假设进行验证
建模方法	机器学习、人工神经网络等	模型参数估计、假说检验
模型评估	基于训练集与测试集的交叉验证(预测百分率或 AUC)，通过高预测性检验模型	模型拟合(似然比检验或 AIC 值比较)，基于理论验证
预测结果	预测准确性高	受到多种因素影响，不稳定
可解释性	不容易解释	参数有明确含义

注：AUC＝响应操作曲线(ROC)下的面积值；AIC＝Akaike's Information Criteriond 的多推理模型。

如今,数据挖掘是一门利用计算机科学、机器学习和统计方面复杂技能的学科。在生态学领域,数据挖掘的主要任务为:

(1) 数据探索。生态学研究强调生物与环境之间的关系,因此确定影响某个生态过程或现象的关键因子是首要任务。基于传统的统计分析方法,探索数据分布特征,结合决策树、随机森林等分析特征的相关性,计算特征重要性,就可筛选出关键特征。

(2) 分类与回归。可利用提升回归树、朴素贝叶斯等建立分类与回归模型,用于生态预测或预警。例如,基于物种分布栖息地特征,建立物种分布模型,预测气候变化下的物种分布等。

(3) 模式识别。基于关键特征,利用聚类分析方法,发现如空间上的 hotspots、时间上的 Motifs 等模式。

1.2.3.3　多范式融合

为避免数据科学范式造成的"归纳偏见",一些生态学家建议将理论科学和数据密集型科学两种范式整合起来,通过多范式融合来避免这些问题,具体融合途径见图 1.7。

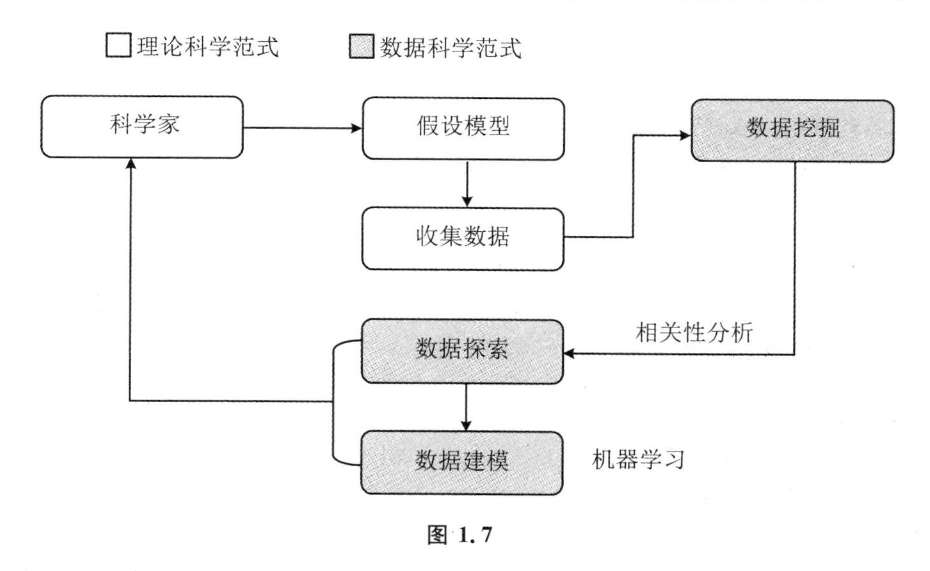

图 1.7

在融合过程中,首先产生一个假说的理论和知识,然后通过机器学习人类的知识,并以此知识来分析新的数据(全球或局域的大数据与本地的小数据)。这样,就可以克服每种范式单独使用时的局限性。

越来越多数据被利用和再利用,以及大量新技术和新方法的应用,如数据 API、云计算和机器学习算法,将会极大地促进多范式的融合,生态学在解释性和预测性研究方面将得到巨大发展。总之,数据科学范式在哲学观念上、方法论上正在深刻变革生态学研究,甚至影响生态学的研究目标,有人认为"要用海量数据重新定义生态科学"。方法论和观念上的变革正在形成一些评价科研人员的学术影响和科研成就的新指标。

参 考 文 献

[1] Brown J H, Zeng Z, 1989. Comparative population ecology of eleven species of rodents in the Chihuahuan Desert. Ecology, 30: 1507-1525.

[2] Candela L, Castelli D, Coro G, et al., 2016. Species distribution modeling in the cloud. Concur. Comp-Prac. T., 28: 1056-1079.

[3] Farley S, Dawson A, Goring S, et al., 2018. Situating ecology as a big-data science: current advances, challenges, and solutions. BioScience, 68: 563-576.

[4] Fraser L H, Henry H A L, Carlyle C N, et al., 2013. Coordinated distributed experiments: an emerging tool for testing global hypotheses in ecology and environmental science. Front. Ecol. Environ. 11: 147-155.

[5] Hatton I A, McCann K S, Frywell J M, et al., 2015. The predator-prey power law: biomass scaling across terrestrial and aquatic biomes. Science, 349: aac6284.

[6] Hey T, Tansley S, Tolle, K, 2012. 第四范式：数据密集型科学发现. 潘教峰，张晓林，译. 北京：科学出版社.

[7] Karban R, Huntzinger M, 2006. How to do ecology: a concise handbook. Princeton: Princeton University Press.

[8] Kelling S, Hochachka W M, Fink D, 2009. Data-intensive science: a new paradigm for biodiversity studies. BioScience, 59: 613-620.

[9] Kuhn T S, 1996. The structure of scientific revolutions. 3rd edition. Chicago: University of Chicago Press.

[10] 李际，2016. 生态学假说试验验证的原假说困境. 应用生态学报，27：2031-2038.

[11] Low-Décarie E, Chivers C, Granados M, 2014. Rising complexity and falling explanatory power in ecology. Front. Ecol. Environ., 12: 412-418.

[12] MacArthur R H, 1972. Geographical ecology: patterns in the distribution of species. New York: Harper & Row Press.

[13] McGlynn T P, Meineke E K, Bahlai C A, et al., 2019. Temperature accounts for the biodiversity of a hyperdiverse group of insects in urban Los Angeles. Proc. R. Soc. B. https://doi.org/10.1098/rspb.2019.1818.

[14] Olden J D, Lawler J J, Poff N L, 2008. Machine learning methods without tears: a primer for ecologists. Q. Rev. Biol., 83: 171-193.

[15] Paine R T, 1969. A note on trophic complexity and community stability. Am. Nat., 103: 91-93.

[16] Sutherland W J, Freckleton R P, Charles J H, et al., 2013. Identification of 100 fundamental ecological questions. J. Ecol., 101: 58-67.

[17] Walker B, Holling C S, Carpenter S R, et al., 2004. Resilience, adaptability and transformability in social-ecological systems. Ecol. Soc., 9: 5-12.

[18] West G B, Brown J H, Enquist B J, 1999. The fourth dimension of life: fractal geometry and allometric scaling of organisms. Science, 284: 1677-1679.

[19] Willis A J, 1997. The ecosystem: an evolving concept viewed historically. Funct. Ecol., 11: 268-271.

第 2 章　R 语言与数据挖掘

数据挖掘主要是基于机器学习(machine learning)方法,从大量的、不完全的、有噪声的数据中提取隐含的信息。在纷繁复杂的生态学研究中,通过数据挖掘可捕捉生态过程和格局细节信息,在更大的混沌周期中发现变量之间的关系模式。

R 语言是一种编程语言,它具有强大的计算和绘图能力,其语法简单,容易掌握,适合非计算机专业人员使用。另外,R 语言可整合其他专业软件,如 QGIS,是进行生态学数据挖掘较为理想的工具。

本章将全面介绍 R 语言基础知识和机器学习基本原理,以及数据挖掘的基本概念、方法和相关工具,为后面针对具体数据挖掘做准备。

2.1　R 语言及程序包

2.1.1　安装 R 语言及包

R 语言(http:/www.r-project.org/)发源于 20 世纪 90 年代初,是一种通用的高级编程语言,广泛用于生物学高性能计算、并行计算、统计等领域,已成为数据管理和分析的重要工具。

2.1.1.1　为何选择 R 语言

首先 R 语言是开源的,无需支付任何费用。另外,R 语言从一个文本编辑器发展到交互式的 Rstudio 和 Jupyter Notebooks,这些用户友好界面极大地方便了数据操作,特别适于非计算机专业人员使用。对于从事生态学的研究人员,R 语言的吸引力可能在于如下方面:

(1) R 语言代码很简单,有广泛的社区支持,可帮助 R 语言使用者学习和掌握。

(2) 如果数据量较小,可根据需要选择安装 R 程序包(一个函数、数据和文档的集合),能轻松地完成数据处理。例如,tidyverse 包收集了 ggplot2()、tibble()、tidyr()、readr()、purrr()、dplyr()等函数,可实现数据分析、可视化、导入/导出等多个功能。

(3) R 语言具有强的整合能力,可整合地理信息系统软件,如 QGIS,在 QGIS 中调用

R,也可在 R 中处理 QGIS 数据。另外,在 R 会话中,可交互式地使用Python,其中,reticulate 包中所有函数可同时被 R 和 Python 使用,实现 R 和 Python 对象之间直接对话。

正是由于 R 语言丰富的内置函数和程序包,以及较高的灵活性,利用 R 语言可以完成数据处理任务,包括统计分析、机器学习、各种绘图以及非线性建模等,几乎涵盖了数据处理的方方面面。另外,R 语言可处理多种类型数据,如数据流、Web、图形、空间数据等,被描述为一种被广泛用于数据挖掘的编程语言。

2.1.1.2 软件安装

R 可在 Windows、Linux 和 Mac 几种不同的操作系统中运行,可访问 CRAN(https://cran.r-project.org/)网站。用户根据自己计算机的操作系统,选择合适的 R 版本(32-bit 或 64-bit)下载,可参考相应的安装说明安装 R。

例如,对于 Windows 操作系统,可下载并安装 R-x.x.x-win.exe 程序。此外,还需要下载安装 Rtools(http://cran.r-project),它提供了一个适用于 Windows 平台的工具链,包括 GNU make、GNU gcc、UNIX-ish 平台上常用的实用程序。另外,需确保在系统变量中创建 Rtools\bin 目录和 gcc-xx\bin 目录路径,否则,计算机不知道工具在哪里。

对于 Linux-Ubuntu 操作系统,下载和安装 R 的步骤如下:

(1) 访问 https://cran.r-project.org/。

(2) 点击 CRAN 区域,选择 CRAN 镜像(如 mirrors.ustc.edu.cn),然后选择操作系统。

(3) 在 /etc /apt /sources.list 文件中,添加 CRAN<.mirror>条目。

(4) 用 sudo apt-get update 命令,更新软件系统。

(5) 用 sudo apt-get install r-base 命令,执行安装。

另外,在终端还要安装 RCurl 和 XML 包:

```
sudo apt-get update
sudo apt-get install libcurl4-gnutls-dev
sudo apt-get install libxml2-dev
sudo apt-get install r-cran-xml
sudo apt-get install r-cran-rjava
```

RStudio 是 R 语言一个集成开发环境或 IDE,具有调试、可视化等功能,支持 Rmarkdown 和 Shiny 等,辅助使用 R 语言进行编辑。但是,RStudio 自身不带 R,必须先安装 R,再安装 RStudio。

根据计算机操作系统,从 http://www.rstudio.com/download 选择合适版本下载和安装;对于 Windows 操作系统,下载 RStudio-x.x.x.exe,并按照有关说明安装;对于 Linux-Ubuntu 操作系统,可用如下命令安装桌面版:sudo dpkg -i rstudio-1.2.1578-amd64.deb。如果已有 RStudio Cloud,可直接注册使用,非常方便。

启动 RStudio,出现四个面板块,各自功能分别是:

(1) R script。正如名字所暗示的,是编写和运行代码的地方。要运行代码,只需选择代码行,然后按 Ctrl+Enter,或者单击位于 R script 右上角的"run"按钮。

(2) R Console。这就是 R 脚本开始使用的控制台。此外,还可以直接在控制台中编写代码,此区域显示运行代码的输出。

(3) R environment。此空间显示添加的外部元素集合，包括数据集、变量、向量、函数等，以检查数据是否已在 R 中正确加载。

(4) Graphical Output。此空间显示在探索性数据分析期间创建的图形。此外，还可以选择和安装 R 包，寻求嵌入 R 的官方文档的帮助。

2.1.2 R 功能与函数

R 强大的计算和绘图能力是通过其内置函数和 R 程序包完成的。另外，用户也可根据项目需要，自定义函数。

2.1.2.1 内置函数

R 中内置了许多函数，可直接在 R 环境中运行，以完成一些任务，包括生成数据、提供基本运算、可视化分析以及绘图等。

1. 生成数据

(1) read.table()。通常接受一个文件输入，并从文件读取数据。函数的控制参数较多，常见参数为 header，指示是否读取表头(header = TRUE 或 header = FALSE)。

(2) c()。接受一个范围或逗号分隔的数值列表，并用它创建一个向量。

(3) matrix()。接受一组向量或一个范围值，创建一个矩阵。常见参数 nrow(指定矩阵中的行数)、ncol(指定列数)和“”。当 byrow = TRUE 时，数据应该逐行读取，当 byrow = FALSE 时，逐列读取数据。

(4) seq()。接受一个开始值和结束值，产生一个数值序列。主要参数是 by，它表示序列中的步长。

(5) 数据转换。as.data.frame()、as.vector()、as.list()、as.matrix()接受一个输入，并强制将该值分别转换为数据框、向量、列表和矩阵。

(6) apply 家族。用于在特定数据类型(列表、矩阵等)的项上重复执行，解决数据循环处理。其中，常用的是 apply()和 lapply()函数。

2. 各种运算符

(1) “+”“-”“*”“/”。用于数字、向量或矩阵的加、减、乘、除运算。

(2) “**”或“^”。作为指数函数用，运算符前面的值是基，后面的值是幂。

(3) “%%”。模运算符，运算符前面的值除以运算符后面的值，并返回两个值相除的余数。

(4) “%*%”。矩阵乘法符号，它的前、后各有一个矩阵，此操作将返回一个矩阵，该矩阵是前、后两个矩阵的乘积。

(5) “～”。用于 R 定义一个关系模型。一个简单的线性回归的格式是 $y \sim x$，$y \sim x + z$ 表示多元回归模型。为了得到这样一个模型的系数，使用 lm 作为模型参数。

(6) 常见逻辑运算符：

① ! = 表示“不等”；

② = 表示“相等”；

③ >表示“大于”；

④ >= 表示“大于等于”；

⑤ | 表示“或”；

⑥ & 表示“与”。

3. 检验函数

(1) t-test()。对两个数据样本进行 Student's t-test 检验，可接受多个参数，其中最基本的是数据样本的两个向量，以及 var.equal(指定样本方差是否相等)。

(2) var.test()。接受样本向量作为输入参数，执行 F-test，比较两个数据样本的方差。

4. 绘图函数

(1) plot()。接受 x 和 y 坐标的向量，并在图形窗口中绘制它们。常用参数包括 xlab 和 ylab，为两轴标签，main 和 sub 分别为主、副图标题，type 为控制绘图类型参数(p 绘制点图，l 绘制线型图，p 与 l 组合绘制点线图)。

(2) pairs()。接受数字矩阵或数据框输入，并生成一系列由输入中任意两列构成的配对图。

(3) points()。接受 x 和 y 坐标的向量，并在图形窗口中绘制指定的点。

(4) abline()。接受要绘制的直线(a 和 b)的斜率和截距，并在图形窗口上绘制直线。例如，函数 abline(lm(y～x))可用于在向量 y 和 x 之间绘制回归线。

(5) hist()。接受一个向量，并绘制一个直方图，其中，x 轴上的值的频率在 y 轴上。

(6) boxplot()。生成多个输入的比较图，对于比较多个数据样本特别有用。

2.1.2.2 程序包

R 主要依赖大量现成的程序包(在互联网上有不少关于 R 包的介绍)来实现它的功能，这些程序包主要存放在如下三个库中，从中选择并安装：

1. CRAN

CRAN 是官方库，是一个由全球 R 社区维护的 ftp 和 Web 服务器组成的网络。从 CRAN 安装 R 的途径如下：

(1) 在 RStudio 的 Console 面板，输入命令 install.packages(“package”)，如安装 dplyr 包，就用命令 install.packages(“dplyr”)。如果同时安装多个包，要输入命令 install.packages(c(“tidyr”, “dplyr”))。

(2) 在 RStudio 中，可以从菜单栏 Tools -> Install Package 安装，也可以从 Graphical Output 面板处的菜单 Packages -> Install 安装。这两种安装方式都是从 CRAN 镜像选择需要安装的 R 包。

2. Bioconductor

它是一个专题库，存储的 R 包主要用于处理生物信息学数据。对于使用较高 R 版本(R version 3.6.0 及以上)的用户，在 RStudio 中运行如下代码：

```
if (! requireNamespace("BiocManager", quietly = TRUE))
install.packages("BiocManager")
BiocManager::install("AnnotationDbi")
```

3. GitHub

它是比较受欢迎的开源项目库，与版本控制软件 git 集成，方便与他人共享和协作。从 GitHub 库安装 R 包，首先要安装 devtools 包，然后利用命令 devtools::install_gethub ("package")安装。

如果升级单个R包,就在RStudio控制面板直接输入上述安装命令,如果要升级所有的R包,就输入命令update.packages()。安装好R包后,在RStudio控制面板用命令library(package)加载需要的R包,也可用命令require(package)。

2.1.2.3 函数包

目前有10000多个函数包,涵盖了数据处理和分析方方面面,任何人都可以访问、下载和使用,下面介绍一些常用的R包。

1. 数据操作

(1) dplyr。可以对数据集做subset、summarize、rearrange、join等处理。

(2) tidyr。利用gather和spread函数将数据集转化成格式更工整的数据集。

(3) stringr。对字符串类型的数据进行正则表达式处理的工具。

(4) lubridate。处理日期和时间类型数据的工具。

(5) httr。处理http链接的工具集合。

2. 可视化

(1) ggplot2。功能强大的绘图工具包。

(2) ggvis。一个可以做基于Web的交互可视化工具包。

(3) rgl。在R中做3D交互可视化包。

(4) htmlwidgets。一个在R中快速建立基于JavaScript内核的交互可视化工具包。

(5) googleVis。利用Google Chart工具在R中做数据可视化。

3. 数据建模

(1) 统计分析与模型。包括car(方差分析)、multcomp(多重比较分析)、mgcv(广义相加模型)、lme4/nlme(线性/非线性混合效应模型)。

(2) 机器学习建模。包括rendomForest(随机森林模型)、caret(模型工具包)。

4. 编程

(1) Shiny。用于R交互可视化。

(2) R Makdown。处理数据分析报告的工具。

(3) jupyter notebook。提供编程环境。

2.1.2.4 自定义函数

与大多数其他编程语言一样,R为用户提供创建自己函数的能力,编写函数将大大提高R工作效率。定义函数格式如下:

```
myfunction <- function(arg1, arg2, … ){
    statements
return(object)
}
```

例如,定义一个add函数,返回参数之和,定义函数和测试代码如下:

```
    add <- function(x,y){
x + y
```

```
}
a = c(1,2,3,4,5)
b = c(2,3,4,5,6)
add(a,b)
d = matrix(c(1:9),nrow=3,ncol=3)
f = matrix(c(10:18),nrow=3,ncol=3)
add(d,f)
```

该函数可嵌入代码中，也可单独存放，使用时，可执行如下代码调用该函数：

```
source("test.R") #上述函数命名为test.R
add(x,y)
```

2.1.3 R基本操作

使用R的有关规范，可参考有关网站，如Quick-R(https://www.statmethods.net/)和RPubs(https://rpubs.com/RLodge/)，在此提示一些要注意的问题。

2.1.3.1 准备工作

1. 设置工作目录

开启RStudio，首先需要设置一个工作目录，即在本地PC机上新建一个文件夹，将R限制在该目录下，以便加载数据或输出结果，避免R找不到程序和工作对象。创建文件夹的方法是从RStudio的菜单栏Session -> Set Working Directory -> Choose Directory，在此目录下，到RStudio的graphic面板可以创建子文件夹。

2. 命令行和脚本

在RStudio中操作数据，主要通过输入R命令或脚本，相关命令的输入有如下两种方式：

(1) 从RStudio的R console(控制台)输入运行命令。例如，将四个数字赋值给对象x，然后让R读出存储在x中的值。

```
x <- c(1,2,3,4) #命令行
x
```

(2) 如果希望保存一系列命令以备后用，可在RStudio的R script面板输入命令或脚本，即从菜单栏File ->New File ->R Script，打开窗口，输入代码或命令，可用鼠标的光标逐行运行。

3. 读取和保存数据

最常用的是read.csv()和write.csv()函数。read.csv()可读取矩阵或表类型的数据，并将数据(包括表头)作为数据框读到R中，经过处理可用write.csv()把数据保存起来，两个函数的语法如下：

```
data <- read.csv("../Data/ACS.csv", header = TRUE)
write.csv(data,"../Data/data1.csv")
```

2.1.3.2　数据类型及操作

在R中，常用数据类型为向量、矩阵、列表和数据框。

1. 向量

常用来存储一维数据，包括数字向量(存储整数或小数)和字符向量(存储字符串)。

```
a <- c(1:10) # 创建1~10的数字向量
b <- seq(1,10,by=2) # 生成序列1到10,步长为2的序列
h <- "hello" # 创建字符向量或字符串
```

2. 矩阵

经常被用来保存多维数据，A %*% B表示矩阵A与B相乘。

```
m <- matrix(c(1:10),nrow=2,ncol=5,byrow=FALSE) # 先由c()创建1到10个数的向量,
  然后按照列(byrow=FALSE)从左到右、再从上到下排列2×5矩阵
dim (m) # 查看矩阵维度,也可用attributes (m)
```

可用dim()将一个向量转换为一个矩阵。

```
age <- c (23, 44, 15, 12, 31, 16) # 一个向量
dim (age) <- c (2, 3) # 从一个向量创建一个矩阵
class (age)
```

使用cbind()和rbind()函数连接两个向量。但要确保两个向量都有相同的元素数，否则，它将返回NA值。

```
x <- c (1, 2, 3, 4, 5, 6)
y <- c (20, 30, 40, 50, 60, 70)
cbind (x, y) # 按列合并
```

3. 列表

它是其他对象的集合，单个列表可以同时包含一个字符向量(字符串)、一个数字向量和一个矩阵。

```
my_list<- list(name = "John", age = 22, lucknumbers = c(21,32,11))
   # 用list()函数创建列表
my_list # 查看列表组分
my_list $ lucknumbers # 查看子列表组分
my_list[3] # 等同于my_list $ lucknumbers
my_list[[2]] # 查看子列表中的元素
```

4. 数据框

带有data.frame的列表，组件可以是向量、矩阵、列表或其他，允许多个类型数据放在一起，添加到数据框中的每个组件必须具有相同的行数。在R中，主要数据格式为数据框，理解数据框是非常重要的。

```
df <- data.frame (name = c("ash", "jane", "paul", "mark"), score = c(67, 56, 87, 91))
   # 用data.frame ()函数创建数据框
str (df) # 查看数据框结构
```

```
df [1: 2, 2]<- NA #对数据框 1~2 行的第 2 列赋值为 NA
is.na (df) #查询有没有缺失值
table (is.na (df))
```

缺值会妨碍数据集中的正常计算。比如,上述数据集有两个缺少的值,不能直接计算均值。这时添加参数 na.rm = TRUE,告诉 R 忽略 NA 并计算所选列(score 值)中剩余值的平均值。若要删除数据框中具有 NA 值的行,就可以使用 na.omit:

```
mean (df $ score)
mean (df $ score, na.rm = TRUE)
new_df <- na.omit (df)
new_df
```

5. 索引并取值

R 允许方便地访问大数据集,从而提取样本。索引运算符"[]"不仅可以用于从向量、列表、矩阵或数据框中选择单个元素,而且可以用于执行其他任务。

```
a <- c(1, 2, 3, 4, 5)
a <- [3] #从向量 a 中提取第 3 个元素
a <- [-3] #从向量 a 中删除第 3 个元素
a[2:4] #从向量 a 中提取 2~4 元素
b = matrix(c(1:9),nrow=3,ncol=3)
b[2,]#从矩阵 b 中提取第 2 行
b[,2] #从矩阵 b 中提取第 2 列
b[2,2]#从矩阵 b 中提取第 2 行、第 2 列
```

6. 数据转换

R 提供一整套函数,用于将数据从一种类型转换为其他类型。如数据之间的转换,可执行下面的 R 代码:

```
b = matrix(c(1:4),nrow=2,ncol=2,byrow=TRUE)
class(b)
df <- as.data.frame(b)
class(df)
v <- as.vector(b)
class(v)
list <- as.list(b)
class(list)
```

2.1.3.3 简单运算

1. 加、减、乘、除运算

R console 可以用作交互式计算器,从事一些基本的计算或各种计算组合。相关代码如下:

```
10- (2 + 3) #加、减
(3 * 8)/(2 * 3) #乘、除
log (12) #对数
```

```
sqrt (121) #开方
```

2. 创建变量

使用<-或 = 符号创建变量。如创建一个变量 x 来计算 7 与 8 的和，可以写为：

```
x < -7 +8 #创建变量(必须是字符，或字符与数字组合)
x #输出结果
```

2.1.3.4　条件与循环

对数据进行操作的另一类重要手段是使用 R 控制语句，包括条件执行(if 表达式)和重复执行(for 和 while 循环)。此外，使用 apply 系列函数来执行重复。

1. if, else

此结构用于测试一个条件。其语法如下：

```
if (< condition>) {
    #满足条件下执行的任务
} else {
#否则执行的任务
}

N <- 10 #初始化一个值
if (N * 5 > 40) { #检测条件
    print ("This is easy!")
} else {
print ("It is not easy!")
}
```

2. for

当执行循环时使用此结构，通常用于迭代对象的元素(列表、向量)，其语法如下：

```
for (<search condition>) {
      #搜索条件执行
}

y <- c (99, 45, 34, 65, 76, 23) #初始化一个向量
for (i in 1: 4) { #打印这个向量的第一个数字
print (y [i])
}
```

3. while

从测试一个条件开始，并且只在条件被发现为真时才执行，一旦循环被执行，条件就会再次被测试，直到不符合条件才停止。其语法如下：

```
v <- c("female")
cnt <- 5 #初始化一个条件
while (cnt < 7) { #检测条件
    print(v)
```

```
cnt = cnt + 1
}
```

4. apply 家族

在许多情况下，频繁使用循环会导致代码出现混乱，应用 apply()函数(用于矩阵)和 lapply()函数(用于列表)，分别对矩阵和列表的元素执行重复。关于 apply()和 lapply()使用的例子如下：

```
x = matrix(c(1:16),nrow=4,ncol=4,byrow=TRUE) #创建一个 4×4 矩阵,按行顺序排
apply(x,1,max) #第 2 个参数"1"指按行找最大值,并返回一个向量
apply(x,2,max) #第 2 个参数"2"指按列找最大值,并返回一个向量
y = list(c(1:4),c(5:8),c(9:12),c(13:16))
lapply(y,max) #在每个子列表中找到最大值元素,并返回元素值
sapply(y, max) #与 lapply 相似,但返回的不是最大元素,而是最大元素构成的向量
```

2.1.3.5 数据可视化

R 具有强大的绘图能力，可完成可视化。下面是一个简单的用 R 中内置函数实现数据的可视化代码：

```
x = c(1,3,4,5,8)
y = c(2,4,7,3,9)
plot(x,y,type= "l",col= "black", xlab= "X",ylab= "Y",
    font.main=2,font.lab=1,pch=19)
```

2.1.3.6 R 自带数据集

在 R 中带有不少数据集，一些 R 包也自带一些数据集，这些自带的数据集主要用来说明 R 或 R 包的一些功能可以免费使用，不涉及版权问题。初学者可以利用这些数据集练习 R 语言。有关生态环境方面的数据可访问网站：https://www.r-pkg.org/ctv/Environmetrics。

R 中的 ade4 包中内置 Doubs 数据集，下面以 Doubs 数据集为例，介绍如何使用 R 自带数据集。首先，执行如下代码，查看数据集及相关信息：

```
data() #查看 R 内存中 datasets 包中的数据集
data(package=packages(all.available =TRUE)) #查看所有数据集
data(package = "ade4") #仅查看 ade 包中数据,先要加载 ade4 包
data(Doubs) #加载 ade 包中 Doubs 数据集,在 R environment 中检查是否加载成功
help("Doubs")或?? Doubs#在 Graphical Output 中查看数据集的信息
```

一般采用 write.table 或 write.csv 可将数据保存到当前工作目录。因 Doubs 数据集包括 3 个文件，需要分别提取并保存。

```
Doubs.env <- Doubs$env #提取 Doubs 中环境变量
View(Doubs.env) #查看环境数据
write.csv(Doubs.env, file = "Doubs_env.csv") #导出数据,以 csv 格式保存在当前工作目录
    或其他路径(write.csv(Doubs.env, file = "path/Doubs_env.csv"))
```

```
Doubs.spe <- Doubs $ species #提取物种数据
View(Doubs.spe)
write.csv(Doubs.spe, file = "Doubs_spe.csv")
Doubs.spa<- Doubs $ xy #提取空间数据
View(Doubs.spa)
write.csv(Doubs.spa, file = "Doubs_spa.csv")
```

保存的数据在随后的部分章节中将会用到。

2.2　大数据与机器学习

2.2.1　从统计模型到机器学习

目前,处理大数据方法集中在两个领域:贝叶斯统计和机器学习。下面先回顾一下统计模型的构建,然后介绍机器学习建模方法。

2.2.1.1　模型函数

假如测得一组 x 与 y 数据,结果见表2.1。

表2.1

x	100	120	140	160	180	200	220	240	260	280
y	55	60	62	64	68	70	80	85	90	95

要确定 x 与 y 之间的关系,可建立统计模型,建模步骤大致如下:

第一步,将数据导入R,绘制散点图,并根据散点图(图2.1),执行如下代码:

```
data <- read.csv("xy.csv") #读取并查看数据
x<- data $ x
y<- data $ y
plot(y ~ x) #散点图检查 y 与 x 之间关系模型
abline(lm(y ~ x))
```

本例仅涉及一个自变量(x)和一个因变量(y),根据散点图(图2.1),y 和 x 之间的关系近似为一条直线(图2.1)。所以选择一元回归 $y = a + bx$。当然,如果数据服从泊松分布(Poisson distribution)或负二项式分布(nagative binomial distribution),可用广义线性模型(generalized linear models)。

第二步,建模前,需要剔除异常值,而且数据要服从正态分布,否则影响模型的可靠性。执行如下代码:

```
par(mfrow = c(1, 2))   #将绘图区分为2列
```

```
boxplot(data $ x, main = "x", sub = paste("Outlier rows: ",
    box plot.stats(data $ x) $ out))
  # 统计离群值,即方框内 boxplot.stats(data $ x),并输出 $ out,并将该值作为副标,其中,paste()
    是将字符连接起来,即 Outlier rows: out
boxplot(data $ y, main = "y", sub = paste("Outlier rows: ", boxplot.stats(data $ y) $ out))
library(e1071)  # 用于检测正态分布的包
plot(density(data $ x), main = "Density Plot: x", ylab = "Frequency",
   sub = paste("Skewness:", round(e1071::skewness(data $ x), 2)))
    # 绘制密度分布图,round()函数部分是计算偏倚 e1071::skewness(data $ x)后保留 2 位小
      数点,然后 round 再进行一次 4 舍 5 入
  plot(density(data $ y), main = "Density Plot: y", ylab = "Frequency",
  sub = paste("Skewness:", round(e1071::skewness(data $ y), 2)))
```

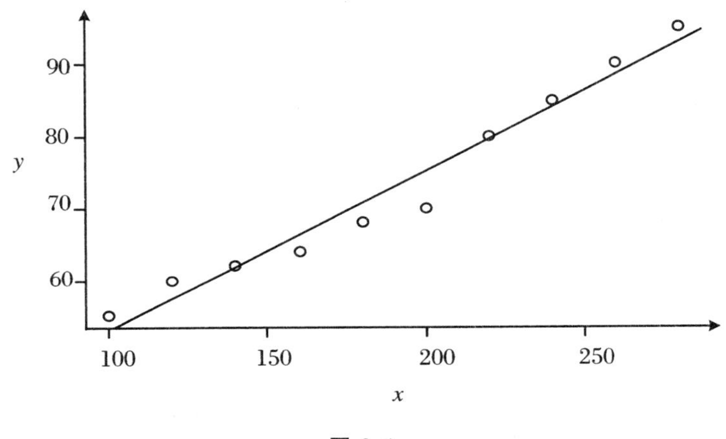

图 2.1

数据集没有异常值。另外,x 和 y 的偏度 skewness 越趋近 0,数据越服从正态分布,这时,众数 = 中位数 = 平均数。

第三步,在确定函数式之后,根据观察数据,通过最小二乘法求出模型中的参数 a 和 b,得到一个线性回归方程:$y = 30.58 + 0.2227x$。在 R 中,执行如下代码:

```
cor(x, y) # 计算相关系数
linearMod <- lm(y ~ x)  # 构建线性模型
print(linearMod)
```

第四步,对模型进行评估,执行如下代码:

```
summary(linearMod) # 模型显著性检验
```

对于回归模型,要检验三个统计量,即决定系数、相关系数和方程显著性:

(1) 决定系数或拟合优度。$R^2 = \dfrac{\sum(\hat{y}_i - \overline{y})^2}{\sum(y_i - \overline{y})^2} = 0.966$,表示控制自变量不变,则因变量变异程度减少 96%,即该回归关系可以解释因变量 96% 的变异。

(2) 相关系数。$r = \pm\sqrt{R^2} = 0.9829$,$t = 10.408$,$p < 0.001$,表明 x 与 y 之间密切

相关。

(3) 方程显著性。$F_{1,8}=226.4$，$p<0.001$，表明模型的线性关系是成立的。

可见，统计建模是依据数据(data)和给定的规则(rules，即 x 与 y 之间的函数式)，创造一个算法(algorithom)，基于该算法回答不同 x 下 y 的结果(answers)，概括见图 2.2。

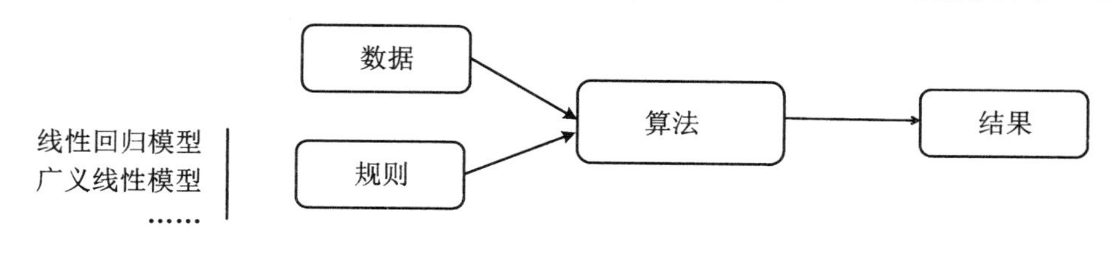

图 2.2

2.2.1.2　目标函数

虽然上述线性模型是合理的，但获取 a 和 b 只需要少数样本，没有用到全数据集，这样 a 和 b 值对于一些点可能造成很大误差。例如，当 $x=200$ 时，$y=75.12$，与实际的 70 差距达到 7.3%。要获得最优 a 和 b，需要利用全数据集，即将样本中 10 个 x 都代入 $y=a+bx$，得出 10 个 $y'=a+bx$，并与实测的 10 个 y 比较，使得整体差异最小。如何求得并最小化整体差异呢？这就要用到机器学习方法。

机器学习的目的是训练一个 x 的函数式，为了区别前面的统计模型函数式 $y=a+bx$，将机器学习的函数式表示为

$$h_\theta(x) = \theta_0 + \theta_1 x \quad (\theta_0 \text{ 和 } \theta_1 \text{ 为参数}) \tag{2.1}$$

式中，h 也称为假设(hypothesis)，目的是求得 θ_0 和 θ_1，使得假设函数 $h(x)$ 逼近 y 值。

对于原始数据，形式上可稍作改变，见表 2.2。其中，$x^{(i)}$ 为输入或特征，$y^{(i)}$ 为输出或标签，每一对 $(x^{(i)}, y^{(i)})$ 为一个训练样本，总共 m 个样本构成了一个训练集(training set)。

表 2.2

	x	y
$(x^{(1)}, y^{(1)})$	100	55
$(x^{(2)}, y^{(2)})$	120	60
$(x^{(3)}, y^{(3)})$	140	62
⋮	⋮	⋮
$(x^{(i)}, y^{(i)})$		
⋮	⋮	⋮

如何找到合适的 θ_0 和 θ_1，在形式上，就是最小化 $h_\theta(x)$ 和 y 之间的差异。为此求解下式：

$$\min_{\theta_0,\theta_1} \frac{1}{2m}\sum_{i=1}^{m}\left[h_\theta(x^{(i)}) - y^{(i)}\right]^2 \tag{2.2}$$

为方便起见，令

$$J(\theta_0,\theta_1) = \frac{1}{2m}\sum_{i=1}^{m}\left[h_\theta(x^{(i)}) - y^{(i)}\right]^2 \tag{2.3}$$

式中，$J(\theta_0,\theta_1)$称为代价函数或损失函数(cost function)。

对于模型函数 $y=ax+b$，a 和 b 是常量，x 是自变量，y 是因变量。对于$J(\theta_0,\theta_1)$，$x^{(i)}$和 $y^{(i)}$是常量(即 m 个样本各自的 x 和 y 值)，而 θ_0和 θ_1 为自变量，$J(\theta_0,\theta_1)$是因变量。能够让因变量 $J(\theta_0,\theta_1)$取值最小的自变量 θ_0和 θ_1，就是最好的 θ_0和 θ_1。

为理解代价函数，只考虑只有三个样本{(1,1),(2,2),(3,3)}的训练集，同时假设函数简化为只有一个参数 $h_\theta(x)=\theta_1 x$。这样，代价函数变为

$$J(\theta_1)=\frac{1}{6}\sum_{i=1}^{m}[\theta_1(x^{(i)})-y^{(i)}]^2 \tag{2.4}$$

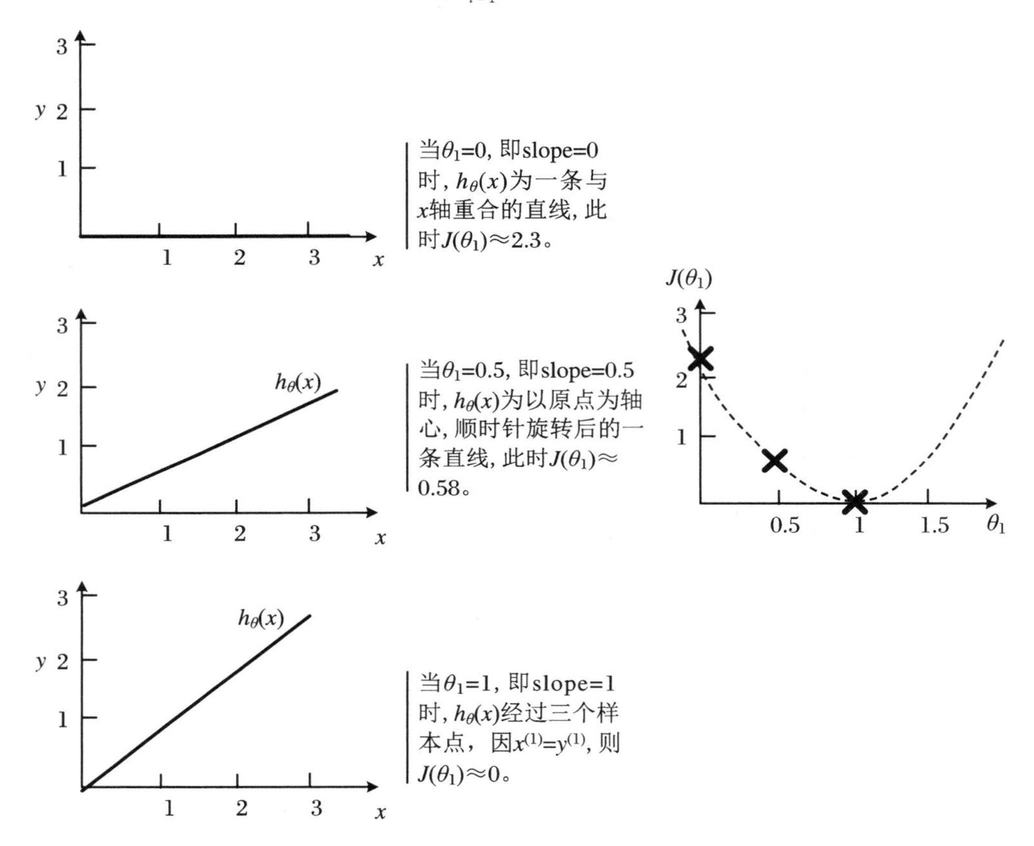

图 2.3

图2.3表示假设函数 $h_\theta(x)$(粗黑线)和代价函数 $J(\theta_1)$(×点)随着 θ_1 变化的情况。从图2.3可以看出，随着 θ_1 增加，$J(\theta_1)$不断下降，结果 $h_\theta(x)$越来越接近真实的 y。如果同时考虑 θ_0 和 θ_1，以 x 轴表示 θ_1，y 轴表示 θ_0，z 轴表示 $J(\theta_0,\theta_1)$，在 $y=0$ 且 $x=1$ 处，$J(\theta_0,\theta_1)$达到最小，得到 $h_\theta(x)\approx y(x)$。

机器学习建模就是根据数据及与数据对应的结果，通过梯度下降算法(gradient descent)，产生“模型”，即统计建模中的规则。

机器学习建模课概括如图2.4所示。

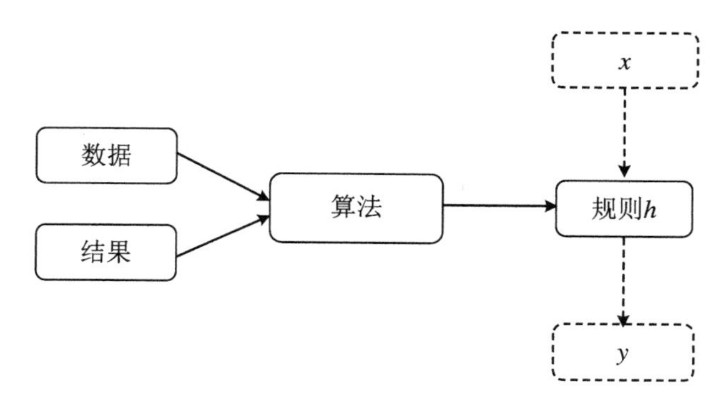

图 2.4

2.2.1.3　梯度下降算法

梯度下降是一种用于最小化函数的算法，不仅用于线性回归，而且是一种通用算法。具体算法如下：

首先对 θ_0 和 θ_1 的值进行一些初步猜测，然后继续根据下面的公式改变 θ_0 和 θ_1 的值：

$$\theta_j := \theta_j - \alpha \frac{\partial}{\partial \theta_j} f(\theta_0, \theta_1) \quad (j = 0, 1) \tag{2.5}$$

式中，α 为学习速率，总是一个正数，决定在更新参数时需要采取 step 大小。同时更新 θ_0 和 θ_1，即计算上述式子右边 $j=0$ 和 $j=1$，将参数值更新到新计算的值，重复这个过程，直到收敛为止。

对于线性回归，梯度下降算法为

$$\theta_j := \theta_j - \alpha \frac{\partial}{\partial \theta_j} \left\{ \frac{1}{2m} \left[\sum_{i=1}^{m} (\theta_0 + \theta_1 x^{(i)} - y^{(i)})^2 \right] \right\} \tag{2.6}$$

式中，$j=0$ 和 $j=1$ 情况下的导数为

$$\frac{\partial}{\partial \theta_0} \left\{ \frac{1}{2m} \left[\sum_{i=1}^{m} (\theta_0 + \theta_1 x^{(i)} - y^{(i)})^2 \right] \right\} = \frac{1}{m} \sum_{i=1}^{m} [h_\theta(x^{(i)}) - y^{(i)}] \tag{2.7}$$

$$\frac{\partial}{\partial \theta_1} \left\{ \frac{1}{2m} \left[\sum_{i=1}^{m} (\theta_0 + \theta_1 x^{(i)} - y^{(i)})^2 \right] \right\} = \frac{1}{m} \sum_{i=1}^{m} [h_\theta(x^{(i)}) - y^{(i)}] \cdot x^{(i)} \tag{2.8}$$

每个点(θ_1, θ_0)对应于一个假设函数，最接近训练数据集的是(θ_1, θ_0)等高线图的中心。对于本例，利用梯度下降，可执行如下代码：

```
rm(list = ls())
data <- read.csv("xy.csv")
x <- data $ x
y <- data $ y #确定代价函数或损失函数
cost <- function(x, y, theta) {
sum( (x %*% theta - y)^2 ) / (2 * length(y))
}
alpha <- 0.00001 #指定学习效率
num_iters <- 1000 #指定迭代次数
cost_history <- rep(0,num_iters) #用于每次迭代后保存代价函数值
theta_history <- list(num_iters) #用于每次迭代后保存 theta 值
```

```
    theta <-  matrix(c(0,0), nrow = 2) #初始化 theta 值
    x<- cbind(1,x) #在 x 中增加一列,所有值为 1,使得假设函数具有截距
    for (i in 1:num_iters) { #梯度下降(重复执行)
theta[1] <- theta[1] - alpha * (1/length(y)) * sum(((x% * %theta) - y))
        theta[2] <- theta[2] - alpha * (1/length(y)) * sum(((y% * %theta) - y) * X[,2])
cost_history[i] <- cost(x, y, theta)
theta_history[[i]] <- theta
}
    print(theta)
    plot(x,y, col=rgb(0.2,0.4,0.6,0.4), main="Linear regression by gradient descent") #训练
      集数据图
    for (i in c(1,3,6,10,14,seq(20,num_iters,by=10))) { #绘制收敛过程中所有直线,
abline(coef=theta_history[[i]], col=rgb(0.8,0,0,0.3))
    }
    abline(coef=theta, col="blue") #绘制截距为 theta[1]和斜率为 theta[2]的直线
```

通过梯度下降进行线性回归是一种简单的算法,该算法可以推广到多个特征。对于高级学习算法,线性模型被一个更复杂的模型所取代,相应地,还有一个更复杂的代价函数,但基本思路是相同的。

2.2.1.4 与统计模型的区别

统计建模和机器学习使用方法是相似的,最明显的例子就是线性回归,这种相似性使人们误认为两者是同一件事。其实,统计学方法和机器学习方法存在本质上的不同,是两种完全不同的范式,两者差异可归纳如下:

(1) 统计建模是通过假设一个合适的数据模型,然后根据数据估计模型参数。相反,机器学习方法不是从模型开始,而是使用一种算法来学习响应与预测变量之间的关系。机器学习方法是假设生成过程是复杂和未知的,试图通过观察输入和响应发现主导模式。

(2) 传统统计方法选择了一个模型,没有检验任何其他假设。机器学习方法首先给出的是模型集合,包括多项式模型、指数模型等,目标是从不同模型选择最佳的一个。当然,最终的结果与回归算法结果可能是一致的。

(3) 统计模型重点是描述数据与结果变量之间的关系,评估模型的合理性是通过置信区间、显著性检验和其他检验对回归参数进行分析,即统计推断。机器学习涉及训练集和测试集,模型优劣通过测试集评估。

(4) 统计建模更多关注变量之间的关系和意义,是可解释的。然而,机器学习强调预测性能,而不在于模型是否具有可解释性。

2.2.2 Logistic 回归与分类

Logistic 回归(逻辑回归)是一种与线性回归非常类似的算法,只是在线性回归基础上加了一个 Sigmoid 函数,将线性回归的数值结果转化为 0~1 之间的概率。根据这个概率可以做分类预测,如概率大于 0.5,生态系统是否崩溃等。

生态学研究常遇到一些分类问题。例如,植被类型的划分、区域生态规划等,也可通过

回归分析方法来解决分类问题。下面介绍 Logistic 回归和感知机算法。

对于一个二分类，原始数据可表示为表 2.3 的形式。在 m 个样本构成的训练集中，输出 y 只有两个取值，即 $y=0$ 或 $y=1$，而不同于线性回归中 y 为连续值。

表 2.3

	x	y
$(x^{(1)},\ y^{(1)})$	100	1
$(x^{(2)},\ y^{(2)})$	120	1
⋮	⋮	⋮
$(x^{(i-1)},\ y^{(i-1)})$	200	0
$(x^{(i)},\ y^{(i)})$		0
⋮	⋮	⋮

2.2.2.1　Logistic 回归的假设函数

通过训练一个 x 的线性函数 $h_\theta(x)=\theta_0+\theta_1x_1+\theta_2x_2+\cdots+\theta_mx_m$ 或 $h_\theta(x)=\theta^{\mathrm{T}}x$，依据 $h_\theta(x)=0.5$ 所对应的 x 值设定阈值 th，可将 y 分为两类，即当 $x>th$ 时，预测 $y=1$，当 $x<th$ 时，预测 $y=0$，实现基于线性函数的二分类，见图 2.5 中空心圆和虚线部分。

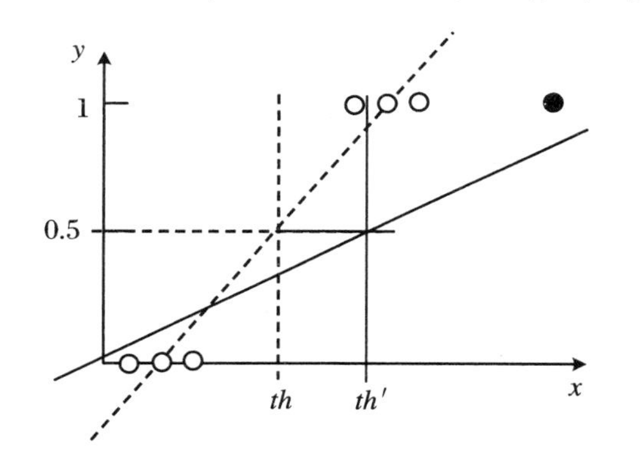

对于6个空心圆构成的训练集，依据$h_\theta(x)=0.5$设置一个x阈值，线性可分。
对于6个空圆和1个实心圆构成的训练集，依据$h_\theta(x)=0.5$设置一个x阈值，导致部分数据被错分。

图 2.5

但当出现一个数据 x（图中实心圆），它偏离其他数据比较大时，函数 $h_\theta(x)$ 的斜率改变比较大，依据 $h_\theta(x)=0.5$ 对应的 x 值作为阈值 th'，就很难将 y 正确分为两类，如将最左边的一个数据点（空圆点）误分为 $y=0$。

如果将 $h_\theta(x)$ 限定在[0, 1]之间，即便有部分 x 数据点偏大或偏小，$h_\theta(x)$ 的斜率变化就比较小，可实现分类。为此，改造 $h_\theta(x)$，得到假设函数：

$$h_\theta(x)=g(\theta^{\mathrm{T}}x)=\frac{1}{1+\mathrm{e}^{-\theta^{\mathrm{T}}x}} \tag{2.9}$$

$$g(z)=\frac{1}{1+\mathrm{e}^{-z}} \tag{2.10}$$

这样不仅限定了 $h_\theta(x)$，而且函数连续可导，见图 2.6。

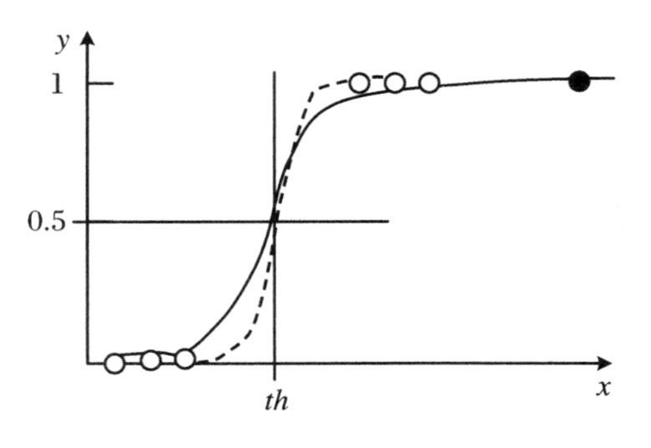

S形曲线，以$(th,1/2)$为中心对称，曲线中心附近增长速度快，两端增长速度慢，th可控制曲线的峻峭程度，且不改变$h_\theta(x)=0.5$对应的x值，能实现较好的二分类效果。

图 2.6

2.2.2.2 损失函数

对于线性回归，构造了一个“bolw-shaped”损失函数，该函数式为

$$J(\theta) = \frac{1}{2m}\sum_{i=1}^{m}[h_\theta(x^{(i)}) - y^{(i)}]^2 \tag{2.11}$$

对于 Logistic 回归，利用该函数很难找到全局最小 $J(\theta)$，主要是因为 $h_\theta(x) = \dfrac{1}{1+e^{-\theta^T x}}$ 是一个非线性函数。那么如何构造一个 Logistic 回归的“bolw-shaped”损失函数？

下面定义损失函数为

$$\text{Cost}[h_\theta(x^{(i)}), y^{(i)}] = \frac{1}{2}[h_\theta(x^{(i)}) - y^{(i)}]^2 \tag{2.12}$$

$$\text{Cost}[h_\theta(x^{(i)}), y^{(i)}] = \begin{cases} -\log[h_\theta(x^{(i)})] & (y=1) \\ -\log[1-h_\theta(x^{(i)})] & (y=0) \end{cases} \tag{2.13}$$

这是一个分段函数，见图 2.7。

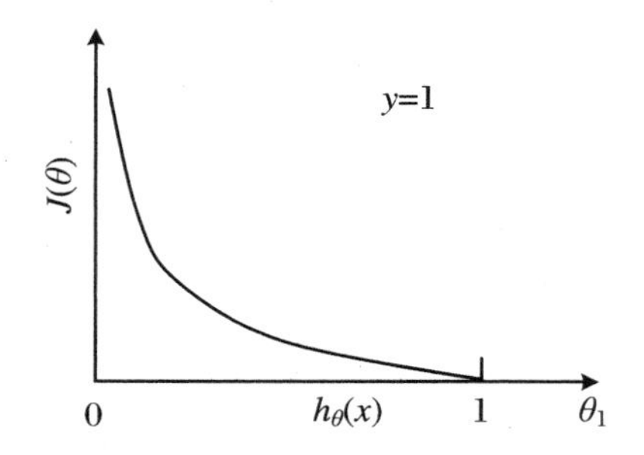

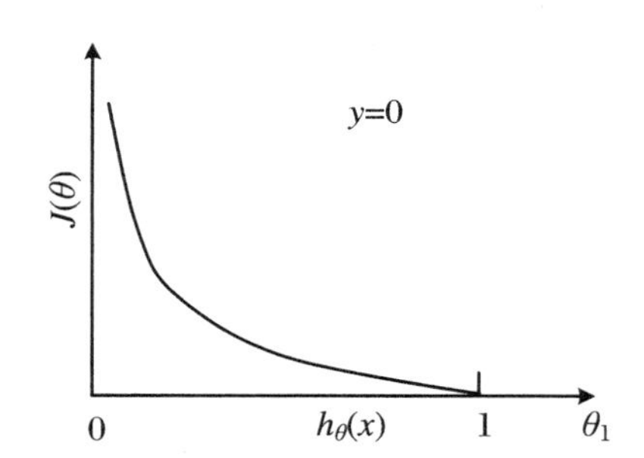

图 2.7

如果可以将上面两个分段函数合并到一起，就可以得到一个“bolw-shaped”函数：

$$\text{Cost}[h_\theta(x^{(i)}), y^{(i)}] = -y^{(i)}\log[h_\theta(x^{(i)})] - (1-y^{(i)})\log[1-h_\theta(x^{(i)})] \tag{2.14}$$

损失函数为

$$\begin{aligned} J(\theta) &= \frac{1}{m}\text{Cost}[h_\theta(x^{(i)}), y^{(i)}] \\ &= -\frac{1}{m}\sum_{i=0}^{m}\{y^{(i)}\log[h_\theta(x^{(i)})] + (1-y^{(i)})\log[1-h_\theta(x^{(i)})]\} \end{aligned} \tag{2.15}$$

2.2.2.3 梯度下降

为了最小化代价函数,必须在每个参数上运行梯度下降函数,通过反复运行下式,循环更新,直至收敛:

$$\theta_j := \theta_j - \alpha \frac{1}{m} \sum_{i=0}^{m} \{[h_\theta(x^{(i)}) - y^{(i)}] x_j^{(i)}\} \tag{2.16}$$

2.2.2.4 感知机假设函数

考虑修改 Logistic 回归方法,使其"强制"输出为 0 或 1,或者其他准确值。为此,保留 $h_\theta(x) = g(\theta^T x)$,并将 g 定义为阈值函数,这就是感知机(Perceptron Learning Algorithm, PLA)的假设函数:

$$h_\theta(x) = g(\theta^T x) \tag{2.17}$$

$$g(z) = \begin{cases} 1 & (z \geqslant 0) \\ 0 & (z < 0) \end{cases} \tag{2.18}$$

实际上,它是一个单层神经网络,见示意图 2.8。

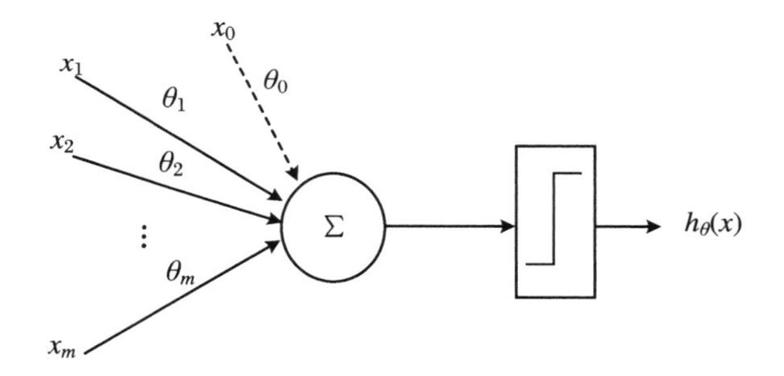

图 2.8

2.2.2.5 更新算法

反复执行下式,直至收敛,或限定循环次数,修正参数为

$$\theta_j := \theta_j - \alpha \frac{1}{m} \sum_{i=0}^{m} [h_\theta(x^{(i)}) - y^{(i)}] x_j^{(i)} \tag{2.19}$$

PLA 其实就是一个最简单的人工神经网络(aritificial neural networks),由输入和输出两层神经元组成,能解决与、或、非这样的简单线性可分问题。其算法简单,为机器学习建模提供了一个起点。尽管感知器在外观上可能与其他算法相似,但与 Logistic 回归和最小二乘线性回归不同,很难赋予有意义的概率解释。

以 R 语言自带的 iris 数据集为例,用 R 语言来实现 PLA,具体代码及解释如下:

```
library(ggplot2) #加载 ggplot2 包(用于绘图)
library(plyr) #加载 plyr 包(数据分割、整理)
mydata <- data.frame(x1 = iris[1:100,1],x2 = iris[1:100,2],y = c(rep(1,50),rep(-1,50)))
    #其中,x1 = iris[1:100,1]表示特征 x1,该特征数据为第 1~100 行(山鸢尾花和变色鸢尾花
      各 50 行)、第 1 列 Sepal.Length
      x2 = iris[1:100,2]表示特征 x2,该特征数据为第 1~100 行(山鸢尾花和变色鸢尾花各 50
          行)、第 2 列 Sepal.Width;
```

```
y=c(rep(1,50),rep(-1,50))表示将 rep(1,50)生成 50 个 1 序列和 rep(-1,50)生成 50
  个-1 序列合并为 y;data.frame(x1=,x2=,y=)表示变成三列:x1、x2、y
ggplot(data=mydata,aes(x1,x2,col=factor(y)))+geom_point()#绘制散点图
perceptron function with learning rate of 1
PLA <- function(x,y,lr){ #PLA 函数,x 表示样本数据,y 为对应类别
  n = ncol(x) #特征空间维数
      R = max(x) #数据点离散化程度
      b = 0 #偏置
      k = 0 #犯错数
      w <- rep(0, n)  #  权重向量
      mistake <- TRUE
  while (mistake == TRUE){
    for (i in 1:nrow(X)){
    if (y[i] * ((t(w)%*%x[i,]) + b) <= 0){
    w <- w + as.matrix(lr * y[i] * x[i,])
    b <- b + lr * y[i] * R^2
    k <- k + 1
  mistake = TRUE
    } else{
mistake = FALSE
    }
}
  }
  slope = -w[1]/w[2]
  intercept = -b/w[2]
  finalResult = as.data.frame(t(rbind(b, w, intercept, slope, k)))
  colnames(finalResult) <- c("bias", "w1", "w2", "intercept", "slope", "mistakes")
  return(finalResult)
}
plaResult <- PLA(x=X, y=Y, lr=1)
plaResult
ggplot(data=pladata,aes(x1,x2,col=factor(y)))+geom_point()+geom_abline(aes(intercept
  =(-w[1]/w[3]),slope=(-w[2]/w[3])))#分类结果展示
```

2.2.3 贝叶斯定理与大数据

虽然贝叶斯定理(Bayes theorem)是统计领域的有力工具,它在机器学习领域也得到了广泛应用,如贝叶斯最优分类器和朴素贝叶斯(naive Bayes)。什么是贝叶斯定理?它如何用于机器学习?下面就这些问题进行介绍。

2.2.3.1 贝叶斯定理

先回顾一下边际概率、联合概率和条件概率。边际概率(marginal probability)是不考虑其他因素事件 X 的概率,表示为 $P(X)$,联合概率(joint probability)指两个事件(X 和

Y)或更多事件同时发生的概率,表示为 $P(X, Y)$。条件概率(conditional probability)是一个事件(Y)在另一个事件(X)发生的情况下发生的概率,表示为 $P(Y|X)$。

表 2.4 中 X 取值和 Y 取值均为两种情况("0"=不发生,"1"=发生)。

表 2.4

	样本 1	样本 2	样本 3	样本 4
X	0	0	1	1
Y	0	0	0	1

边际概率 $P(X)=2/4=0.5$,$P(Y)=1/4=0.25$。在 X 发生情况下,Y 发生的条件概率为 $P(Y|X)$,见表 2.5 灰色部分,即 0.5。

表 2.5

	$Y=0$	$Y=1$
$X=0$	在 $X=0$(2 个样本)的情况下,$Y=0$(2 个样本)的概率为 2/2	在 $X=0$(2 个样本)的情况下,$Y=1$(0 个样本)的概率为 0/2
$X=1$	在 $X=1$(2 个样本)的情况下,$Y=0$(1 个样本)的概率为 1/2	在 $X=1$(2 个样本)的情况下,$Y=1$(1 个样本)的概率为 1/2

如果 X 发生、同时 Y 发生,称为联合概率 $P(X\cap Y)$,见表 2.6 灰色部分,即 0.25。

表 2.6

	$Y=0$	$Y=1$
$X=0$	在 4 个总体样本中,$X=0$ 且 $Y=0$(2 个样本)的概率为 2/4	在 4 个总体样本中,$X=0$ 且 $Y=1$(0 个样本)的概率为 0/4
$X=1$	在 4 个总体样本中,$X=1$ 且 $Y=0$(1 个样本)的概率为 1/4	在 4 个总体样本中,$X=1$ 且 $Y=1$(1 个样本的概率为 1/4

两件事情的边际概率、联合概率和条件概率三者之间存在密切关系,见图 2.9。

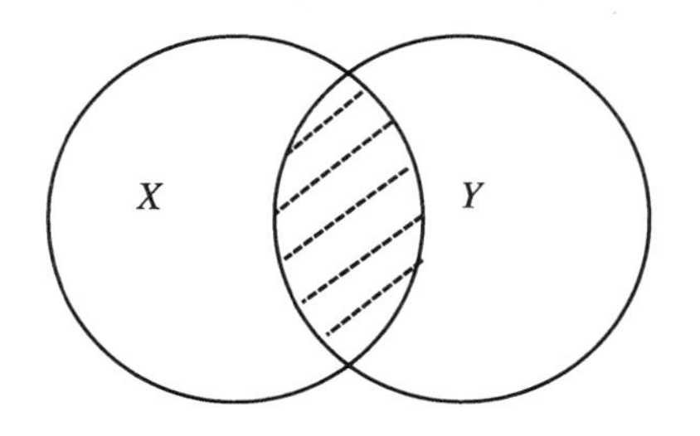

X和Y的边际概率分别为$P(X)$和$P(Y)$,阴影部分为X与Y联合概率$P(X\cap Y)$。则下面两式成立:

$P(Y|X)=P(X\cap Y)/P(X)$

$P(X|Y)=P(X\cap Y)/P(Y)$

图 2.9

根据联合概率 $P(X\cap Y)=P(Y|X)*P(X)=P(X|Y)*P(Y)$,得到

$$P(Y \mid X)=\frac{P(X \mid Y) * P(Y)}{P(X)} \tag{2.20}$$

在没有 X 与 Y 联合概率下,可利用 X 的条件概率计算 Y 的条件概率,这种由已知的先验概率 $P(Y)$ 和条件概率 $P(X|Y)$,推算出后验概率 $P(Y|X)$ 的方法,就是 Bayes 规则或

定理。

先验概率通常是人们的经验总结或者估算，估算不准确并没有关系，可以通过未来事件的发生情况，不断对后验概率做出调整。假如鸢尾花的数据如表 2.7 所示，问题是：花萼长度、花瓣宽度的样本属于哪种鸢尾花？

表 2.7

花萼长度	花瓣宽度	鸢尾花类别
长	中等	山鸢尾花
长	窄	变色鸢尾花
短	宽	弗吉尼亚鸢尾花
短	宽	山鸢尾花
长	很窄	山鸢尾花
短	很窄	弗吉尼亚鸢尾花

采用贝叶斯定理 $P(Y|X)=P(X|Y) * P(Y)/P(X)$，且认为 Y 与 X 是相互独立的，可得

$$
\begin{aligned}
&P(\text{山鸢尾花} \mid \text{花萼长度} \times \text{花瓣宽度}) \\
&= \frac{P(\text{花萼长度} \times \text{花瓣宽度} \mid \text{山鸢尾花}) * P(\text{山鸢尾花})}{P(\text{花萼长度} \times \text{花瓣宽度})} \\
&= \frac{P(\text{花萼长度} \mid \text{山鸢尾花}) \times P(\text{花瓣宽度} \mid \text{山鸢尾花}) * P(\text{山鸢尾花})}{P(\text{花萼长度}) \times P(\text{花瓣宽度})} \\
&= \frac{0.66 \times 0.33 \times 0.50}{0.50 \times 0.33} = 0.66
\end{aligned}
$$

花瓣宽度、花萼长度的样本属于山鸢尾花的概率为 66%。

2.2.3.2 贝叶斯定理与机器学习假设

在机器学习中，特别是在监督学习中，一个近似目标函数并执行输入映射到输出的模型的例子称为假设，算法的选择（如神经网络）和参数（如网络拓扑和超参数）定义了模型可能代表的假设空间。不同于科学上可验证的问题假设，也不同于统计学上样本数据之间关系的概率解释，机器学习假设是将输入映射到输出的目标函数近似的候选模型。

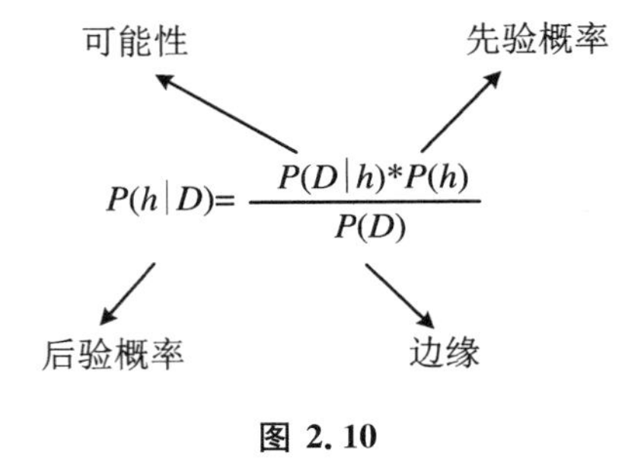

图 2.10

机器学习假设常用 h 表示，H 表示假设空间，机器学习中的一个假设：涵盖可用的证据（训练数据集）、是可验证的（预先设计了一个测试工具，用于估计性能，并将其与基线模型进行比较，以确定是否合理）、可用于新情况（对新数据进行预测）。

对于贝叶斯定理 $P(Y|X)=P(X|Y) * P(Y)/P(X)$，将 Y 和 X 分别改为 h 和 D，得到如图 2.10 所示的形式。

贝叶斯定理提供了一个描述数据（D）和假设（h）关系的概率模型，即通过给定假设下观察数据的概率 $P(D|h)$ 乘以不考虑数据下假设的概率

$P(h)$，除以不考虑假设下的观察数据的概率 $P(D)$，得到给定一些数据情况下假设为真的概率$P(h|D)$。

对于分类问题，h 即为最终预测的类别，即给定数据样本标签的条件概率，见公式(2.21)。

$$P(\text{class}|\text{data}) = \frac{P(\text{data}|\text{class}) * P(\text{class})}{P(\text{data})} \tag{2.21}$$

其中，$P(\text{class}|\text{data})$是给定数据的类的概率。

贝叶斯定理为思考和模拟机器学习提供了一个有用的框架，即在数据集上测试假设空间 H 中每个假设($h_1, h_2, h_3, \cdots$)为真的概率，即每个类为真的概率，并寻找最大化。在此框架下，数据(D)的概率是恒定的，可从计算中删除。另外，若没有任何关于类的先验信息，可以分配一个同样概率，将其视为常数，也从计算中删除，最终得到公式(2.22)。

$$P(\text{class}|\text{data}) = P(\text{data}|\text{class}) \tag{2.22}$$

依据公式(2.22)，对每个类执行此计算，并选择最大概率的类作为最终结果。

2.2.3.3 朴素贝叶斯

贝叶斯定理假设每个输入变量都依赖于其他变量，导致计算复杂。为此，假设每个输入变量都是相互独立的，这样计算 $P(\text{data}|\text{class})$就很简单：

$$P(\text{class}|X_1, X_2, \cdots, X_n) \\ = P(X_1|\text{class}) * P(X_2|\text{class}) * \cdots * P(X_n|\text{class}) * P(\text{class}) \tag{2.23}$$

贝叶斯定理的这种简化是常见的，广泛用于分类预测建模问题，通常被称为朴素贝叶斯(Naive Bayes)。

在上述鸢尾花例子中，可计算该花萼长、花瓣宽的样本分别属于变色鸢尾花和弗吉尼亚鸢尾花的概率，结果两者的概率均为0。通过比较花萼长、花瓣宽的样本属于山鸢尾花、变色鸢尾花和弗吉尼亚鸢尾花的概率，属于山鸢尾花的概率最大，故最终推测为山鸢尾花。

在R中，已经将计算相关概率的函数封装起来，形成一个程序包，例如，只需要调用e1071包，就可以构建贝叶斯分类器。下面以鸢尾花数据集为例，说明利用R构建贝叶斯分类模型。

```
data(iris)
colnames(iris)[1:5] = c("sepal_length","sepal_width","petal_length","petal_width","class")
iris$class = factor(iris$class)
str(iris)
sample_iris = sample(150,110,replace = FALSE)
sample_iris
iris_training = iris[sample_iris,]
iris_test = iris[-sample_iris,]
iris_training_labels = iris[sample_iris,]$class
iris_test_labels = iris[-sample_iris,]$class
table(iris_training$class)
table(iris_test$class)
library(e1071)
iris_classifier = naiveBayes(iris_training,iris_training_labels)
iris_test_pred = predict(iris_classifier,iris_test)
```

```
iris_test_pred
library(gmodels)
CrossTable(iris_test_pred,iris_test_labels,prop.chisq = FALSE, prop.t = FALSE,
prop.r = FALSE, dnn = c("predicted", "actual"))
iris_classifier2 = naiveBayes(iris_training,iris_training_labels,laplace = 1)
iris_test_pred2 = predict(iris_classifier2,iris_test)
iris_test_pred2
CrossTable(iris_test_pred2,iris_test_labels,prop.chisq = FALSE, prop.t = FALSE,
prop.r = FALSE, dnn = c("predicted", "actual"))
```

2.2.4 常用的树模型

在生态学研究中，解释变量通常比较多。例如，鸟类的体重与年龄、性别和取食集团(Guild)都有关，植被类型与坡向、降雨和土壤养分有关等等。在大数据时代，数据量大，数据类型更加多样，变量之间存在复杂交互作用，依靠传统统计分析很难完成。机器学习中的树模型比较直观，且模型不受预测变量类型、标度、缺省值影响，特别适用于生态学建模，备受生态学研究者欢迎。

树模型包括决策树(Decision Tree，DT)、随机森林(Random Forest，RF)、提升回归树(Boosting Regression Tree，BRT)等。DT 是基础模型，RF 基于许多决策树，最终预测是从许多树平均得出的。BRT 的起点也是决策树，与随机森林不同，每棵树不是相互独立的，而设置为前一棵树的残差(预测误差)，通过对建模不良特征给予更多权重，逐步减少模型与观察到的目标数据之间的差异。下面具体说明各自算法。

2.2.4.1 分类树及 CART 算法

先从一组数据开始，假如有如下 10 个样本点构成的一个数据集，其中，x_1 和 x_2 为其特征值，共有三个类别，见表 2.8。

表 2.8

样本点	x_1	x_2	类别
1	0.6	0.8	1●
2	0.8	1.8	1●
3	1.2	2.7	2△
4	1.3	0.4	1●
5	1.7	2.2	2△
6	2.3	0.7	3○
7	2.5	2.4	3○
8	2.9	1.6	3○
9	3.1	2.1	3○
10	3.2	0.2	3○

将上面的点绘制在二维平面上，其分布情况见图 2.11(左)。

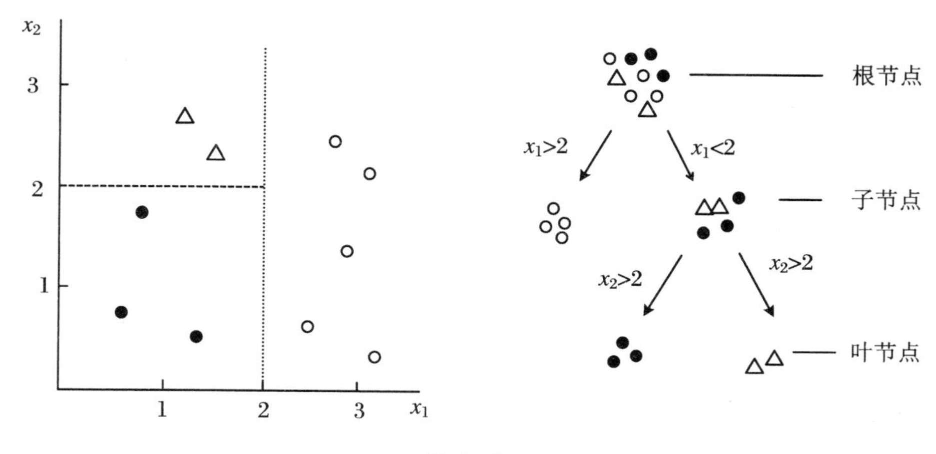

图 2.11

决策树也是通过分割数据空间来实现数据分类的。步骤如下：先用 $x_1=2$（图中虚线）将同属空心圆的数据点划分到 $x_1>2$ 区域，对于 $x_1<2$ 区域，包括实心圆和三角形两类数据，用 $x_2=2$（虚线）将同属实心圆的数据划分到 $x_2<2$ 区域，将同属三角形的数据划分到 $x_2>2$ 区域。

将上述数据划分过程和步骤用图 2.11(右)的方式记录下来，得到一个类似于倒着的树，称之为决策树。其中，划分前的数据集构成了根节点，最后得到三类别数据集构成了叶节点，中间一个包括实心圆和三角形数据，称为子节点。

为何 $x_1=2$ 和 $x_2=2$ 作为分割点？依据是什么？

x_1 和 x_2 是数据集的两个特征，分割数据集是依据 x_1 和 x_2 重要性从大到小的顺序，逐个选择分割点。确定特征重要性方法包括 ID3 算法（信息增益）和 CART（Classification And Regression Tree）算法。CART 算法如下：

如果数据分为 C 类，$p(i)$为任何数据点被正确划分的概率，则数据集 D 中的 Gini 指数（不纯度）G 定义为

$$G=\sum_{i}^{C}p_i(1-p_i) \tag{2.24}$$

在本例中，数据集共 10 个数据，包括 3 大类，该数据集的 Gini 指数 $G=3/10*(1-3/10)+2/10*(1-2/10)+5/10*(1-5/10)=0.21+0.16+0.25=0.62$。

如果选择 $x_1=2$ 作为分割点，通过 $x_1=2$ 作直线，得到左、右两个子集(图 2.11(左))，右侧子集仅有 5 个空心圆表示的数据点，左边子集包括 3 个实心圆和 2 个三角形，两个子集的 Gini 指数计算分别为

右侧子集：$G_{\text{right}}=0$

左侧子集：$G_{\text{left}}=3/5*(1-3/5)+2/5*(1-2/5)+0/5*(1-0/5)$

$=0.24+0.24=0.48$

$$G'=G_{\text{left}}+G_{\text{right}}=5/10*0.48+5/10*0=0.24$$

这样得到$G-G'=0.38$，见表 2.9。

表 2.9

x_1 取值	左侧数据点	左侧子集 G_{left}	右侧数据点	右侧子集 G_{right}	G'	信息增益 $(G-G')$
$x_1=1$	●●	2/2 * (1−2/2) + 0/2 * (1−0/2) + 0/2 * (1−0/2) = 0	●△△ ○○○○○	1/8 * 7/8 + 2/8 * 6/8 + 5/8 * 3/8 = 0.5313	2/10 * 0 + 8/10 * 0.5313 = 0.43	0.19
$x_1=2$	●●● △△	3/5 * (1−3/5) + 2/5 * (1−2/5) + 0/5 * (1−0/5) = 0.48	○○○○○	0/5 * (1−0/5) + 0/5 * (1−0/5) + 5/5 * (1−5/5) = 0	5/10 * 0.48 + 5/10 * 0 = 0.24	0.38
$x_1=3$	●●● △△○○○	3/8 * (1−3/8) + 2/8 * (1−2/8) + 3/8 * (1−3/8) = 0.6563	○○	2/2 * (1−2/2) + 0/2 * (1−0/2) + 1/2(1−1/2) = 0	8/10 * 0.6563 + 2/10 * 0 = 0.53	0.09

类似地，得到 $x_1=1.0$ 和 $x_1=3.0$ 分割点的 $G-G'$ 分别为 0.19 与 0.09（表 2.9）。

很明显用 $x_1=2.0$ 分割，得到一个完整类别（空心圆），达到分割目的，而用 $x_1=1.0$ 与 $x_1=3.0$ 则不能。利用 $G-G'$ 值可作为选择分割点标准，$G-G'$ 值越大，分割点选择越好。

除了 $x_1=1.0$、2.0、3.0，有多个可能取值，那么如何得到 x_1 的准确分割点呢？将 x_1 值从大到小排列，选择相邻两个值中间点作为分割点，总共得到 9 个分割点，见表 2.10。遍历 x_1 轴上的 9 个分割点，分别计算每个分割点的 $G-G'$，得到 $x_1=2.0$ 是最好的。

表 2.10

排序	0.6	0.8	1.2	1.3	1.7	2.3	2.5	2.9	3.1	3.2
中点	0.7	1.0	1.25	1.5	2.0	2.4	2.7	3.0	3.15	

那么，为何首先选择 x_1 而不是 x_2 呢？按照上述同样的方法，计算出 x_2 的 9 个分割点的 $G-G'$，只有 $x_1=2.0$ 分割点得到的 $G-G'$ 最大。

用 $x_1=2.0$ 分割数据，右边子集（图 2.10（左））全为第 3 类（空心圆），不再分割。但是，左侧子集包括第 1、2 类，还需分割，针对左侧子集，按照上述方法，在 x_1 和 x_2 轴上选择分割点。实际上，在 x_1 轴上，任何一个分割点分割左侧子集所得到的 $G-G'$ 比较小，只有 x_2 轴上 $x_2=2$ 这个分割点，才能得到最大 $G-G'$，从而将左侧子集分割为第 1、2 类。

对于分割数据点，通常需要设置一个停止节点分割的条件，如规定每个节点里的数据点的数量不得少于 3 个时，当节点的数据点数少于 3 个时，就停止分割，或者将少于 3 的节点修剪掉，这样得到叶子节点。通过设置这些规则，最终得到一棵决策树。

2.2.4.2 最小二乘回归树

上面是关于分类树的构建，其中，x_1 和 x_2 均为输入变量，类别 y 为输出变量，假设 y 是连续变量，这就是构建一个回归问题。CART 算法也适合回归，但不再依据 Gini 指数确定分割点，而是利用分割后 y 的均方差来确定。假如有如下数据 xy.csv（表 2.11），如何依据均方差选择分割点，并构建回归树呢？

表 2.11

	1	2	3	4	5	6	7	8	9	10
x	84	100	180	253	264	286	400	130	480	1000
y	6.176	3.434	3.638	3.497	3.178	3.497	4.205	3.258	2.565	4.605
	11	12	13	14	15	16	17	18	19	20
x	1990	2000	2110	2120	2300	1610	2430	2500	2590	2680
y	3.738	2.833	3.091	2.565	1.792	3.045	1.792	2.197	1.792	2.197
	21	22	23	24	25	26	27	28	29	30
x	2720	2790	2880	2976	3870	3910	3960	4320	6770	6900
y	2.398	2.708	2.565	1.386	1.792	1.792	2.565	1.386	1.946	1.099

具体算法和步骤如下：

(1) 如同分类，选择解释变量 x，沿着 x 轴寻找一个分割点 j，见图 2.12 中的垂直虚线，将响应变量 y 区分为左侧和右侧两个分支。

(2) 计算 $x<x_j$ 和 $x\geqslant x_j$ 的空间响应变量 y 的平均值(两条水平实线)，并分别计算左、右子集的 y 的总体偏差 $D=\sum(y_j-\mu_j)^2$，其中，j 表示第 j 个分割点，μ_j 表示均值。

(3) 遍历 x 轴上所有可能的分割点，哪个分割点给出的偏差最低，根据此分割点将数据分成左、右两个子集。

(4) 再在分割点两侧的每个子集上重复整个过程，直到没有进一步减少偏差为止，或没有足够多的数据点值得进一步细分。

基于 R，在 x 轴上寻找第一数据分割点的代码如下：

```
df <- read.csv("xy_tree.csv")
plot(x, y,pch=21)
library(tree)
thresh <- tree(y~x)
print(thresh)
a <- mean(y[x< 2115])
b <- mean(y[x>= 2115])
lines(c(80,2115,2115,7000),c(a,a,b,b))
```

x 对 y 影响的主要数据点集中在 4000 以内，解释最大偏差的第一分割点 $x=2115$，将数据分为左右两部分，对于 $x<2115$，y 均值 $=3.626$，对于 $x\geqslant2115$，y 均值 $=1.988$，结果见图 2.12。

在左、右子集重复上述分割过程，当子集少于 5 个数据点时，就停止分割，最终数据被分割为 7 个区块。一个完整的回归树是类似阶梯的函数图像(图 2.13)。用 R 实现代码如下：

```
model <- tree(y~x)
z<- seq(80,7000)
y <- predict(model,list(x=z))
plot(x, y,pch=21)
lines(z,y)
```

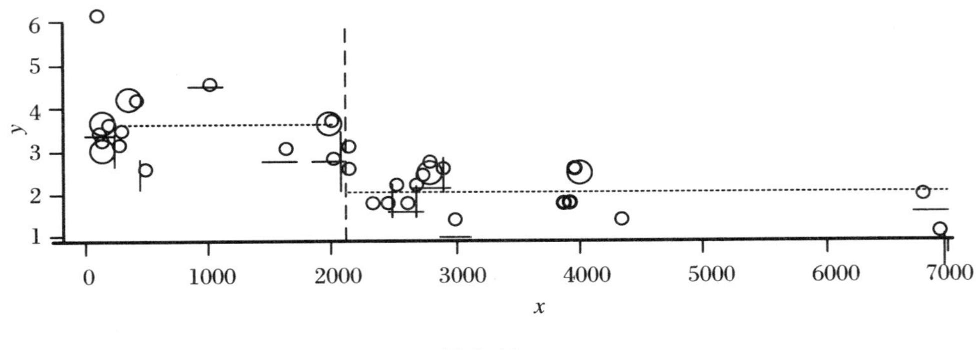

图 2.12

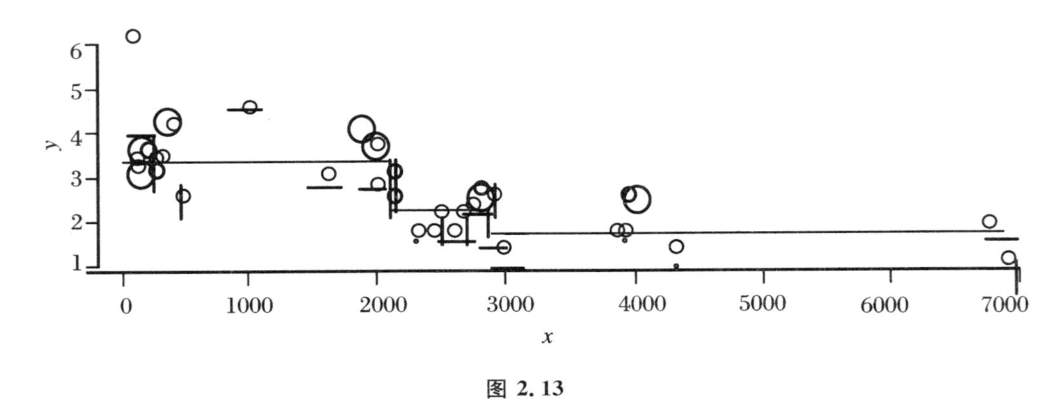

图 2.13

2.2.4.3 随机森林

集成学习(Ensemble Learning)是使用多个学习器进行学习，然后整合各个学习器的结果得到更好学习效果的机器学习算法。主要有两类算法：

(1) bagging 集成学习。即从总体数据集中采用有放回抽样得到 N 个数据集，也称为 bagging 方法，每个数据集训练出一个模型，然后采用 N 个模型预测投票(分类问题)或计算均值(回归问题)输出最后结果。随机森林采用 bagging 集成学习算法。

(2) boosting 集成学习。首先根据训练集用一个初始权重训练出第一个弱学习器，再根据第一个弱学习器误差率调整样本权重，加大误差大的训练样本的权重，然后利用调整权重后样本训练第二个学习器，如此重复，直到弱学习器达到预先指定数，最后通过均值输出结果。提升回归树采用 boosting 集成学习算法。

随机森林是通过自助法(boot-strap)从样本 N 中有放回地抽样，选择 N 个样本(有样本可能相同)，基于 Gini 指数法选择特征变量，构建决策树，重复 M 次，构建出 M 棵决策树，最终形成一个含有 M 棵决策树的森林。

随机森林算法的原理如图 2.14 所示。

随机森林的建立过程如下：

(1) 有 N 个样本，有放回地随机选择 N 个样本(每次取 1 个样本，放回抽样)，用选择好的 N 个样本训练一个决策树。

(2) 当每个样本有 n 个属性时，随机从这 n 个属性中选取出 m 个属性，然后从这 m 个

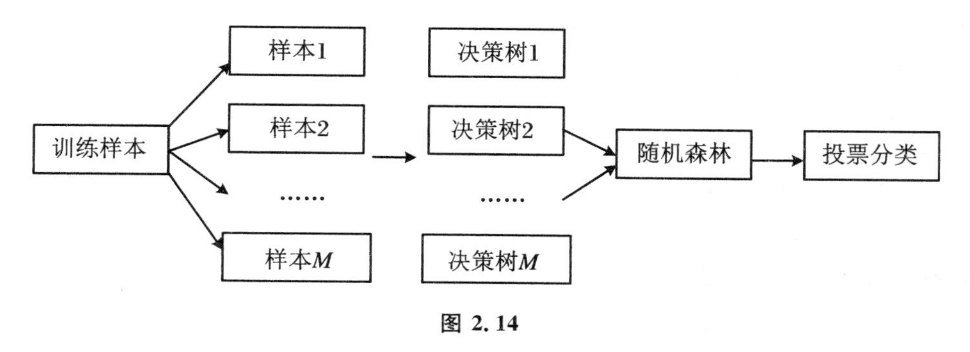

图 2.14

属性中采用Gini指数来选择一个属性,作为该节点的分裂属性。

(3) 在决策树形成过程中,每个节点都按照步骤(2)来分裂,如果下一次该节点选出来的属性是刚刚父节点分裂时用过的属性,则该节点已经达到了叶子节点,无需继续分裂,注意整个决策树形成过程中没有剪枝。

(4) 重复上述三个步骤,建立 M 决策树,如此形成RF。

对于一个包含 M 棵决策树的森林,当有一测试样本,让森林中每棵决策树各自独立判断,看这个样本应该属于哪一类,然后根据 M 棵树中,被归为哪一类的树最多,就将测试样本归为该类别。因此,由随机森林输出的类别是由各个树输出的类别的众数决定的。

随机森林模型中有3个重要参数:

(1) 森林中决策树的个数(number of trees)。增加决策树的个数会降低预测结果的方差,这样在预测时会有更高的精确度,但训练时间延长,训练时间大致与树的个数之间存在一个线性增加关系。可根据均方差(Mean Squared Error, MSE)或平均绝对值误差(Mean Absolute Error, MAE)来确定。

(2) 最大树的深度(max of depth)。在CART中,每棵树深度大,意味着预测更有力,但训练时间长,也倾向过拟合。对于随机森林,不容易出现过拟合,可选择比CART更大的树深度,一般为整数(integer)或none,如果为none,所有叶子节点都是纯的,或叶子节点包含的样例数小于min_sample_split。

(3) 最大特征数(max of features)。对于普通决策树,从所有 n 个样本特征中选择一个最优特征进行左右子树划分,而随机森林是从 n 个特征中选择 m 个特征,从 m 中选择一个最优的特征做分割点,以增强模型泛化能力。如 $m=n$,则RF与普通的CART决策树没有区别。m 越小,模型越健壮,模型方差会减小,但偏倚会增大。在实际中,一般选择 $m=\sqrt{n}$(对于分类问题)或 $m=n/3$(对于回归问题),可通过交叉验证调参获取一个合适的 m 值。

除此而外,还有几个次要参数,用于终止树的生长:

(1) 内部节点最少样例数(min sample of split)。具体数字(int)或数目的百分比(float)。

(2) 叶子节点上应有的最小样例数(min sample of leaf)。叶子节点中的样例数为具体数字或数目的百分比。叶子节点样例数过少,易遭受噪音影响,一般取值大于50。

当数据集样本少时,用交叉验证(Cross-validation)方法选择模型参数,评估模型的预测性能。常用10-折交叉验证(10-fold Cross-validation),其基本原理及分析过程如下:

(1) 把原始数据集分解成10个大小近似相等的子数据集,把第1个子数据集作为验证数据集，把其余 9 个子数据集合并后，用于构建模型。基于该模型对验证数据集的因变量进行预测，并计算预测误差的平方和。

(2) 类似地，把第 2 个、第 3 个……直至第 10 个子数据集分别作为验证数据集，并把其余的 9 个子数据集合并后构建模型，基于验证数据集计算因变量预测误差的平方和。

(3) 计算前述 10 个预测误差平方和的平均值，平均值最小的模型为最优模型。

交叉验证的一个特例是将每个观察值作为一个子数据集，然后使用该观察值之外的其他所有观察值估计模型参数，并计算预测误差的平方。

```
df <- read.csv("npcl11.csv") # 加载数据
df <- df[, -c(1,13)]
index <- sample(1:nrow(df), size = 0.75 * nrow(df)) # 拆分数据集
train <- df[index,]
test <- df[-index,]
library(randomForest)
set.seed(1234)
rf_model <- randomForest(loss_rate ~., data = df, ntree=500, mtry=3,
          importance = TRUE) # 建立随机森林模型
print(rf_model) # 输出模型或 rf_model
rf_model $ importance # 查看变量的重要性
varImpPlot(rf_model, main= ")
partialPlot(rf_model, train, HVA, "serious", main= " ,
      xlab= "HVA content (mg/g)", ylab= "Variable effect") # 单个特征对损失的影响
partialPlot(rf_model, train, IA, "serious", main= " ,
      xlab='IA content (mg/g)', ylab= "Variable effect")
```

2.2.4.4 提升回归树

提升回归树起源于机器学习，是以分类回归树为基函数的提升算法，随后统计界将其发展为一种高级回归形式。提升树是按顺序生长的，每棵树都是使用以前树产生的误差生长的。如果定义决策树为 $T(x, \Theta_m)$，则提升树的算法形式如下：

确定初始提升树 $f_0(x)=0$；

第二个提升树 $f_1(x)=f_0(x)+\mathrm{T}(x,\Theta_1)=\mathrm{T}(x,\Theta_1)$；

第三个提升树 $f_2(x)=f_0(x)+\mathrm{T}(x,\Theta_1)+\mathrm{T}(x,\Theta_2)$；

…… ……

最终模型为 M 棵回归树的总和：

$$f_m(x) = f_0(x) + T(x,\Theta_1) + \cdots + T(x,\Theta_m) = \sum_{m=1}^{M} T(x,\Theta_m) \tag{2.25}$$

下面以李航所著的《统计学习方法》数据（表 2.12）为例（https://blog.csdn.net/weixin_40604987/article/details/79296427），说明提升树算法。

表 2.12

x	1	2	3	4	5	6	7	8	9	10
y	5.56	5.7	5.91	6.4	6.8	7.05	8.9	8.7	9	9.05

第一步,初始提升树 $f_0(x)=0$,求 $f_1(x)$,也即 $T(x,\Theta_1)$。先将 x 排序,见表 2.13。

表 2.13

排序	1	2	3	4	5	6	7	8	9	10
中点		1.5	2.5	3.5	4.5	5.5	6.5	7.5	8.5	9.5
y	5.56	5.7	5.91	6.4	6.8	7.05	8.9	8.7	9	9.05

分割点 $s=1.5$(表 2.13),把数据集分为 $R_1=\{1\}$和 $R_2=\{2,3,4,5,6,7,8,9,10\}$两个区域,各区域输出值的均值分别为$\mu_1=5.56$,$\mu_2=(5.7+5.91+6.4+6.8+7.05+8.9+8.7+9+9.05)/9=7.50$。依据$\min\limits_{j,s}\left[\sum\limits_{j,s}(y_i-\mu_1)^2+\sum\limits_{j,s}(y_i-\mu_2)^2\right]$,计算误差 $m(1.5)=0+15.72=15.72$。类似地,可以计算其他分割点分割的子集的误差,见表 2.14。

表 2.14

s	1.5	2.5	3.5	4.5	5.5	6.5	7.5	8.5	9.5
m	15.72	12.07	8.36	5.78	3.91	1.93	8.01	11.73	15.74

$s=6.5$ 时,m 最小,得到第一个分割点 $s=6.5$(表 2.14),并将数据集分为 $R_1=\{1,2,3,4,5,6\}$与 $R_2=\{7,8,9,10\}$,两个区域的均值分别为 $c_1=6.24$ 和 $c_2=8.91$,这样得到第一棵树,以及第一棵树的残差,见表 2.15。

$$T_1(x)=\begin{cases}6.24 & (x<6.5)\\ 8.91 & (x\geqslant 6.5)\end{cases}\tag{2.26}$$

表 2.15

x	1	2	3	4	5	6	7	8	9	10
y	5.56	5.7	5.91	6.4	6.8	7.05	8.9	8.7	9	9.05
$L[y-f(x)]$	−0.68	−0.54	−0.33	0.16	0.56	0.81	−0.01	−0.21	0.09	0.14
$L[y-f(x)]^2$	0.46	0.29	0.11	0.03	0.31	0.66	0	0.04	0	0.02

第二步,求 $f_2(x)$,分割点如同求 $f_1(x)$,y 值为前面计算的残差 $L[y-f(x)]$,见表 2.16。

表 2.16

排序	1	2	3	4	5	6	7	8	9	10
中点		1.5	2.5	3.5	4.5	5.5	6.5	7.5	8.5	9.5
$L[y-f(x)]$	−0.68	−0.54	−0.33	0.16	0.56	0.81	−0.01	−0.21	0.09	0.14

得到 $x=3.5$ 时,$m(3.5)$最小,这样有

$$T_2(x)=\begin{cases}-0.52 & (x<3.5)\\ 0.22 & (x\geqslant 3.5)\end{cases}\tag{2.27}$$

由此得到

$$f_2(x) = f_1(x) + T(x,\Theta_2) = \begin{cases} 5.72(6.24 - 0.52) & (x < 3.5) \\ 6.46(6.24 + 0.22) & (3.5 \leqslant x < 6.5) \\ 9.13(8.91 + 0.22) & (x \geqslant 6.5) \end{cases} \tag{2.28}$$

按照上述方法，继续求 $f_3(x)$，$f_4(x)$，…

$$T_3(x) = \begin{cases} 0.15 & (x < 6.5) \\ -0.22 & (x \geqslant 6.5) \end{cases} \tag{2.29}$$

$$f_3(x) = f_2(x) + T(x,\Theta_3) = \begin{cases} 5.87(6.24 - 0.52 + 0.15) & (x < 3.5) \\ 6.61(6.24 + 0.22 + 0.15) & (3.5 \leqslant x < 6.5) \\ 8.91(8.91 + 0.22 - 0.22) & (x \geqslant 6.5) \end{cases} \tag{2.30}$$

$$T_4(x) = \begin{cases} -0.16 & (x < 4.5) \\ 0.11 & (x \geqslant 4.5) \end{cases} \tag{2.31}$$

$$\begin{aligned} f_4(x) &= f_3(x) + T(x,\Theta_4) \\ &= \begin{cases} 5.71(6.24 - 0.52 + 0.15 - 0.16) & (x < 3.5) \\ 6.45(6.24 + 0.22 + 0.15 - 0.16) & (3.5 \leqslant x < 4.5) \\ 6.72(6.24 + 0.22 + 0.15 + 0.11) & (4.5 \leqslant x < 6.5) \\ 9.02(8.91 + 0.22 - 0.22 + 0.11) & (x \geqslant 6.5) \end{cases} \end{aligned} \tag{2.32}$$

$$T_5(x) = \begin{cases} 0.07 & (x < 6.5) \\ -0.11 & (x \geqslant 6.5) \end{cases} \tag{2.33}$$

$$\begin{aligned} f_5(x) &= f_4(x) + T(x,\Theta_5) \\ &= \begin{cases} 5.78(6.24 - 0.52 + 0.15 - 0.16 + 0.07) & (x < 3.5) \\ 6.52(6.24 + 0.22 + 0.15 - 0.16 + 0.07) & (3.5 \leqslant x < 4.5) \\ 6.79(6.24 + 0.22 + 0.15 + 0.11 + 0.07) & (4.5 \leqslant x < 6.5) \\ 8.91(8.91 + 0.22 - 0.22 + 0.11 - 0.11) & (x \geqslant 6.5) \end{cases} \end{aligned} \tag{2.34}$$

$$T_6(x) = \begin{cases} -0.15 & (x < 2.5) \\ 0.04 & (x \geqslant 2.5) \end{cases} \tag{2.35}$$

$$\begin{aligned} f_6(x) &= f_5(x) + T(x,\Theta_6) \\ &= \begin{cases} 5.63(6.24 - 0.52 + 0.15 - 0.16 + 0.07 - 0.15) & (x < 2.5) \\ 5.82(6.24 - 0.52 + 0.15 - 0.16 + 0.07 + 0.04) & (2.5 \leqslant x < 3.5) \\ 6.56(6.24 + 0.22 + 0.15 - 0.16 + 0.07 + 0.04) & (3.5 \leqslant x < 4.5) \\ 6.83(6.24 + 0.22 + 0.15 + 0.11 + 0.07 + 0.04) & (4.5 \leqslant x < 6.5) \\ 8.95(8.91 + 0.22 - 0.22 + 0.11 - 0.11 + 0.04) & (x \geqslant 6.5) \end{cases} \end{aligned} \tag{2.36}$$

另外，计算得到 $f_1(x)$的误差平方和为 1.93，$f_2(x)$的误差平方和为 0.79，$f_3(x)$的误差平方和为 0.47，$f_4(x)$的误差平方和为 0.3，$f_5(x)$的误差平方和为0.23，$f_6(x)$的误差平方和为 0.17。假设设置误差阈值大于 0.17，到此为止生成树，最终得到的 $f_6(x)$就是所求的提升树。

BRT 可处理不同类型的预测变量，允许缺失值，不需要进行数据转换或消除异常值，可以拟合复杂的非线性关系，并自动处理预测变量之间的交互效应。BRT 的两个重要参数分别为学习速率 lr（也称为收缩参数，决定每棵树的贡献），和复杂度 tc（控制是否拟合交互，$tc=1$ 拟合一个加性模型，$tc=2$ 拟合一个具有 two-way 交互作用模型），这两个参数决定了最优预测所需树的数量（nt）。

R 中有许多包实现 BTR,最流行的有 gbm(generalized boosted regression models),它是广义提升回归模型,可以解决回归问题,也可以解决分类问题。gbm 包有两个主要的训练函数:gbm 和 gbm. fit,gbm 使用 formula 接口来指定模型,而 gbm. fit 需要分离的 x 和 y 矩阵,用于处理多变量,函数提供了很多参数以进行模型调优。

(1) distribution。计算损失函数时,需要对输出变量的数据分布做出假设。一般来说,对于分类问题,选择 bernoulli 或者 adaboost;对于连续因变量,选择 gaussian 或者 laplace。

(2) shrinkage。学习速率,即每一步迭代中向梯度下降方向前进的步长,默认 shrinkage 为 0.001。

(3) n. trees。即迭代次数,一般为 3000～10000,以最小化 MSE(Mean Squared Error) 损失函数,gbm 中的 gbm. perf 可以估计出最佳迭代次数。

(4) interaction. depth 和 n. minobsinnode。子决策树即基础学习器的深度和决策树叶节点包含的最小观测数,默认 interaction. depth 为 1。

在 BTR 模型中引入一些随机性,以提高精度和速度,并减少过拟合。gbm 包通过一个"袋分数(bag fraction)"来控制随机性,该"袋分数"规定了在每一步中要选择的数据比例。默认的袋分数为 0.5,这意味着在每次迭代时,50%的数据是从完整训练集中随机抽取的,没有替换。通过比较不同袋比例的预测性能和模型的可变性,可以确定最佳袋分数。

2.3 数据挖掘初步

2.3.1 跟 Rattle 学代码

数据挖掘是从数据中发现有意义的见解和知识,并将这种发现表示为模型。因此,数据挖掘就是一个建立模型,用来帮助理解世界,也可用来预测未来。如今,数据挖掘是一门利用计算机科学、机器学习和统计学等复杂技能的学科。

现已发展了一些数据分析与计算工具,如 NESCent(http://www.nescent.org/)、NCEAS(https://www.nceas.ucsb.edu/)、SESYNC(https://www.sesync.org/)。另外,通过 Ecological Data Wiki,可帮助了解各种数据集适合做哪些分析,以及如何严格地进行分析。software carpentry(https://software-carpentry.org/)、DataONE 还提供专门培训教程。

Rattle(R analytical tool to learn easily)是 R 的一个程序包,一个界面友好的数据挖掘工具,从数据探索→数据清洗→特征工程→模型构建→模型评估→模型应用等步骤,Rattle 给出了完整的解决方案。但是,Rattle 不直接支持时间序列分析。另外,对于空间数据分析,Rattle 提供的帮助也是有限的。对于初学者而言,可以利用 Rattle 学习数据挖掘的一些知识。

2.3.1.1 安装 Rattle 包

Rattle 可运行在多种操作系统，包括 Linux、Mac 和 Windows。作为一个 R 包，Rattle 的安装与其他包的安装方法类似（具体安装可参考网站 http://Rattle.togaware.com），常见方法是在 R 或 Rstudio 中，输入 install.packages（"Rattle"），一般就能安装好。但初学者安装 Rattle 时，经常遭遇各种问题，归纳起来，主要有如下方面的问题：

（1）Rattle 中 RGtk2 包与绘图有关，这个包依赖于操作系统中 GTK+，如果系统中没有 GTK+，加载 RGtk2 的时候就会报错。初学者安装 GTK+，经常不成功。一个简单做法是找到 RGtk2 的安装路径，如 C:~\R\win-library\3.6\RGtk2\gtk\，删除 gtk 文件夹中的所有文件，然后到相关网站，如 http://www.gtk.org/download/win32.php，下载 GTK+压缩包（如 gtk+-bundle_2.22.1-20101229_win64），解压后并复制到 gtk 文件夹，再安装 cairoDevice 和 tabbedPlots 等包，就能正常使用了。

（2）因不理解 R 包，出现问题不知道如何解决。一些 R 包只提供与操作系统中其他软件一个接口，对于这类包的安装，必须先在操作系统中安装相关的应用程序，再安装 R 包，否则即便安装成功了，也不能正确使用。例如，Rattle 中不少包依赖于 rJava，如果没有正确安装 rJava，在安装其他 R 包时，就会要么安装不上，要么安装后运行不了。在此情况下，先删除 rJava 包，然后在操作系统正确安装 Java（特别要注意设置好环境变量），再安装 rJava 包和其他依赖于 rJava 的包。

除了上面提到的例子外，R 中还有不少包依赖于操作系统提供的软件。例如，RQGIS 为 R 与 QGIS 之间的接口，rdataretriever 包是 R 与 python 运行的 data retriever 包的接口。通过安装并运行 Rattle，利于提高初学者对 R 包及其环境的认识。

2.3.1.2 熟悉关键包

Rattle 集成了 40 多个优秀程序包。此外，Rattle 本身还提供了不少 Rattle 内部使用的实用函数。通过学习 Rattle，可以了解数据处理、机器学习建模等操作的各种常用 R 包。下面是关于 Rattle 常用包的介绍：

（1）导入数据。Rattle 集成了 data.table、readr、RMySQL、sqldf、jsonite 等包，用于导入任何格式数据，如.txt、.csv、.json、.sql 等，以便快速导入数据文件。

（2）数据可视化。Rattle 也内置函数用于创建简单图形，但创建高级图形时，应安装专门的绘图包 ggplot2。

（3）数据操作。Rattle 具有一个非常好的数据操作包集合，这些包允许快速执行基本和高级计算，包括 dplyr、plyr、tidyr、lubridate、stringr。

（4）机器学习建模。Rattle 集成了一些建模包，如 randomForest、rpart、gbm 等，能够满足创建机器学习模型的每一个需求。

2.3.1.3 练习写代码

用户不用写 R 代码，只需通过 rgtk2 包提供的 GNOME 图形界面，直接调用各种程序包及其中的函数，进行数据挖掘操作。对初学者而言，可用 Rattle 完成基本数据挖掘任务。另外，Rattle 执行挖掘任务代码记录在 log 中，对初学者而言，可从 log 中学习和提高数据挖掘能力：

（1）查看log，可检查Rattle执行相应操作的R命令，也可将log中所有或部分代码可复制R代码，粘贴到R控制台中运行，进行修改或微调。在内部，Rattle使用一个名为crs的变量来存储其当前状态，可以直接修改此变量。

（2）可将整个log通过export导出，删除一些不必要的注释，改写Rattle内部的变量名称，如crs是控制Rattle当前状态的变量，导出后可修改为自己定义的名称，并可保存为一个扩展名为.R的脚本文件，随后可在R或Rstudi打开这个脚本文件，通过Souce with Echo运行这个脚本，就可以重复Rattle交互的确切步骤。初学者可根据处理和分析过程，了解它是如何通过代码实现的，达到练习和提高写代码的目的。

2.3.2　通过caret包建模

生态学研究中常用树模型分析预测解释和目标变量的关系，目前已发展了不少包，用于构建树模型，方便用户选择使用。但不同包的语法和使用的参数不尽相同，不利于比较各种算法及其结果。建议尽可能采用caret包，它为建模提供了统一框架。

2.3.2.1　树模型与caret包

构建决策树可用ctree、tree、rpart等包，构建随机森林可用ranger、randomForest包，用gbm包构建BRT模型。例如，基于rpart构建分类树模型，执行如下代码：

```
DT_model <- rpart(target~. data = data, na.action = na.rpart,
    method = "class",
    parms = list(split = "infomation"))
```

主要参数及其含义如下：

（1）na.action。默认为na.rpart，表示剔除target和预测变量中有缺失的obs。

（2）method。分类树选择class或poisson，回归树选择anova，生存分析选择exp。

（3）parms。此参数只适合分类树，对于method = class，parms = list (split = “information”(ID3算法)或split = “gini”(CART))

另外，基于randomForest包，构建随机森林模型，代码如下：

```
RF_model <- randomForest(target~.,data = data,mtry = 2,ntree = 1000)
```

该模型涉及两个重要参数，参数的含义如下：

（1）树数目ntree。指定随机森林中包含的决策树数目，默认为500。

（2）分割变量数mtry。选择用于二叉分支的变量个数，如果数据集预测变量为n，对于分类问题，mtry为$\sqrt{n}$，对于回归问题，选择1/3。

基于gbm包，构建BRT模型，可执行如下代码：

```
BRT_model <- gbm(target~.,data = data, shrinkage = 0.01, distribution = "bernoulli",cv.
  folds = 5,n.trees = 3000,verbose = F)
```

该模型涉及四个基本参数，各个参数的含义如下：

（1）收缩率(shrinkage)。也叫学习速率，一般选择在0.01～0.001之间。

（2）损失函数形式(distribution)。对于分类问题，采用Bernoulli分布；对于回归问题，采用 Gaussian 分布。

(3) 迭代次数(n. trees)。迭代回归树的数量,一般来说先越大越好,然后选择合适的数目 n. trees 参数可在 500～10000 之间。

(4) 交叉验证的折数(cv. folds)。可以用来提取最适的回归树数目。

caret(C_lassification_A_nd_RE_gression_T_raining)包是一系列函数的集合,具有强大的数据挖掘功能,包括数据预处理、可视化、模型训练、调参和变量重要性评估等,试图对数据挖掘过程进行流程化。

caret 包支持多种机器学习模型,可执行如下代码查询:

```
modelnames <- paste(names(getModelInfo()), collapse = ",")
modelnames
```

caret 包通过 train()函数建模,提供了统一建模范式,第一个参数为"～.",表达一个函数式 formula,指明目标变量和特征变量,第二个参数为"data",指定训练集,第三个参数"method",指定建模方法。例如,训练集为 train,测试集为 test,目标变量为 target,构建一个随机森林模型,并测试其性能,可执行如下代码:

```
rf_fit <- train(target ~ ., data = train, method = "ranger")
rf_fit
rf_pred <- predict(rf_fit, test) # 性能测试
confusionMatrix(rf_pred, test $ target) # 目标为分类变量
```

这是一种默认情况,train()函数用 bootstrap resampling 采样,重复 25 次,每个分割点随机选择 3 个特征(mtry = 3),构建 25 棵树,最后得到 25 棵树的平均结果。

利用 caret,同时构造不同模型类型,并选择最佳模型。网上有不少资料专门介绍,可以参阅学习。caret 包参数众多,且有的函数依赖于其他包,对于初学者有一定难度。在此,围绕生态学上常用树模型,说明 caret 包用法,加深对 caret 包的理解。

现安装 caret 包,该包可从 GitHub 安装,也可直接从 Rstudio 安装。在 Rstudio 安装和加载 caret,可执行如下代码:

```
install.packages("caret", dependencies = TRUE, INSTALL_opts = "--no-lock")
library(caret)
```

现有一数据集 npcl,其中,*P*、*PA* 等共 11 个预测变量,loss_rate 为目标变量,一共 14 个观察或样本,见表 2.17。

表 2.17

序号	*P*	*PA*	*Q*	*G*	*GA*	*CF*	*F*	*HB*	*CA*	*IA*	*HVA*	loss_rate
1	0.15	0.23	0.5	0.29	0.35	0.49	0.28	2.11	2.3	0	0.05	0.3319
2	0.1	0.09	0.55	0.27	0.32	0.33	0.03	1.679	1.85	2.11	0.02	0.6912
3	0.08	0.08	0.84	0.24	0.36	0.37	0.01	2.73	2.23	0	0.11	0.2233
4	0	0	0.45	0.32	0.24	0.21	0.103	1.879	2.03	1.39	0.09	0.6043
5	0	0.09	0.45	0.32	0.26	0.26	0.086	4.12	1.89	1.27	0.03	0.5702
6	0	0	0.32	0.23	0.22	0.32	0.04	3.22	1	0	0.029	0.2312

续表

序号	*P*	*PA*	*Q*	*G*	*GA*	*CF*	*F*	*HB*	*CA*	*IA*	*HVA*	loss_rate
7	0	0	0.38	0.22	0.49	0.28	0.01	1.78	1.08	1.36	0.03	0.2571
8	0.13	0.28	0.69	0.27	0.82	1.18	0.053	2.63	2.03	2.43	0.06	0.7372
9	0	0.11	0.39	0.23	0.44	0.37	0.02	2.76	2.06	1.76	0.07	0.6398
10	0.08	0.27	0.63	0.25	1.2	0.49	0.09	3.56	1.04	3.66	0.04	0.8357
11	0	0.12	0.41	0.25	0.32	0.32	0.03	3.22	2.08	0	0.08	0.4394
12	2.16	0.05	1.05	4.52	1.71	2	0.19	5.46	1.52	0.86	0.12	0.1387
13	0.17	0.12	0.45	0.39	0.46	0.36	0.106	3.96	2.09	2.27	0.03	0.5312
14	0	0.03	0.22	0.17	0.21	0.22	0.04	2.15	1.26	1.13	0.02	0.3012

2.3.2.2 读取数据并预处理

先将数据读进 R，执行如下代码：

```
data <- read.csv("npcl.csv") #读取数据
head(data)
```

数据预处理是机器学习建模中的一个重要环节，主要针对预测变量，包括类别变量的独热编码、补齐缺失数据、删除近零方差数据和共线性数据、数据中心化和归一化等。可先用 skim 包中 skim_to_wide()函数做基本统计分析，再用 caret 包中 dummyVars()创建独热编码，以及用 preProcess()函数补齐缺失值等，具体可参阅其他资料。

因树模型对缺失数据、变量类型、近零方差变量（每个数据都为 1、均数为 1）和共线性变量等不敏感，所以可跳过这个环节，读取数据后，直接进入数据分割环节。将目标变量 loss_rate 划分为 serious 和 normal 两个类别，将问题转化为一个二分类问题，执行如下代码：

```
library(tidyverse)
data_class <- data[,-1] %>% mutate(loss_rate = case_when(loss_rate >= 0.4 ~ "seri-
  ous",loss_rate < 0.4 ~ "normal")) %>%  rename(loss_degree = loss_rate)
data_class <- data %>% mutate(series = loss_rate> 0.4) %>% #将大于 0.4 分为 serious
    select(-loss_rate) #删除原来的 loss_rate
head(data_class)
```

2.3.2.3 数据分割与交叉验证

建模时，常将数据集拆分为训练集（training dataset）和测试集（testing dataset），分别用于训练模型和估计模型误差。caret 包提供了几个函数分割数据，如 createResample、createFolds、createTimeSlices 和 groupkFold 等，常用函数为 createDataPartition()，将数据集拆分为测试/训练集。例如，将数据集拆分为训练（80%）和测试（20%）数据集，可执行如下代码：

```
set.seed(100)
train_idx <- createDataPartition(data_class $ lose_degree, p=0.8, list=FALSE)
```

```
train <- data_class[index,]
test <- data_class[-index,]
```

在建模时，如何调整模型参数呢？利用验证数据集，通过计算混淆矩阵（Confuse Matrix）来计算模型误差，根据模型性能调整相关参数。在将数据集分割训练和测试数据集后，caret 对训练集进行重采样，一部分用于训练，另一部分作为验证集。重采样方法包括：

1. *k*-折交叉验证(*k*-fold CV)

当数据不充分时，如样本量 N 小于 50，将样本数据分为 k 份，随机选择 $k-1$ 作为训练集，剩余 1 份作为验证集，重复 n 次（$n \leqslant k$），根据损失函数评估最优模型和参数。图 2.15 为 5-折交叉验证，即数据集被拆分为 5 份，随机 4 份为训练集，另外 1 份为验证集，repeats = 迭代 5 次。

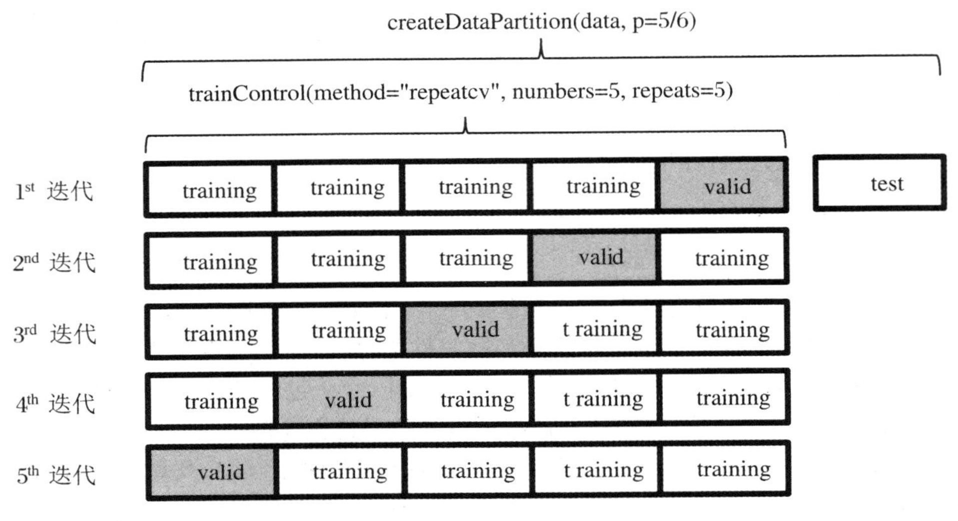

图 2.15

2. 留一交叉验证(leave-one-out CV)

k-折交叉验证的特例，即 k 等于样本量，对于 N 个样本，每次选择 $k-1$ 个样本训练，留下 1 个样本验证好坏。

3. 留出法(holdout cross validation)

如样本量超过 1 万条，常用做法是将数据分为训练集(用于训练模型)、验证集(用于评价和调整模型参数)、测试集(用于选择模型和参数)，这种验证称为留出法，也称为简单交叉验证。

caret 提供了 trainControl()函数指定交叉验证方法，执行代码如下：

```
ctrl <- trainControl(method = "CV", number = 5) #5-折交叉检验
ctrl <- trainControl(method = "repeatcv", number = 5, repeats=3)
   #迭代 3 次的 5-折交叉检验
ctrl <- trainControl(method = "LOOCV") #留一交叉验
ctrl <- trainControl(method = "LOOCV", number = 1, p)
   #p 为训练集,1~p 为验证集
```

2.3.2.4 变量重要性与选择

选择一些重要变量/特征，对大多数机器学习建模很重要，特征选择的一种方法是通过可视化方法，直接选出对目标变量影响较大的特征。可视化变量，可执行如下代码：

```
x = as.matrix(data_class[, 1:11])
y = as.factor(data_class $ loss_degree)
featurePlot(x, y, plot = "box",
    strip=strip.custom(par.strip.text=list(cex=.7)),
    scales = list(x = list(relation = "free"),
        y = list(relation="free")))
```

也可执行如下代码，检查特征与目标变量的关系：

```
featurePlot(x, y, plot = "density",
    strip=strip.custom(par.strip.text=list(cex=.7)),
    scales = list(x = list(relation="free"),
      y = list(relation="free")))
```

有时可能需要严格方法来确定重要特征，然后再将它们输入机器学习，选择特征的一个较好方法是递归特征消除(Recursive Feature Elimination, RFE)。递归消除特征法使用一个基模型来进行多轮训练，首先用所有特征训练模型得到每个特征权重，并剔除拥有最小权重特征，之后再基于其余特征训练，重复前面的过程，如此往复递归，直至剩余的特征数量达到所需的特征数量。

caret 使用 rfe()函数实现 RFE，并且可以通过定义 refControl()函数来控制 rfe 使用什么算法以及何种交叉验证方法，执行如下代码：

```
options(warn=-1)
set.seed(100)
ctrl <- rfeControl(functions = rfFuncs,
    method = "repeatedcv",
    repeats = 5,
    verbose = FALSE)
lmProfile <- rfe(x, y,rfeControl = ctrl)
lmProfile
```

另外，在特征比较多的情况下，可通过 size 指定模型大小，即拟需要的特征数量。

2.3.2.5 构建模型并优化模型参数

筛选特征后，利用 caret 包构建模型相对简单。例如，利用本例数据构建随机森林模型，并评估模型，可执行如下代码：

```
set.seed(100)
rf_fit <- train(as.factor(loss_degree) ~ IA + PA + CA + Q + G,
        data = training,
        method = "rf")
rf_fit
```

```
plot(rf_fit)
rf_pred <- predict(rf_fit, test)
rf_pred
confusionMatrix(reference = as.factor(test$loss_degree),
    data = rf_pred,
mode = "everything")
```

caret 包中的 train()函数功能强大,配合 trControl、tuneGrid 或 tuneLength 参数,可进一步优化模型。trainControl()函数不仅可以指定交叉验证方法,还可以指定模型输出,如对分类变量,可指定输出 classProbs。

另外,不同机器学习模型有不同参数,包括决策树模型中的复杂性参数 *cp*(0~1)、随机森林模型中的树数 ntree(10~1000)和每次分割用的特征数 mtry、提升回归树中的学习速率 *lr* 和树复杂度 *tc*。优化模型参数有两种方式:

(1) 通过 tuneLength,指定系统自动调整每个参数可取值的数量。以随机森林算法为例,tunelength=5 意味着尝试 5 个不同的 mtry 值,并根据这 5 个值找到最佳 mtry 值。优化上述随机森林模型,可执行如下代码:

```
trControl <- trainControl(
    method = "cv",
    number = 5,
    savePredictions = "final",
    classProbs = T,
    summaryFunction = twoClassSummary)
rf_fit <- train(as.factor(loss_degree) ~.,
        data = training,
        method = "rf",
        tuneLength = 5,
        trControl = trControl,
        verbose = FALSE
)
rf_pred <- predict(rf_fit, test)
rf_pred
confusionMatrix(reference = as.factor(test$loss_degree),
        data = rf_pred,
    mode = "everything")
library(MLeval)
x <- evalm(rf_fit)
x$roc
x$stdres
```

(2) TuneGrid 为用户必须手动指定调参。在网格中,每个算法参数被指定为可能值的向量,这些向量组合定义所有可能。以提升回归树为例,优化参数,可执行如下代码:

```
myGrid <- expand.grid (n.tree =c(150,175,200,225), # 树的数目
    interaction.depth =c(5, 6, 7, 8, 9), # 交互作用
```

```
    shrinkage = c(0.075,0.1,0.125,0.15,0.2), #学习效率
n.minobsinnode = c(7, 10, 12, 15)) #终节点最少示例数
```

2.3.2.6　比较并选择模型

caret 包中的 train()函数，作为标准接口，可训练不同机器学习模型，同时 caret 包提供了评价模型的参数 metric，可根据模型类型，选择 Accuracy、Kappa 值，也可用灵敏度、特异性、ROC 曲线下的面积(AUC)等。

(1) 对于分类模型，一般用“Kappa”和“Accuracy”评估。

(2) 对于概率模型，用“ROC”评估。

(3) 对于随机森林模型，用“obb”评估。

(4) 对于回归模型，用“RMSE”或“Rsquared”。

利用本例数据，运行多个模型，包括支持向量机、随机森林等，执行如下代码：

```
library(caretEnsemble)
trControl <- trainControl(method = "repeatedcv",
  number = 10,
  repeats = 3,
   savePredictions = TRUE,
       classProbs = TRUE)
algorithmList <- c("rf", "rpart", "svmRadial")
set.seed(100)
models <- caretList(y ~ ., data = train,
  trControl = trControl,
      methodList = algorithmList)
results <- resamples(models)
summary(results)
scales <- list(x = list(relation = "free"), y = list(relation = "free"))
bwplot(results, scales = scales)
```

总之，caret 包中的 train()函数功能强大，创建模型、预测与保存结果的基本语法如下：

```
trControl<- trainControl(method = "repeatcv", number = 10, repeats = 3)
  #重复 3 遍 10-折交叉检验
model <- train(y = train[, 1], x = train[, 2:ncol(train)],
    method = "rpart",
    preProcess = c("center", "scale"),
    trControl = trControl,
    tuneLength = 5, #用 5 个不同的 mtry 值，选择最优
    metric = "ROC")
model.prediction <- predict(model, newdata) #预测为数据表
write.dbf() #将结果保存为数据库形式
```

除了 caret 包外，mlr 包也提供了一个统一的机器学习框架，而且能够设置更多参数更加多。

2.3.3 运用 h2o 集群

h2o 是针对智能应用的机器学习和深度学习的开源程序集，包含广泛使用的数理统计，集成了机器学习算法，如梯度提升树、广义线性模型、深度学习等。h2o 类似于 Python 中的 sklearn，提供各种机器学习算法统一接口，代码更加清晰简单，不需要一个模型一个数据格式，计算速度较快。h2o 支持单机和分布式运行。

2.3.3.1 通过 R 运行 h2o 集群

除了通过 R 代码建模外，h2o 还提供了一个基于 Web 的工具来测试数据集上的不同算法，对数据集上不同算法进行排序，从而减少寻找最佳模型的努力。

在 RStudio 上安装 h2o 步骤如下：

(1) 单击 Rstudio 图标，启动 R 控制台。

(2) 执行以下命令删除 h2o 旧版本：

```
if ("package:h2o" %in% search()) { detach("package:h2o", unload=TRUE) }
if ("h2o" %in% rownames(installed.packages())) { remove.packages("h2o") }
```

(3) 使用以下代码下载 h2o 的依赖项：

```
pkgs <- c("RCurl","jsonlite")
for (pkg in pkgs) {
  if (! (pkg %in% rownames(installed.packages()))) { install.packages(pkg) }
}
```

(4) 执行以下命令安装 h2o：

```
install.packages("h2o", type = "source", repos = (c("http://h2o-release.s3.amazonaws.com/h2o/latest_stable_R")))
```

(5) 执行如下代码，测试 h2o：

```
library(h2o)
localH2O = h2o.init()
demo(h2o.kmeans)
```

下面以 iris 数据集为例，说明如何在 R 中调用 h2o 建模方法。

首先启功 h2o 集群，并导入数据，执行如下代码：

```
library(h2o)
h2o.init(nthreads = -1)#使用所有可用的核
h2o.removeAll()#删除 h2o 集群中的所有对象
iris <- read.csv("data/iris.csv")
```

转换数据格式，并进行基本探索性分析，执行如下代码：

```
iris.hex <- as.h2o(iris, destination_frame= "iris.hex")#将 R 数据格式转换为 h2o 数据格式
  ##把 iris.hex 转化为 R 格式，用代码 iris.R <- as.data.frame(iris.hex)
colnames(iris.hex)
```

```
summary(iris.hex)
h2o.hist(iris.hex $ Sepal.Length)
```

拆分数据集,并构建随机森林模型,执行如下代码:

```
splits = h2o.splitFrame(iris.hex,
          ratios = c(0.8),
          seed = 123) # 将数据拆分为 0.8 和 0.2,并设置随机种子,确保可重复
training <- splits[[1]]
test <- splits[[2]]
rf <- h2o.randomForest(x = c("Sepal.Length", "Sepal.Width", "Petal.Length", "Petal.
Width"),
          y = c("Species"),
          training_frame = training,
          model_id = "our.rf",
          seed = 1234)
print(rf)
```

评估模型性能,执行如下代码:

```
rf_perf <- h2o.performance(model = rf, newdata = test)
print(rf_perf)
```

利用建立的模型,进行预测,执行如下代码:

```
predictions <- h2o.predict(rf, test)
print(predictions)
```

2.3.3.2 通过 h2o 实现集成学习

许多流行的现代机器学习算法实际上就是集成。所谓集成学习,就是组合多个机器学习算法,从而得到更好的预测性能。常见集成学习算法包括随机森林和提升树(GBM),采用一系列弱学习器(如决策树)来得到一个强大的集成学习器。h2o 中有 GBM 和 Ensemble 两种算法,分别介绍如下。

在 h2o 中,完成 GBM 集成学习,下面以 iris 数据集为例,执行代码如下:

```
h2o.init()
h2o.init(nthreads = -1)
iris <- read.csv("data/iris.csv")
iris.hex <- as.h2o(iris, destination_frame= "iris.hex")
gbm.fit <- h2o.gbm(y = 5, x = 1:4,
    training_frame = iris.hex, ntrees = 15,
    max_depth = 5,
    min_rows = 2,
    learn_rate = 0.01,
    distribution= "multinomial") # 回归则用"Gaussian"
gbm.fit@model $ training_metrics # 查看模型结果
pred <- h2o.predict(object = gbm.fit, newdata = iris.hex) # 调用模型预测
```

```
pred
```

在 R 中启动 h2o 集群，通过调用 h2o Ensemble()，允许用户使用各种有监督的机器学习算法来进行融合的训练，进行回归和二分类建模。下面介绍 Ensemble 算法及主要参数。

启动 h2o 集群，执行如下代码：

```
library(h2oEnsemble)
h2o.init(nthreads = -1)
h2o.removeAll()
```

导入数据并预处理，执行如下代码：

```
a<- read.csv("data/data_ensemble.csv")
train<- a[1:40,]
test<- a[41:50,]
write.table(train, file="data/en_train.csv",row.names=F,sep=",")
write.table(test, file="data/en_test.csv",row.names=F,sep=",")
en_train <- h2o.importFile(path = "data/en_train.csv") # h2o.importFile 导入后不用转换格式
en_test <- h2o.importFile(path = "data/en_test.csv")
class(en_test)
y <- "y"
x<- setdiff(names(en_train), y)
en_train[,y] <- as.factor(en_train[,y]) #将类别变量转化为因子类型
en_test[,y] <- as.factor(en_test[,y])
```

接下来设置或指定模型参数：

（1）family。指定回归或分类模型，对于二分类问题执行代码如下：

```
family <- "binomial" #如果是回归，可设置为用"Guassian"
```

（2）learner。指定初级学习器，默认初级学习器包括 GLM、Random Forest、GBM 和 Deep learning(全部使用默认模型参数值)。执行如下代码：

```
learner <- c("h2o.glm.wrapper",
  "h2o.randomForest.wrapper",
  "h2o.gbm.wrapper",
"h2o.deeplearning.wrapper")
```

（3）metalearner。指定次级学习器，表示最终进行融合的模型，默认为 glm 模型，执行如下代码：

```
metalearner <- "h2o.glm.wrapper" #指定次级学习器
```

训练一个集成模型，并对模型性能进行评估，执行如下代码：

```
ensemble.fit <- h2o.ensemble(x = x,
    y = y,
    training_frame = en_train,
    family = family,
```

```
        learner = learner,
        metalearner = metalearner,
    cvControl = list(V = 5))
    perf <- h2o.ensemble_performance(ensemble.fit, newdata = en_test)
    perf
    print(perf, metric = "MSE")
```

利用 predict()函数进行预测,执行如下代码:

```
    pred <- predict(ensemble.fit, newdata = en_test)
    pred
```

运行代码后,将返回一个列表,包含两个对象,其中, pred $ pred 对象包含的是集成的预测结果, pred $ basepred 返回的是一个矩阵,包含每个初级学习器的预测值。

2.3.3.3　执行 AutoML

自动机器学习(Automated Machine Learning, AutoML)指机器学习工作流程的自动化,包括自动数据准备(如数据归一化、特征选择等)、自动生成各种模型(如随机网格搜索、贝叶斯超参数优化等),以及自动从所有生成的模型中挑选最佳模型等。

h2o 具有 AutoML 功能,其 AutoML 有一个 R 接口及一个名为 Flow 的 Web GUI,可自动构建模型,并找到"最好"模型。在 R 或 Rstudio 中安装 h2o 后,运行 h2o. init()函数,然后打开浏览器,在地址栏输入 http://localhost:54321,启动 h2o Flow,通过 Flow 界面、API 或 R 命令,执行 AutoML 功能。具体用法请参阅有关文献。

参 考 文 献

[1] Aiello S, Eckstrand E, Fu A, et al., 2016. Machine learning with R and H_2O. http://h2o.ai/resources/.

[2] Anderson E, 1936. The species problem in iris. Ann. Miss. Bot. Gar. DOI:10.2307/2394164.

[3] Borcard D, Gillet F, Legendre P,2011. Numerical Ecology with R. New York: Springer.

[4] De'Ath G, 2007. Boosted trees for ecological modeling and prediction. Ecology,88: 243-251.

[5] Elith J, Leathwick J R , Hastie T,2008. A working guide to boosted regression trees. J. Anim. Ecol.,77: 802-813.

[6] Joseph M V, Sadath L, Rajan V,2013. Data mining: A comparative study on various techniques and methods. Int. J. Adv. Res. Comput. Sci. Softw. Eng.,2: 106-113.

[7] Lausch A, Schmidt A, Tischendorf L, 2015. Data mining and linked open data: new perspectives for data analysis in environmental research. Ecol. Model.,295: 5-17.

[8] 李航,2012. 统计学习方法. 北京: 清华大学出版社.

[9] Kantardzic M, 2003. 数据挖掘:概念、模型、方法和算法. 陈茵, 程雁,译.北京: 清华大学出版.

[10] Varsos C, Patkos T, Oulas A, et al., 2016. Optimized R functions for analysis of ecological community data using the R virtual laboratory (rvlab). Biodivers. Data J,4(2): e8357.

[11] Williams G,2009. Rattle: a data mining GUI for R. R Journal, 1: 45-55.

第3章　多源异构数据获取与管理

越来越多的遥感数据集、实时传感器数据流，推动着生态学研究不只是着眼于单一群落和生态系统，而是更广泛区域代谢比例、灭绝风险和生物多样性梯度的研究，为探讨区域和全球尺度环境问题创造了前所未有的机会。

大数据也使得生态学在数据获取或管理正在经历一场变革，从事相关研究的人员需要的技能包括：在大的空间或时间尺度上，如何构思和测试涉及多个因素的假设，如何使用有效的方法检索数据，如何融合多源异构数据和评估数据质量，如何管理和操作大型数据集等。

本章主要介绍数据获取方案、相关的数据清洗和整理方法，以及数据存储与共享等。

3.1　问题与数据

3.1.1　问题定义

数据收集依赖于要回答的问题，在开始收集数据之前，必须对将要研究的问题进行深入分析，了解数据和问题之间的关系，即所谓的问题定义。只有这样，才能明确要收集哪些数据来回答或解决问题。

例如，1973年，Jean Verneaux对欧洲生态区划研究，尝试回答可否用鱼群作为水质评价指标，并用此指标将欧洲河流划分为不同的生态区。其中蕴含的科学问题是：水质是否影响特定鱼群的种类构成和数量？鱼（群）生活史特征如何适应特定的区域和环境，即鱼群的适合度？明确要收集哪些数据才能回答或解决问题。

对于Jean Verneaux的研究，从假说-验证范式看，首先要找到与鱼群特征有关的可能因素或变量，并生成有关鱼群与环境关系的若干可验证假设，然后设计操控实验，针对性地收集有关数据来验证假设。假设-验证范式的数据是根据假设设计实验得来的采样数据，因为严格地控制实验，这种数据隐含着因果关系。

如果关于鱼群与环境之间关系的先验知识少，就可能提不出来一个合理的假设，或者操控实验困难，在这种情况下，就需要采用数据挖掘方法。与假设-验证范式类似，开始数据挖掘前，需要对影响鱼群分布的各种因素形成一些基本假设或预判，找到与问题有关的可能因素或变量。因此，数据挖掘范式下的数据反映的是相关关系。

Jean Verneaux 沿法国和瑞士边境 Jura 山脉的 Doubs River 设置了 30 个采样地点，分别收集了鱼群、环境和地理坐标数据。

关于鱼群调查数据见表 3.1。

表 3.1

样点	CHA	TRU	VAI	LOC	OMB	BLA	HOT	TOX	VAN	CHE	BAR	SPI	GOU	BRO	PER	BOU	PSO	ROT	CAR	TAN	BCO	PCH	GRE	GAR	BBO	ABL	ANG
1	0	3	0	0	0	0	0	0	0	0	0	0	0	0	0	0	0	0	0	0	0	0	0	0	0	0	0
2	0	5	4	3	0	0	0	0	0	0	0	0	0	0	0	0	0	0	0	0	0	0	0	0	0	0	0
3	0	5	5	5	0	0	0	0	0	0	0	0	0	1	0	0	0	0	0	0	0	0	0	0	0	0	0
4	0	4	5	5	0	0	0	0	0	1	0	0	1	2	2	0	0	0	0	1	0	0	0	0	0	0	0
5	0	2	3	2	0	0	0	0	5	2	0	0	2	4	4	0	0	2	0	3	0	0	0	5	0	0	0
6	0	3	4	5	0	0	0	0	1	2	0	0	1	1	1	0	0	0	0	2	0	0	0	1	0	0	0
7	0	5	4	5	0	0	0	0	1	1	0	0	0	0	0	0	0	0	0	0	0	0	0	0	0	0	0
8	0	0	0	0	0	0	0	0	0	0	0	0	0	0	0	0	0	0	0	0	0	0	0	0	0	0	0
9	0	0	1	3	0	0	0	0	0	5	0	0	0	0	0	0	0	0	0	1	0	0	0	4	0	0	0
10	0	1	4	4	0	0	0	0	2	2	0	0	1	0	0	0	0	0	0	0	0	0	0	0	0	0	0
11	1	3	4	1	1	0	0	0	0	1	0	0	0	0	0	0	0	0	0	0	0	0	0	0	0	0	0
12	2	5	4	4	2	0	0	0	0	1	0	0	0	0	0	0	0	0	0	0	0	0	0	0	0	0	0
13	2	5	5	2	3	2	0	0	0	0	0	0	0	0	0	0	0	0	0	0	0	0	0	0	0	0	0
14	3	5	5	4	4	3	0	0	0	1	1	0	1	1	0	0	0	0	0	0	0	0	0	0	0	0	0
15	3	4	4	5	2	4	0	0	3	3	2	0	2	0	0	0	0	0	0	1	0	0	0	0	0	0	0
16	2	3	3	5	0	5	0	4	5	2	2	1	2	1	1	0	1	0	1	1	0	0	0	1	0	0	0
17	1	2	4	4	1	2	1	4	3	2	3	4	1	1	2	1	1	0	1	1	0	0	0	2	0	2	1
18	1	1	3	3	1	1	1	3	2	3	3	3	2	1	3	2	1	0	1	1	0	0	1	2	0	2	1
19	0	0	3	5	0	1	2	3	2	1	2	2	4	1	1	2	1	1	1	2	1	0	1	5	1	3	1
20	0	0	1	2	0	0	2	2	2	3	4	3	4	2	2	3	2	2	1	4	1	0	2	5	2	5	2
21	0	0	1	1	0	0	2	2	2	2	4	2	5	3	3	3	2	2	2	4	3	1	3	5	3	5	2
22	0	0	0	1	0	0	3	2	3	4	5	1	5	3	4	3	3	2	3	4	4	2	4	5	4	5	2
23	0	0	0	0	0	0	0	0	0	1	0	0	0	0	0	0	0	0	0	0	0	0	0	1	0	2	0
24	0	0	0	0	0	0	1	0	0	2	0	0	1	0	0	0	1	0	0	0	0	0	2	2	1	5	0
25	0	0	0	0	0	0	0	0	1	1	0	0	2	1	0	0	0	1	0	0	0	0	1	1	0	3	0
26	0	0	0	1	0	0	1	0	1	2	2	1	3	2	1	2	2	1	1	3	2	1	4	4	2	5	2
27	0	0	0	1	0	0	1	1	2	3	4	1	4	4	1	3	3	1	2	5	3	2	5	5	4	5	3

续表

样点	CHA	TRU	VAI	LOC	OMB	BLA	HOT	TOX	VAN	CHE	BAR	SPI	GOU	BRO	PER	BOU	PSO	ROT	CAR	TAN	BCO	PCH	GRE	GAR	BBO	ABL	ANG
28	0	0	0	1	0	0	1	1	2	4	3	1	4	3	2	4	4	2	4	4	3	3	5	5	5	5	4
29	0	1	1	1	1	1	2	2	3	4	5	3	5	5	4	5	5	2	3	3	4	4	5	5	4	5	4
30	0	0	0	0	0	0	1	2	3	3	3	5	5	4	5	5	3	5	5	5	5	5	5	5	5	5	5

注：CHA= Bullhead(*Cottus gobio*)，TRU= Brown trout(*Salmo trutta fario*)，VAI= Minnow(*Phoxinus phoxinus*)，LOC= Stone Loach(*Nemacheilus barbatulus*)，OMB= Grayling(*Thymallus thymallus*)，BLA= Souffia or Western Vairon(*Telestes soufia agassizi*)，HOT= Nase(*Chondrostoma nasusi*)，TOX= Southwest european nose(*Chondostromatoxostoma*)，VAN= Common dace(*Leuciscus leuciscus*)，CHE= Chub(*Leuciscuscephalus cephalus*)，BAR= Common barbel(*Barbus barbus*)，SPI= Spirlin(*Spirlinus bipunctatus*)，GOU= Gudgeon(*Gobio gobio*)，BRO= Northern pike(*Esox lucius*)，PER= European perch(*Perca fluviatilis*)，BOU= European bitterling(*Rhodeus amarus*)，PSO= Pumpkinseed sunfish(*Lepomis gibbosus*)，ROT= Rotfedern(*Scardinius erythrophtalmus*)，CAR= Common carp(*Cyprinuscarpio*)，TAN= Tench(*Tinca tinca*)，BCO= Common bream(*Abramis brama*)，PCH= Black bullhead(*Ictalurus melas*)，GRE= Ruff(*Acerina cernua*)，GAR= Roach(*Rutilus rutilus*)，BBO= Silver bream(*Blicca bjoerkna*)，ABL= Bleak(*Alburnus alburnus*)，ANG= European eel(*Anguilla anguilla*)。对于鱼群数据，收集了鱼种类数量(richness，物种丰富度)、每种个体数量(abundance，物种多度)数据；对于每种鱼类的数量，Verneaux采用等级值(0～5 等级)来计算，而非真正的数量或生物量。

关于环境变量，Verneaux 在 30 个样点分别测定了 11 个环境因子，包括地理因子(如海拔、坡度)、水文因子(如最小流量、与水源头距离)，以及其他水质化学因子，如 pH、钙浓度、磷酸盐浓度、硝酸盐浓度、铵浓度、溶解氧、生物需氧量等，见表 3.2。

表 3.2

样点	das	alt	pen	deb	pH	dur	pho	nit	amm	oxy	dbo
1	0.3	934	48	0.84	7.9	45	0.01	0.2	0	12.2	2.7
2	2.2	932	3	1	8	40	0.02	0.2	0.1	10.3	1.9
3	10.2	914	3.7	1.8	8.3	52	0.05	0.22	0.05	10.5	3.5
4	18.5	854	3.2	2.53	8	72	0.1	0.21	0	11	1.3
5	21.5	849	2.3	2.64	8.1	84	0.38	0.52	0.2	8	6.2
6	32.4	846	3.2	2.86	7.9	60	0.2	0.15	0	10.2	5.3
7	36.8	841	6.6	4	8.1	88	0.07	0.15	0	11.1	2.2
8	49.1	792	2.5	1.3	8.1	94	0.2	0.41	0.12	7	8.1
9	70.5	752	1.2	4.8	8	90	0.3	0.82	0.12	7.2	5.2
10	99	617	9.9	10	7.7	82	0.06	0.75	0.01	10	4.3
11	123.4	483	4.1	19.9	8.1	96	0.3	1.6	0	11.5	2.7
12	132.4	477	1.6	20	7.9	86	0.04	0.5	0	12.2	3
13	143.6	450	2.1	21.1	8.1	98	0.06	0.52	0	12.4	2.4

续表

样点	das	alt	pen	deb	pH	dur	pho	nit	amm	oxy	dbo
14	152.2	434	1.2	21.2	8.3	98	0.27	1.23	0	12.3	3.8
15	164.5	415	0.5	23	8.6	86	0.4	1	0	11.7	2.1
16	185.9	375	2	16.1	8	88	0.2	2	0.05	10.3	2.7
17	198.5	348	0.5	24.3	8	92	0.2	2.5	0.2	10.2	4.6
18	211	332	0.8	25	8	90	0.5	2.2	0.2	10.3	2.8
19	224.6	310	0.5	25.9	8.1	84	0.6	2.2	0.15	10.6	3.3
20	247.7	286	0.8	26.8	8	86	0.3	3	0.3	10.3	2.8
21	281.2	262	1	27.2	7.9	85	0.2	2.2	0.1	9	4.1
22	294	254	1.4	27.9	8.1	88	0.2	1.62	0.07	9.1	4.8
23	304.3	246	1.2	28.8	8.1	97	2.6	3.5	1.15	6.3	16.4
24	314.7	241	0.3	29.76	8	99	1.4	2.5	0.6	5.2	12.3
25	327.8	231	0.5	38.7	7.9	100	4.22	6.2	1.8	4.1	16.7
26	357.9	214	0.5	39.1	7.9	94	1.43	3	0.3	6.2	8.9
27	373.2	206	1.2	39.6	8.1	90	0.58	3	0.26	7.2	6.3
28	394.7	195	0.3	43.2	8.3	100	0.74	4	0.3	8.1	4.5
29	422	183	0.6	67.7	7.8	110	0.45	1.62	0.1	9	4.2
30	453	172	0.2	69	8.2	109	0.65	1.6	0.1	8.2	4.4

注：das= Distance from source(km)，alt= Altitude(m a.s.l.)，pen= Slope(‰)deb= Mean minimum discharge($m^3 \cdot s^{-1}$)，pH= pH of water(－)，dur= Calcium concentration (hardness，$mg \cdot L^{-1}$)，pho= Phosphate concentration($mg \cdot L^{-1}$)，nit= Nitrate concentration($mg \cdot L^{-1}$)，amm= Ammonium concentration($mg \cdot L^{-1}$)，oxy=Dissolved oxygen($mg \cdot L^{-1}$)，dbo= Biological oxygen demand($mg \cdot L^{-1}$)。

通过查看 Doubs River 的数据集，不难看出，Verneaux 收集数据前，形成的基本假设如下：

(1) 有关环境属性的假设：

① 地形地貌。与地理位置有关的经纬度、海拔是影响物种分布的重要因素，一些鱼喜欢栖息在高海拔，另外一些可能喜欢栖息在低海拔，造成分布差异。

② 水流量。一些鱼类栖息在宽阔、平缓的河流，有些栖息在河水湍急处，还有喜欢栖息在小溪处，从而造成分布差异。

③ 水质。水体的一些理化性质也是重要因素，如含氧量、硝酸盐等成分。

…… ……

(2) 有关物种属性的假设：

① 洄游迁徙。一些物种有洄游或迁徙特性，导致分布区的季节性改变。

② 冬眠夏蛰。一些物种在冬天活动少，另一些物种在夏季活动少，虽然分布区没有变化，但 presence-absence 存在季节性变化。

…… ……

总之，数据挖掘前，通过问题定义，形成数据假设，明确数据收集范围和可能采用的挖掘策略，避免盲目性。例如，对于生态区划或群落分类问题，要收集区域自然条件、景观特征、物种等数据进行分类，对于生物多样性热点地区的识别，需要收集特定区域内的物种及丰富度等数据，进行聚类分析，等等。

明确所需数据后，接下来就是搜索、获取数据，以及清理和合并数据。整个数据工作可概括如下：

(1) 数据收集和下载。除了自己设计实验获取的数据外，有时还设计搜索与自己研究相关的数据集，这些数据是研究的原始文件。

(2) 清理数据文件。对原始数据中缺失值、异常值等进行处理，或需要进行一些转换，以满足分析需要。

(3) 合并数据文件。将多个来源的数据合并起来，用于后续有关的分析，以期找出数据之间的关联。

3.1.2 共享数据库

对于一项宏观生态学的研究，一般都会用到物种(或生物属性)数据与环境数据，这两大类数据来源广泛，且数据格式多样。在假设-验证范式下，采样数据主要是基于操控实验获取的。如今，数据已经成为一种公共产品或资源，生态学研究越来越依赖于已有的数据集。

现在有数千个在线数据库，如 re3data.org 提供了 2000 多个存储库的信息，Open DAOR 包含 3500 以上的数据库。NCEAS、NESCent、SESYNC 等机构开发的一些共享数据系统，管理和保存与生态学关系密切的数据。例如，CESTES 是一个群落生态学全球数据库，汇编了 80 个数据集，涉及群落物种丰度或存在/缺失、物种性状、各地点的环境变量数据，涵盖不同类群、生态系统类型、人类干扰水平和空间尺度，为从事生物地理学、宏观生态学、群落生态学以及生物多样性-生态系统功能的研究人员提供重要数据源。

生态学常用数据库名称、网站等信息见表 3.3。

表 3.3

数据库	特点	网站	地点
GBIF	提供与 150 多万个物种相关的数据	http://www.gbif.org/	多个国家
GloBi	生物相互作用数据库	https://www.globalbioticinteractions.org/	公民科学
TRY	植物特性数据库	www.try-db.org	德国马普
Xeno-Canto	鸟类声音数据库	https://www.xeno-canto.org/	荷兰的 Xeno-canto 基金会
MoveBank	动物运动数据	https://www.movebank.org/	德国马普
DataONE	世界各地生物、环境和地理数据库	https://www.dataone.org/	美国 NSF

续表

数据库	特点	网站	地点
OBIS	海洋中生物多样性、分布和丰度数据	http://www.iobis.org/	教科文组织
DAAC	生物地球化学动态、生态数据和环境过程有关的数据及处理工具	http://daac.ornl.gov/	美国 NASA
EIDC	陆地、淡水生态系统及其与大气相互作用数据和工具	http://www.ceh.ac.uk/	英国 NERC
CSAS	广泛的地质、环境和生物数据	http://www1. usgs. gov/csas/geoportal/	美国 USGS
发表数据	特点	网站	地点
VertNet	帮助研究人员发现、捕获和发布生物多样性数据	http://www.vertnet.org/	美国 NSF
figshare	分享研究成果,包括数字、数据集、图像和视频	http://figshare.com/	英国 Macmillan Publishers
Dryad	研究人员发表数据	https://datadryad.org	美国 Dryad 公司

环境数据来源也相当广泛,概括起来包括两个方面:

(1) 遥感影像及产品。如 NASA 的 MODIS 和 Landsat,可解译地形地貌,包括海拔、坡度、坡向、高程等,以及土地利用、植被指数(NDVI)、火灾等数据。另外,土壤湿度、地表温度等也可从遥感影像获取。

(2) 其他环境要素数据。环境要素涉及气候、大气成分、降水、土壤理化特性等,以及人口数据、生态足迹、生物资源交易等,主要是各种共享数据库,如 EPI。

根据文献及 Ecological Data Wiki、Free Gis Datasets,各国都在收集有关全球尺度的环境数据,有关的数据库见表 3.4。

表 3.4

数据库	特点	网站	地点
Corine	欧洲土地利用,精度 100 m 和 250 m	https://www.eea.europa.eu/data-and-maps/data	欧洲 ESA
MODIS Land Cover	全球土地覆盖分类,精度 500 m	https://modis. gsfc. nasa.gov/data	美国 NASA
EarthExplore	卫星图像、航空图片,海拔和土地覆盖数据集,数字化地图	https://earthexplorer.usgs.gov/	美国 USUA
DataONE	世界各地生物、环境和地理数据库	https://www.dataone.org/	美国 NSF
NCAR	气候研究数据及软件	http://cdp.ucar.edu/	美国 NSF

续表

数据库	特点	网站	地点
WorldClim	全球气候数据，空间分辨率约为 1 km^2	http://www.worldclim.org/	欧洲 EEA
NODC	沿海物理、化学和生物数据	http://www.nodc.noaa.gov/	美国 NOAA
DAAC	生物地球化学动态、生态数据和环境过程有关的数据及处理工具	http://daac.ornl.gov/	美国 NASA
GEOdata	夜间照明、污染物排放、保护区和行政边界	http://geodata.grid.unep.ch/	联合国 UNEP
EPI	全球 180 国家涵盖环境健康和生态系统活力 24 个绩效指标	https://epi.envirocenter.yale.edu/	CIESIN
Human Footprint	人类对环境影响	http://sedac.ciesin.columbia.edu/data	CIESIN
发表数据	**特点**	**网站**	**地点**
KNB	通过在线注册或 MODIO 支持数据存储、数据发现和元数据创建	https://knb.ecoinformatics.org/	美国 NSF
Pangaea	出版和分发地球系统数据	http://www.pangaea.de/	欧洲委员会

3.1.3 数据检索

互联网上有大量和不断增加的地理数据，其中许多是免费访问和使用的，重要的是要知道去哪里找。生态学上经常用到的一些大规模数据，如遥感影像、海洋浮标观测等，一般保存在大型、易于查找的一些数据库中。关于一些小型项目所产生的数据，虽然数据量小，但总体量比较大，而且存储比较分散，查找起来就比较困难。为此，需要根据实际情况，采取不同的检索和下载策略。

3.1.3.1 搜索引擎

目前从互联网查找的最佳工具是数据源索引和搜索引擎。对于常用的地理数据，大多数 geoportals 提供了一个界面，可直接访问这些网站，如 NASA、SEDAC 和欧盟 INSPIRE geoportal 网站，允许根据空间和时间范围等特征查询数据集，并下载覆盖全球和区域的矢量数据。下载数据时，最好使用代码通过 URL 和 API 来下载数据，托管在静态 URL 上的文件可以通过 download.file()下载。如访问和下载美国国家公园数据，可执行如下代码：

```
download.file(url = "http://nrdata.nps.gov/programs/lands/nps_boundary.zip",
    destfile = "nps_boundary.zip")
unzip(zipfile = "nps_boundary.zip")
usa_parks = st_read(dsn = "nps_boundary.shp")
```

表3.5列出了少数可用的地理数据包以及它们的主要功能。

表3.5

包	主要功能
getlandsat	提供 Landsat 8 数据
osmdata	下载和输入 OpenStreetMap 数据
raster	其中 getData() 函数获取行政区划、高程、世界气候数据
rnaturalearth	获得自然地球矢量和栅格数据
rnoaa	获取 NOAA 的气候数据
rWBclimate	获取世界银行气候数据
GSODR	获取全球每天气象数据
hddtools	访问并获取一系列水文数据集

关于生物多样性数据，一般直接访问 GBIF 网站下载，以下载南美大陆蜘蛛的数据为例，搜索和下载方法如下：

(1) 首先打开 GBIF 网站，单击"occurrences"选项卡，弹出一个新窗口，在物种类别中输入 arachinds 搜索(arachinds:蛛形纲)，然后展开 Scientific name，在下拉菜单中向下顺序筛选，直到选择 Arachid。

(2) 在左侧 Location 选项卡中，展开下拉菜单，选择 Including coordinates 和 Polygon，然后选择南美洲，这样就可以在右侧点击 Map 查看南美洲所有的蜘蛛数据。

(3) 点击右侧顶部的 Download 按钮，可能需要创建一个账户来下载数据，或利用 GitHub 等其他账号。这是一个中等大小的数据集，大约需要15分钟才能完成下载。

下载完成后，切换到 R，尝试用 read.csv()加载数据集。一旦读入 R，就可以查看列名和行数，然后获得一个物种丰度的正确格式，绘制物种分布图。执行代码如下：

```
bomb.raw<- read.csv("0064778-200221144449610.csv",header = TRUE, sep = "\t")
library(bdvis, quietly = TRUE)
spider_man = format_bdvis(bomb.raw,"rgbif")
head(spider_man, 3)
colnames(spider_man)[13] <- "Scientific_name"
mapgrid(spider_man, ptype = "species",
    region = c("Brazil", "Uruguay", "Argentina", "French Guiana", "Suriname", "Colombia",
"Venezuela", "Bolivia", "Ecuador", "Chile", "Paraguay", "Peru", "Guyana",
"Panama", "Costa Rica", "Nicaragua", "Honduras", "El Salvador", "Belize",
"Guatemala", "Trinidad and Tobago", "Caribe", "Puerto Rico",  "Antiles",
          "Dominican Republic", "Haiti","Jamaica", "Cuba", "Bahamas", "Dominica",
          "Saba"))
```

关于基因序列数据，可直接访问 GenBank，方法和步骤如下：

(1) 首先打开 GenBank 网站，在 GenBank 右侧 Search 栏，从下拉菜单上可以选择下载的数据，这里显示有 Nucleotide(核苷酸)、Protein(蛋白质)、Gene(基因)等不同的数据存储库，存储关于分子生物学各个方面信息。若挖掘生物体的核苷酸信息，输入 vulpes(狐狸源性成分)，点击 Search。

(2) 有关狐狸属的基因太多，甚至超出分析能力，接下来试着过滤一些，最后集中到一个基因上，如 COI，即在 Search 栏中输入 vulpes COI，进行搜索，得到该基因的序列，但夹杂一些细菌样本，需要进一步用 Canidae(犬科)过滤。

(3) 现在只有犬科的 COI 基因，点击 send to，在下拉菜单中选择 Complete record，在 Choose destination 中选择 File，在 Format 中选择 Fasta，在 Sort by 中选择 Default order，点击 Create file，开始下载序列。

现在有了序列数据，必须将序列导入 R 以进行对齐，然后从对齐序列创建树。首先执行下面的代码，将序列导入 R 中，并用 mas()函数进行对齐：

```
if (! requireNamespace("BiocManager", quietly = TRUE))
    install.packages("BiocManager")
BiocManager::install("msa")
library(msa, quietly = TRUE)
fox<- readDNAStringSet("fox.fasta")
fox
fox_alignment<- msa(fox)
```

接下来，将对齐的序列转化为 Phangorn 包和 ape 包可以处理的格式，执行如下代码：

```
fox_al2 <- msaConvert(fox_alignment, type= "phangorn::phyDat")
fox_al2
```

最后，建立序列对的距离矩阵，并创建两棵树：UPGMA 和 NJ，且查看哪棵树是最简约的。执行代码如下：

```
dm <- dist.ml(fox_al2)
treeUPGMA <- upgma(dm)
treeNJ <- NJ(dm)
plot(treeUPGMA,main= "UPGMA", cex=0.5)
plot(treeNJ,main= "NJ", cex=0.5)
parsimony(treeUPGMA, fox_al2)
parsimony(treeNJ, fox_al2)
```

有时候，不一定很清楚具体的目标网站。在这种情况下，可通过 Google 浏览器检索。如在 Google 中输入“biodiversity database OR dataset OR archive OR register OR index”，搜索生物多样性数据，在 Google 下输入“data Journal earth systems”，搜索有关地球科学数据库。此外，还有如下搜索引擎或索引工具：

(1) 用在线工具 databib (http://databib.org)和 re3data (http://re3data.org)，查找适合的存储库，并搜索数据库的位置，然后搜索特定数据库以获取研究数据。

(2) ZANRAN (http://www.zanran.com/) 和 DataSearch (https://datasearch.elsevier.com)可查询并下载有关文献、期刊等数据库。

(3) OpenDOAR 提供到存储库的链接，DataONE 提供指向特定存储库和数据集的链接，Pangaea 和 DataDryad 等存储和发布带有 DOI 的数据集。

Spatial Data Hub 是一个开源的 Web App，即地理空间数据索引，其核心概念是数据集检索，通过向保存数据集的文件系统、站点和数据库发出 http 请求来做到这一点。如果需要身份验证，Spatial Data Hub 将提出请求并提供凭据。一旦请求被发送，数据集被中继到客户端的浏览器，客户端就可以探索它并执行 Spatial Data Hub 提供的各种功能。

数据集可以保存为不同的格式（csv、tsv、kml、geojson），因为 Spatial Data Hub 将数据集转换为适当的地图显示格式（geojson）。除了标准的缩放和数据点弹出功能外，Spatial Data Hub 还允许用户在数据集查询、点提取、点聚类、位置搜索和数据集下载中执行数据集 URL 测试，还有一个全屏幕功能，允许对特定数据集（一个或多个）的地图进行过滤并嵌入到其他网页中。用户唯一需要做的就是创建一个 Spatial Data Hub 账户。对于如何创建账户并向其添加数据集，可参考 GitHub 指南（https://GitHub.com/spatialdatahub/Spacedatahub-tutorial）。

3.1.3.2　数据 API

越来越多的数据可通过 WebAPI 和 Webscriping 获取，其中，数据 API 比较广泛。共享数据一般提供数据 API 和分布式资源链接。API（Application Programming Interface）即应用程序编程接口，它可促进计算机及其应用程序之间的交互。这样广泛的数据网络链接，不需要用户在本地计算机上复制数据资源，甚至可将 API 打包到各种编程语言的库或代码包中，用户不需要安装专门软件的访问和分析工具，可以帮助科研人员方便地获取大数据。常见的是 WebAPI。使用 Web API 或 RESTful APIs 查询数据库 URL，非常类似于操作 Google 查询数据库。

分布式生态数据资源链接是按照共同的标准和模式，通过数据标识符（URIs），如 HTTP 地址或数字对象标识符（DOIs），将公共数据集、派生数据集、出版物等链接起来，且这些数据链接可以很容易地被 Webcrawler 和其他算法发现和检索到，如 schema.org 或 Open Geospatial Consortium，赋予数据 URIs，以便把分散的数据链接起来。

下面将重点介绍基于 R 的 WebAPI 和 Webscriping 数据获取方法。

一般 Web 数据可以通过专门的 R 包获得，这些包提供了“wrap”API 查询和格式化响应函数，通常比自己编写的包更方便。raster 包中的 getData()函数可用于查询和下载多个数据库。例如，用 getData()从数据库 GDAM（https://gadm.org/）查询、下载、保存中国行政区划图的数据，执行代码如下：

```
library(raster)
x <- getData("ISO3")
x[x[, "NAME"] == "China", ] #查找并提取地区代码
China<- getData("GADM", country = "CHN", level = 1) #下载边界线矢量数据
plot(China)
writeOGR(China,"data", "China.shp", driver = "ESRI Shapefile")
```

利用 raster 包中的 getData()函数，还可以访问有关气候、土壤、水文等环境数据，如访问 WorldClim 数据库（http://www.worldclim.org），提取全球各地气候数据。例如，可提取全球 1 月份的气温数据，执行如下代码：

```
tmin<- getData("worldclim",var = "tmin",res = 10)
tmin1<- raster(paste(getwd(),"/wc10/tmin1.bil",sep = ""))
fromDisk(tmin1)
```

```
tmin1<- tmin1/10
plot(tmin1)
writeRaster(tmin1, filename = "data/tmin1.tif")#释放内存
```

再如，用 getData()从 worldclim 下载降水数据(包括 0.5、2.5、5 或 10 度空间分辨率)。

```
prec <- getData("worldclim", var = "prec", res = 2.5) #下载栅格数据
names(prec) <- c("Jan", "Feb", "Mar", "Apr", "May", "June",
    "July", "Aug", "Sept", "Oct", "Nov", "Dec")
plot(prec)
plot(prec, 1) #January
```

利用 rworldmap 包访问全球环境状况指数 EPI 数据库(https://epi.envirocenter.yale.edu/)，并结合 classInt、RColorBrewer 和 ncdf 包，从 EPI 网站获取全球数据。如从 rworldmap 提取全球 PM10 数据，可执行代码如下：

```
library(rworldmap)
data(countryExData)
sPDF<- joinCountryData2Map(countryExData,joinCode="ISO3",
  nameJoinColumn="ISO3V10")
View(countryExData)
mapDevice()
mapCountryData(sPDF,nameColumnToPlot="PM10")
op<- palette(c("green","yellow","orange","red"))
cutVector<- quantile(sPDF$PM10,na.rm=TRUE)
sPDF$category<- cut(sPDF$PM10, cutVector, include.lowest=TRUE)
levels(sPDF$category)<- c("low","med","high","vhigh")
mapCountryData(sPDF,nameColumnToPlot="category",catMethod="categorical",
    mapTitle="PM10 distribution",colourPalette="palette",oceanCol="lightblue",
    missingCountryCol="white")
```

R 中还有一个 spocc 包，它提供一个函数 occ()，为访问物种数据库提供了统一接口。基于该包可直接搜索相关数据，并下载。例如，从数据库检索马铃薯的代码如下：

```
library(spocc) #加载 spocc 包
acaule<- occ(query = "Solanumacaule*", from="gbif")#仅从 gbif 库搜索
acaule<- occ(query = "Solanum acaule*",from="gbif",limit=25)
#仅从 gbif 库搜索，限定样本数
acaule<- occ(query = "Solanumacaule*", from= c("gbif", "ecoengine"))
  #定义从多个库中搜索，包括 gbif、ecoengine、vertnet、bison、ebird 等
  ##如上是从 gbif 和 ecoengine 两个库搜索
head(acaule$gbif$data$Solanum_acaule)[1:6,1:10]#查看数据
library("mapr") #加载绘图包
map_leaflet(acaule) #绘图
spp <- c("Danaus plexippus", "Accipiter striatus", "Pinus contorta") #定义多个物种
dat <- occ(query = spp, from = "gbif", has_coords = TRUE, limit = 50)
  #搜索多个物种
```

```
map_leaflet(dat, color = c("#976AAE","#6B944D","#BD5945")) #可视化
```

基于 dismo 包的数据搜索，查询物种、亚种数量，以及与物种相关的地理信息。

```
library(dismo) #加载程序包
acaule = gbif("solanum", "acaule*", geo=FALSE) #下载茄属植物种及亚种(*)
data(acaule) #加载数据
dim(acaule) #查看行列数
acgeo <- subset(acaule, !is.na(lon) & !is.na(lat))
  #把经纬度不是缺失值的留下来，也即剔除没有经纬度的记录
dim(acgeo) #查看剩下有经纬度的记录数
library(maptools) #加载制图包
data(wrld_simpl) #加载空间图形数据
plot(wrld_simpl, xlim=c(-80,70), ylim=c(-60,10), axes=TRUE, col="light yellow")
   #绘图
box() #给图形加边框
points(acgeo$lon, acgeo$lat, col="red", cex=0.75) #在图形上添加有经纬度的记录点
```

traits 包可搜索 NCBI 序列数据库、BETYd 植物性状数据库、USDA 数据库、Traitbank 数据库、珊瑚数据、BirdLife 等。通过搜索这些数据库，可以获得搜索物种及其特征等。例如，从 Coral Traits Database 中搜索，执行代码如下：

```
head(coral_species()) #获得物种及ID
coral_taxa(8) #按分类群获取数据
coral_traits(3) #按特征获取数据
coral_methodologies(2) #按方法获取数据
coral_locations(132) #按地点获取数据
coral_resources(9) #按资源获取数据
library("httr")
coral_taxa(8, config=verbose())
```

movebank 收集和管理全球动物运动数据，可以通过 move 包中的 getMoveBankData() 函数，访问 movebank.org，获取数据并可视化数据，执行代码如下：

```
moveobj <- getMovebankData(study = 123413, animalName =c("Mancha","Yara"),
login = a_movebank_login)
library(move)
library(adehabitatLT)
library(tidyverse)
study <- read_tsv("Study2911040", comment="##", col_types = "Tnncc")
  #加载数据
study <- as.data.frame(study) #转化为适合R的数据框
head(study)
albatross <- move(x=study$location_long,
    y=study$location_lat,
    time=study$timestamp,
    data=study,
```

```
        animal = as.factor(study$individual_id),
        sensor = as.factor(study$tag_id),
        proj=CRS("+proj=longlat"))
    head(albatross)
    plot(albatross, type="l")
    ids <- split(albatross)
    par(mfrow=c(2,2))
    plot(ids[[1]], type="l", main= names(ids[1]))
    plot(ids[[2]], type="l", main= names(ids[2]))
    plot(ids[[3]], type="l", main= names(ids[3]))
    plot(ids[[4]], type="l", main= names(ids[4]))
```

DataONE(https://www.dataone.org/)为一个地球观测数据库，是数十个数据库(成员顶点)组成的总库，收集了一些有关群落、生态系统特征的属性数据，提供一个跨库的统一搜索系统，如 DataOne Search、ONEMercury 等，方便科研人员发现并下载这些数据，也可以使用 dataone 这个 R 包查询。

另外，美国 Utah State University 生态中心的 Benjamin Morris 博士等研发的 Data Retriever，可运行在 Windows 和 Linux 操作系统上。Data Retriever 提供 R 接口，在 R 环境中，可以方便地调用 Data Retriever。

在 Linux 系统下安装 dataretriever 和 rdataretriever 的步骤如下：

(1) 检查系统并安装 xlrd。

(2) 先到 https://retriever.readthedocs.io/en/latest/introduction.html#installing-binaries 网站下载 Retriever 最新.deb 文件，这里下载的是 python3-retriever_2.0.0-1_all.deb，放到 Downloads 文件夹。

(3) 进入 Downloads 文件夹，在此启动终端，输入安装命令：

```
sudo dpkg -i python3-retriever_2.0.0-1_all.deb
```

在根目录下，新启动一个终端，输入更新命令：

```
retriever update
```

(4) 开启 Rstudio，安装 rdataretriever。

Data Retriever 提供一个简单的、面向用户的数据处理方法，主要特点如下：

(1) 查询和保存数据。可以快速发现、访问在线数据库，目前 Data Retriever 可以链接 80 多个数据集，及来自 Ecological Archives 的一些数据库。下载和保存 txt、csv 格式，支持 MySQL、PostgreSQL、Microsoft Access 和 sqite 等数据库读写和存储。例如，将 Gentry 数据集转为 csv 文件，并保存到在当前工作目录下面，输入以下命令：

```
rdataretriever::datasets() #查询可用数据库
rdataretriever::install(dataset = "bird-size", connection = "csv")
```

(2) 从保存目录中读取数据。一旦 Data Retriever 将数据放入数据管理系统中，R 可轻松地查询、提取数据。例如，利用 read.csv，可以从工作目录中读取下载文件的全部或部分数据，并将其作为列表加载到 R 中，以便清洗和再利用。

```
head(read.csv("bird_size_species.csv")[,c(1:6)])
```

如果数据集没有提供专门的R包，可用HTTP向Movebank API发出请求，具体方法可参考有关资料。此外，有不少R包为网络爬虫，可从互联网下载一个文件，解析它(即读取它)，并提取数据，然后将其放入数据框中。

(1) 用RCurl包中的getURL命令将网站的内容从URL地址下载到R中，然后解析为CSV格式件，提取并将放到数据框中。

(2) XML包有许多函数，包括readHTMLTable，可以搜索并解析、提取HTML格式数据以及XML格式数据。

(3) rvest包提供了一组易于使用的函数，其功能类似于XML。

(4) 对于JSON格式数据，可以使用RJSONIO包读取。

3.2　数据组织与整理

3.2.1　文件模块化

数据搜索以及预处理过程比较复杂，直接影响数据质量，也影响研究的可重复性。需要规范和组织数据收集、预处理。在项目一开始，就记录数据收集过程，利于版本控制(version control)系统跟踪文件的更改，利于与合作者共享和开展研究。在数据收集中，要重点考虑：

(1) 合理组织。要把整个数据收集过程组织起来，以便完全可复制。

(2) 统一收集模板。R具有基于互联网信息的自动数据收集能力，要充分利用R功能，创建一个模板，以便在数据收集期间使用，确保一致地收集所有信息。

(3) 模块化方式收集。无论是在本地机上还是通过互联网加载数据，将原始数据分割为不同模块，这样利于后面清洗和集成，即便错误地删除了一些数据，也不会影响其他数据的完整性。

(4) 数据描述。应该尽力记录数据收集过程的每一步，特别是有关变量(元数据)和源代码的描述，使他人很容易理解所做的事情，那么复制就会更容易。

如何组织整个数据收集过程？最有效的方法是将收集过程分割成多个文件模块，这些文件可由一个共同的“makefile”运行，保证数据收集过程可重复。在R中，可创建make-like文件来组织整个数据收集过程。以Jean Verneaux的Doubs数据为例，创建make-file方法如下：

(1) 在当前工作目录data下，针对每个数据源，编写获取数据脚本gather1.R和gather2.R，并将它们保存到目录data中。

gather1.R：

```
Doubs_spa<- read.csv("D:/tutorial/data_col_stor/Doubs_spa.csv")
head(Doubs_spa)
write.csv(Doubs_env,"data/env_variable.csv")
```

gather2. R：

```
Doubs_env <- read.csv("Doubs_env.csv")
head(Doubs_env)
write.csv(Doubs_spa,"data/spa_coordinate.csv")
```

(2) 编写清洗和融合两个数据源脚本 MergedData. R，同时，在 MergedData. R 中包括创建一个 HTML 文档，说明变量，然后将 MergedData. R 保存到 data 目录下。

MergedData. R：

```
spa <- read.csv("spa_coordinate.csv")#合并 Doubs_spa 与 Doubs_env 数据
env <- read.csv("env_variable.csv")
MergedData <- merge(spa, env, all = TRUE)
FinalCleanedData <- subset(MergedData,select = -ID)
write.csv(FinalCleanedData, "MainData.csv")
Variable <- names(FinalCleanedData)#变量名
Description <- c("longitude", #变量描述
        "latitude",
        "distance from the source (km * 10)",
        "altitude (m)",
        "(log(x + 1) where x is the slope (per mil * 100)",
        "minimum average stream flow (m3/s * 100)",
        "pH ( * 10)",
        "total hardness of water (mg/l of Calcium)",
        "phosphates (mg/l * 100)",
        "nitrates (mg/l * 100)",
        "ammonia nitrogen (mg/l * 100)",
        "dissolved oxygen (mg/l * 10)",
        "biological demand for oxygen (mg/l * 10)"
        )
Sources <- c("ade4 package" #变量来源
   "",
   "ade4 package",
   "",
   "",
   "",
   "",
   "",
   "",
   "",
   "",
   "",
   ""
   )
DescriptionsBound <- cbind(Variable, Description, Sources)#融合起来
```

```
library(xtable)
DescriptionsTable <- xtable(DescriptionsBound) # 生成一个表格
DescriptTable <- print.xtable(DescriptionsTable, type = "html") # 表格为 HTML 格式
cat("# Data Set Variable Descriptions/Sources \n",
    DescriptTable,
    file = "VariableDescriptions.md"
)
```

(3) 编写脚本 Makefile.R，用来组织数据收集、清洗和融合，也将 Makefile.R 保存在目录 data 中，代码如下：

Makefile.R：

```
setwd(".") # 设置工作目录
source("Gather1.R") # 收集原始数据，并清洗
source("Gather2.R")
source("MergeData.R") # 融合数据为单个数据框
```

通过上述步骤，在 R 工作目录 data 中创建了一系列文件模块，文件模块结构如下：

```
|-- data
| |-- Makefile.R
| |--gather1.R
| |--gather2.R
| |-- MergeData.R
| |-- VariableDescriptions.cm
||-- MainData.csv
```

示例中数据是从本地读取的，目的是为了简化 Makefile 的创建过程。多数情况下，数据从互联网获取，或从他人 dropbox、GitHub 等获取，需要根据实际情况编写 gather 脚本。

3.2.2 Makefile 组织

上述利用 R 编写的 Makefile.R，可组织数据收集、清洗和融合。如果改动数据，需要开启 RStudio，设置当前工作目录为 data，并运行 Makefile.R，就会生成新的 spa_coordinate.csv、env_variable.csv、MainData.csv 和 VariableDescriptions.md。但是，当文件很多的时候，这种操作不仅耗时，而且容易出错。更加方便的做法是利用 GNU Make，创建一个执行 Rscript 的 Makefile 文件，然后在 Terminal 直接运行 Make。

3.2.2.1 创建 Makefile

以 Windows 操作系统为例，先到网站 https://sourceforge.net/projects/gnuwin32/files/make/下载 make-3.8.1.exe，然后按照默认安装，并设置好环境变量，选样就可以在 RStudio 中编写 Makefile 了。

在 RStudio 中，创建 Makefile 的步骤如下：

(1) 创建一个 RStudio project：File -> New Project。

(2) 创建新的文本文件：File -> New File -> Text File。

(3) 编写 Makefile 文本。

然后,针对所有脚本及其运行结果,创建一个 Makefile 文件。对于上面的示例,创建 Makefile,具体代码如下:

```
all : env_variable.csv spa_coordinate.csv MainData.csv VariableDescriptions.md
env_variable.csv : gather1.R # 由脚本 gather1.R 文件创建 env_variable.csv 文件
Rscript --vanilla gather1.R # 不加载代码和数据,调用 Rscript --vanilla 创建文件 env_
  variable.csv
spa_coordinate.csv : gather2.R
  Rscript --vanilla gather2.R
MainData.csv VariabeDescriptions.md : MergeData.R
  Rscript --vanilla MergeData.R
```

然后,可用两种方式运行 Makefile,都能得到与 Makefile.R 同样的结果:

(1) 在 RStudio 中,通过 build 运行 Makefile。

(2) 在 Terminal 中,运行 make all。

上面构建的 Makefile,只使得少数 R 文件和输出过程自动化。如果列出项目中的所有 R 文件和输出,用类似于上面的 Makefile 就显得很烦琐,对 R 文件名的任何更改都需要更改 Makefile。对于本例,更一般的 Makefile 文件如下,可运行目录中的所有 R 文件:

```
OUTPUTS := $(patsubst %.R, %.csv, $(wildcard *.R))
all : $(OUTPUTS)
%.csv : %.R
Rscript --vanilla $<
```

第一行定义了变量 OUTPUTS,包含生成的所有文件,如本例中的三个 csv 文件,通过查找目录中的所有 R 文件(*.R)来创建一个数组,并将扩展名从.R 更改为.csv,第二行指的是在 OUTPUTS 中列出创建的所有文件,第三行定义了一个规则,解释了.csv 和.R 文件之间的关系,如 env_variable.csv 依赖于 gather1.R,等等。最后调用 Rscript,其中 Rscript 前为 Tab,而非空格,用到特殊变量 $<代表所有.R 文件。

Makefile 还提供 clean 的任务,有时提供 clobber 任务,分别用于删除任何中间文件和所有输出。有兴趣的同学,可以改写一下 gather1.R 和 gather2.R,将中间输出放到 generated/,同时改写 MergeData.R,将最终输出结果放到 out/,然后在 Makefile 中添加如下两个命令:

```
clean :
rm -f generated/*
clobber :
rm -f out/*
```

执行上述 Makefile,就可以删除所有的输出结果。

如果不熟悉 GNU make,可使用 gunmaker 包创建 makefile,gnumaker 允许由指定文件之间的简单依赖关系,来生成一个 makefile 和没有环的有向图(DAG),具体用法可参阅有关文献。

3.2.3　清洗与整合

为了清洗和预处理数据，需要了解数据的结构、格式及处理方法，一般通过查看元数据来了解相关信息。所谓元数据，指的是用来描述数据集信息的数据，即数据的数据（自己创建数据文件时，也要提供元数据，以便查阅和与他人“共享”）。元数据有不同的出现格式，主要格式包括：

（1）Ecological Metadata Language（EML）。一种以XML格式存储的标准化格式，是机器可读的。

（2）Text file。文本格式存在的文本文件，这些文件要么与数据产品一起下载，要么单独可用。

（3）Directly on a website（HTML/XML）。数据直接以文本格式记录在网页上。

例如，查看Harvard Forest的元数据（https://harvardforest.fas.harvard.edu），在进入这个网站后，由Data Archive ->Harvard Forest Data Archive -> Browse HF Databases -> by ID Number -> HF001，打开该数据集，在网页overview部分就可以看到元数据。但网页元数据有缺陷，如果URL改变，元数据就可能会丢失。

通过查看元数据，可了解到数据集中包含哪些变量和测量单位、数据的位置和它们的名称（如电子表格中的列名是什么），以及数据所涵盖的空间范围和时间范围。

3.2.3.1　分模块清洗

在生态学研究中，一般来说，现实数据库中的数据存在信息不规整、数据点缺失和异常值问题，需要处理或删除这些数据。例如，在物种分布数据中，可能存在如下问题：

（1）不可能的lat/long。如latitude 75。

（2）不完整。如lat/long缺失。

（3）不太可能的lat/long。如点位于（0，0）。

（4）重复。设法识别重复的，尤其是从多个源提取的数据。

（5）日期不清。基于日期的清洗。

（6）行政边界。用户输入以检查已知国家以外的点。

通常一个R包需要一种格式的数据，而另一个R包则要求数据采用另一种格式。由于原始数据格式不一致很常见，这就需要有很好的工具来重新格式化数据，以满足绘制图表和建模的需要。总之，删除不准确数据或统一数据格式，这个过程就是常说的数据清洗，可按照模块化方式进行清洗。

数据清洗任务主要包括检查错误数据、缺失值、异常值等，对缺失数据和错误数据进行处理。用于数据清洗的工具包有：

（1）R中scrubr包是一个用于清除物种“occurrence”记录的通用工具箱，dplyr包和tidyr包提供了相当完整的功能，利于快速清洗数据。

（2）OpenRefine有清洗、整合数据功能，对数据可视化操作处理，如删除缺失和重复值，数据转换、拆分、整合等（参考有关资料http://openrefine.org/）。在R中，rrefine包使用户以编程方式触发R和OpenRefine之间的数据传输，通过refine_upload、refine_export和refine_delete三个函数分别从R脚本导入、导出或删除OpenRefine中的文件。

下面以此 Doubs 数据集为例，说明如何利用 R 代码，检查和处理错误数据。在开始任何一项工作前，需要清除当前工作环境下的对象，可使用如下代码：

```
rm(list = ls()) # 把当前环境中的对象全部删除，还可选择删除某一个对象 rm(objectname)
setwd("file.path") # 也可从菜单中设置
```

利用 R 内置函数，执行如下代码导入、查看数据（维度、属性、类别、统计概要）：

```
spe <- read.csv ("Doubs_spe.csv", row.name = 1) # 导入物种多度数据，如在 30 个样方(行)
                                                  中 27 种鱼(列)的数量
env <- read.csv("Doubs_env.csv", row.names = 1)
  # 导入环境变量，如在 30 个样方(行)中与河流水文地形、水体化合物有关的 11 个环境变量
    (列)
spa <- read.csv("Doubs_spa.csv", row.names = 1) # 导入样方的地理坐标(卡迪尔坐标)
spe # 在 R console 中显示整个数据框内容，但对于大样本不适合
spe[1:5, 1:10] # 指定查看前 5 行和前 10 列
head(spe) # 只展示前 6 行
nrow(spe) # 提取数据框行数
ncol(spe) # 提取数据框列数
dim(spe) # 显示数据框维度(行和列)
colnames(spe) # 提取列名(物种)
rownames(spe) # 提取行名(样方)
summary(spe) # 以列为单位，对列变量做简单统计描述
```

提取行、列数据，可查看错误数据、缺失值等信息。summary()也可查看有无缺失值。此外，summary()也可通过比较中位数和均值查看数据是否对称。

对于高维数据，检查和处理缺失值、错误值、异常值，可采用一些统计量，并借助可视化工具。有关数据特征的描述性统计量、可视化方法见表 3.6。

表 3.6

数据特征	统计量	可视化方法
中心趋势	均值、中位数、众数	直方图(偏度)
相对位置	分位数、离群值	经验累积分布函数图、线箱图
离散程度	方差、标准差	
相关性	协方差、相关系数	散点图

对于错误数据，主要由录入操作造成，多数是格式错误，如日期的格式可能是“2018-09-19”和“20180920”两种混合的，要统一。对于缺失数据，可通过去掉所在行/列、取均值、使用中位数和众数代替、用算法预测等方法补齐。

查看异常值，尽量通过绘制图形进行数据探索。就 spe 数据而言，物种多度（个体数量或密度）是指示环境的一个重要指标，Verneaux 将物种多度分为 6 个等级（0～5）。查看该属性值的情况，如平均值、最小值和最大值以及一些百分位数，如 50%（中位数）、25%（四分位数）和 75%（四分位数）。除了前面用到 summary()，也可用如下代码，绘制一个柱状图：

```
range (spe) # 多度范围
```

```
boxplot(das~biodiversity, data = Doubs) #线箱图查看异常值
ab <- table(unlist(spe)) #计算每个多度值的数量
barplot(ab, las = 1, xlab="多度等级", ylab="频次", col=gray(5:0/5))
  #灰度从0~5范围6个水平
sum(spe==0) / (nrow(spe) * ncol(spe)) #多度为0的数据的占比
```

根据柱状图,每种鱼在30个样点的多度不同,27种鱼在30个样点的多度值有30 * 27 =810个,其中,0级435个,1级108个……5级64个。

到此,已了解到预测变量的一些特征,对其中一些变量,补齐缺失值。如果是一个连续变量,可以用均值/中位数来补齐缺失值,执行如下代码:

```
table(is.na(dataset))
data <- median(dataset, na.rm = TRUE)
table(is.na(data))
```

通过上述数据描述,将缺失值补齐,修改不准确表达,使之成为干净的数据。同时,了解单变量的特征与趋势,利于后面进一步数据探索分析。

3.2.3.2　数据整合

找到数据是一回事,准备分析是另一回事。清洗、标准化和导入公共可用的数据是耗时的,因为许多数据集缺乏机器可读的元数据,不符合给定的数据结构和格式。Data Retriever通过下载、清洗和标准化数据集,将它们导入关系数据库、文件或编程语言,这个过程的自动化减少了用户获得大多数大型数据集的时间,且提高了准确性。

最后需要将分散的小数据集整合为一个大的数据集,以便于后续分析。为了保证数据可追溯,除了保存整合的数据集外,原始数据集、清洗后的数据集也要保存,而且在三个数据集之间建立关联,调整和变动其中一个数据集的数据,也同步调整其他数据集中的数据。为此,考虑写一个Makefile文件来完成上述工作。

3.3　数据存储与共享

3.3.1　云存储

在数据科学中,R具有强大的计算和绘图功能,另外还可以使用R的附加服务AutoML取代动手建立自己的机器学习服务,因此R被许多人采用。但是,R只能处理RAM内存大小的数据集。云计算为R处理大数据提供了一个解决方案,包括存储数据,相比本地桌面、笔记本和服务器,它能更加便捷、快速地组织和使用数据。

所谓的"云",是互联网与建立互联网所需要的底层基础设施的总称,"计算"并不是一般的数值计算,而是强大的计算服务,包括获取资源和存储数据等。因此,"云计算"的含义是用托管在网上远程服务器网络来存储、管理和处理数据,"云"允许用户根据当前需求快速缩

放资源，使科学家能够根据需要轻松获得额外的存储空间或计算能力。越来越多的生态学家在利用云计算，如利用云计算构建生物多样性模型，以及基于云计算的实时沙尘暴预测。

目前有少量专门为科学研究人员建立的云计算资源。例如，XSEDE(www. xsede. org)提供了对高性能计算资源的免费访问，Cyverse 提供了一个基于云的计算系统，Jetstream 提供了虚拟机图像库和可复制科学工作流(https://jetstream-cloud. org/tech-specs/index. php)，美国能源部的系统生物学知识库(KBASE; http://kbase. us/new-to-kbase)提供了计算资源，可用于植物和微生物生理学和群落生态学领域。此外，一些大型供应商，如 Google、Microsoft 等提供公共云服务，使科学家可以获得无限量的计算资源。

下面介绍如何使用 Dropbox 和 Git/GitHub 存储数据。

3.3.1.1 存储格式

可重复研究的一个关键问题是，其他人不仅能够使用确切的数据，而且更容易使用。容易使用与数据格式有关，可通过 foreign 包将数据保存为多种格式，如. xlsx。一般来说，对于小型或中等数据集，采用文本格式存储较好，如逗号分隔值(. csv)或制表符分隔值(. tsv)，任何用于文本文件的程序都可以打开它们，包括各种统计软件和 Excel 程序，Git 是这类文件极其有效的版本控制系统。从 R 保存数据的代码如下：

```
write.table(Data, "Data.csv",sep = ",", row.names = FALSE)
  # Data 为数据文件名,"Data.csv"为保存文件名,sep = ","表示指定使用逗号将值分隔为列,
   row.names = FALSE 表明保存文件中不含行名。若由制表符而不是逗号分隔数据,参数设
   置 sep="\t",文件扩展名设置为.tsv
write.csv() # 比 write.table 简单,不需要输入参数 sep = ","
```

例如，Doubs 数据集包括四个文件，如果提取并保存环境变量数据，执行如下代码：

```
data(Doubs, package = "ade4") # 加载 ade 包中的 Doubs 数据集
Doubs_env <- Doubs $ env # 提取 Doubs 中的环境变量
write.csv(Doubs_env, "data/Doubs_env.csv") # 保存在当前目录中的 data 子目录,格式为 csv
```

3.3.1.2 存储软件

Dropbox 和 GitHub 提供免费的云存储服务。其中，Dropbox 不仅提供数据云存储，也提供共享文件的方法，还包括基本版本控制能力，允许存储、版本、协作和访问数据。

注册和安装 Dropbox 时，可免费获得有限数量的存储空间，通常是 50 G，可满足一般项目的研究需求。以下是关于 Dropbox 存储、版本控制、协作和访问等的具体操作：

(1) 存储。注册并安装 Dropbox 后，会在电脑硬盘上创建一个目录，当在目录中放置新文件和文件夹并对其进行更改时，自动与基于云服务器上的文件夹同步。

(2) 访问数据。存储在 Dropbox 上的所有文件都有一个 URL 地址，在 R 中，可以通过这个地址访问数据，并下载到 R 中，代码如下：

```
library(repmis)
FinURL <- https://www.dropbox.com/...
FinRegulatorData <- repmis::source_data(FinURL,sep = ",",header = TRUE)
  # 从 public 文件夹获取数据
```

(3) 与合作者共享。虽然其他人可以很容易地使用 Dropbox URL 访问数据文件,但自己不能通过更改链接保存文件,只能保存在计算机上的 Dropbox 文件夹或者通过网站上传。一旦创建了 non-public 文件夹,用户可以通过访问 Dropbox 网站,右键单击文件夹的名称与合作者共享。

(4) 版本控制。Dropbox 有一个简单的版本控制系统,每次保存文档时,都会在 Dropbox 上创建新版本。若要查看以前版本,到上传文件的 Dropbox 网站右键单击文件,可看到谁创建了以前版本,何时创建。

GitHub 是一种基于 Git 版本控制系统的接口和云托管服务,它可远程存储数据,但 GitHub 并不是专门为项目数据设计的,它也可托管计算机程序。至少有三种方法可以在计算机上使用 Git/GitHub,包括使用 Git 的命令行版本、使用图形用户界面 GitHub 程序以及 RStudio 项目中的 Git 功能。其中,在 RStudio 项目中设置和使用 Git 都比较简单。

下面是关于 GitHub 的云存储及操作:

(1) 存储。可以为研究项目创建和托管一个网站,可使用该网站来显示结果,而不仅仅是复制文件。

(2) 访问。GitHub 是整个项目上的网站。例如,它在 repository 网站上 GitHub 目录中自动呈现名为 README. md 的 Markdown 文件,使得他人很容易找到文件并阅读它。

(3) 合作。每个 GitHub 的 repository 都有一个"Issues"区域,这是一个互动的待办事项列表,可与合作者在此讨论。每个 repository 还可托管一个 wiki,该 wiki 可以详细解释研究项目的某些方面是如何完成的。任何人都可以建议更改公共存储库中的文件,由 Git 版本控制系统记录这些改变,项目作者可选择接受或拒绝更改。

(4) 版本控制。Git 允许忽略特定文件,且只是在项目被告知需要修改时,才修改版本,这样可节省存储空间,因为版本控制将占用相当大的存储空间。

在亚马逊云、微软云或是谷歌云建立一个实例(即一个可以远程接入的虚拟机),只需在本地桌面安装 R,就可以通过 SSH 或 Remote Desktop 链接到远程机器。RStudio 开发了一个 RStudio Cloud,目的是为了向那些对设置自己的服务器没有兴趣的人提供云计算,具体使用可参阅相关网页教程(https://rstudio. cloud)。下面简单介绍其应用。

首先找到 Rstudio Cloud 网页,单击 Get Started,出现登录界面,可以 Sign up with Google 或 Sign up with GitHub,在这里添加 new project,一般需要几分钟时间创建。利用云平台,不需要安装 R 与 Rstudio,从新建的 project 看到有关 R 版本信息,当然也可以在版面右上角选择特定的版本。给新建的 project 命名,如 Cloud Project-1,随后开启 R 代码编写,完成读取、保存数据,分析数据等操作。

除了完成基本的编程,可以选择 R Markdown,将代码输出为 HTML、PDF、Word 等格式的文档,包括文档名称、作者、日期等信息。具体做法是先删除 R Markdown 后面的信息,用 Ctrl + Alt + I 键插入代码块,并运行代码块,再从 Knite 下拉菜单中选择输出格式,如 PDF 格式,并给输出文件命名。此外,还可以对输出文件进行注释,再从 Knite 菜单中选择输出。

如果希望与别人分享代码和结果,选择并单击页面齿轮图标,出现 access,点击它,并在 who can view this project 中选择 Everyone,然后点击齿轮图标右侧图标,选择 Share Project Link,把分享链接发送到分享人的邮箱。

3.3.2 共享

在大数据时代，没有一个人或机构能够容纳、管理和有效分析所有形式的生态数据。另外，妥善管理数据，与他人分享数据是数据科学的一个重要部分。数据共享具有如下好处：

（1）通过共享数据，科学家能够通过获取各种不同的环境观测值研究不同生态系统类型的现象，可以避免重新收集数据，节省时间和科研成本。

（2）通过数据共享、开放，支持可重复性的生态学研究，促进科学团体协同解决共同关注的复杂生态问题。

（3）此外，研究数据公开，促进科学研究的过程和成果更加透明，加快知识传播，以确保科学和社会最大限度地受益。

目前已开发一些工具，包括 DMPtools、DataOne、R、Morpho、re3data. org、Kepler、VisTrails，可作为生态学家进行研究和管理数据的工具。有关数据、新软件和算法以及工作流也可以通过 DMPtools、KNB、Dryad 和 myExperiment 工具与他人共享。研究者可将数据发布至公共数据存储库，如 Dryad（http://datadryad. org/）、figshare（https://figshare. com/）、zenodo（https://www. zenodo. org/）、DataOne 等平台，供他人免费下载使用。另外，Ecology Archives（http://esapubs. org/archive/）是 ESA 期刊上论文附带的数据材料。这些基本是在项目完成后的数据共享方案。

在众多选择中，比较方便的是通过 GitHub 生成和发布开放、共享数据集，关键是确保 Git、SVN 和 SSH 在 Rstudio 和 GitHub 一致。使用 Git/GitHub 至少有 3 种方法：

（1）使用 Git 的命令行版本，可用于 Mac 和 Linux（在终端）以及 Windows 的 Git Bash。

（2）使用图形界面 GitHub 程序，适用于 Windows 和 Mac。

（3）RStudio 还为 RStudio 项目提供了 GUI-style 的 Git。

对于 Windows 操作系统，整合 R、Git 和 GitHub 的步骤如下：

（1）访问网站 http://git-scm. com/download/win，下载与并安装 GUI 版本的 Git，有关安装的详细说明可参考网站 http://r-pkgs. had. co. nz/git. html。

（2）访问到 GitHub 网站（https://GitHub. com/），注册一个账户。打开 Git Bash，输入 git config - -global user. name "GitHub 注册的用户名"和 git config - -global user. email "GitHub 注册的邮件地址"。

（3）如果需要，生成一个 SSH 键。SSH 键允许安全地与没有密码的网站通信。一个 SSH 键有两个部分：一个公共的，一个私有的。

（4）创建一个 new repository，比如名称为 tutorial，并拷贝 repository URL。

（5）在 Windows 系统，开启 RStudio，在菜单栏 File -> New Project -> Version Contral -> Git，弹出一个窗口，在 repository 空格填写上面拷贝的 repository URL，在 project directory name 空白栏填写项目名称，这个名称可以不同于 GitHub 中的 new repository 名称，比如 data_science，在 create project as subdirectory of 空白处，为 data_science 选择目录，比如 D:/tutorial。当所有填写好以后，单击 create project。

（6）执行上述操作后，在 Environment History 面板菜单中，出现 Git，表明已经完成了通过 Git 将 RStudio 与 GitHub 的链接。

在 Linux 系统，整合 R、Git 和 GitHub 方法类似，具体可参考 James Dayhuff 的介绍，

主要步骤如下：

（1）在ubuntu终端安装Git和Subversion，代码如下：

```
sudo apt-get install git
sudo apt-get install subversion
```

（2）在Rstudio界面，从Tools->Global Options->Git/SVN，选择" Enable version control interface for RStudio projects"，然后输入Git与SVN执行路径（在终端用whereis查询），并为SSH产生RSA公共密钥。

（3）在GitHub页面，申请一个GitHub账户，创建一个新的repository，如tutorial，初始化GitHub上的存储库，将SSH拷贝到GitHub设置中。

（4）在Rstudio中，从File-> New project-> Version Control，在Git中输入repository的URL，即tutorial的URL，在指定文件夹产生一个新的project。

在刚才新建的data_science中，左下角Graphical Output面板有两个文件，同时在Git下面的窗口也有两个相同文件。在data_science项目中，从File-> New File-> R Script写一段代码，并保存为test.R，则会在左下角Graphical Output面板多了一个test.R文件，同时在Git选项卡下窗口也多了一个test.R。

若要将文件提交到GitHub存储库，就可以通过RStudio中的Git选项卡来完成。在Git下窗口中，三个文件带有黄色问号，问号旁边为对话框，单击对话框，将三个文件问号变成绿色"A"，即添加（add）的意思，单击Commit打开一个名为"Review Changes"的新窗口，只需在"Review Changes"窗口中的"Commit Message"框中编写一条提交消息，然后单击"commit"，输入Git repository用户名和用户密码（若在RStudio中创建SSH keys，就不需要每次都输入密码），这样就可以将数据及文件夹发布到GitHub存储库。

另外，可进一步让GitHub与其他数据库链接，如Zenodo，便于他人搜索与共享，步骤也很简单，如下：

（1）进入Zenodo网站（https://zenodo.org/），单击Sign Up按钮，选择"Sign Up with GitHub"，单击Authorize Zenodo，然后输入GitHub密码，通过电子邮件中的链接确认账户。

（2）登录Zenodo，在屏幕右上角，单击电子邮件地址，从下拉菜单中选择GitHub。

（3）在列表中找到需要链接的存储库，并将开关切换到ON，这样就将GitHub存储库链接到Zenodo。

参考文献

[1] Baker P, 2020. Using GNU make to manage the workflow of data analysis projects. J. Statistic. Softw. DOI: 10.18637/jss.v000.i00.

[2] Boettiger C, Chamberlain S, Ram K, et al., 2014. Rfigshare: an R interface to figshare.com. R packageversion 0.3-1. http://CRAN.R-project.org/package=rfigshare.

[3] Chamberlain S, 2017. Spocc: interface to species occurrence data sources. R package version 0.7.0. https://CRAN.R-project.org/package=spocc.

[4] Finak G, Mayer B, Fulp W, et al., 2018. DataPackage R: reproducible data preprocessing, standardization and sharing using R/Bioconductor for collaborative data analysis. Gates Open Res.

https://doi.org/10.12688/gatesopenres.12832.2.
[5] Gandrud C, 2020. Reproductible research with R and RStudio. 2nd ed. Boca Raton: Campman & Hall/CRC.
[6] Galaz V, Crona B, Daw T, et al., 2010. Can web crawlers revolutionize ecological monitoring? Frontiers Ecol. Environ., 8: 99-104.
[7] Jeliazkov A, Mijatovic D, Chantepie S, et al., 2020. A global database for metacommunity ecology, integrating species, traits, environment and space. https://doi.org/10.1038/s41597-019-0344-7.
[8] Jones C, Blanchette C, Brooke M, et al., 2007. A metadata-driven framework for generating field data entry interfaces in ecology. Ecol. Info., 2:270-278.
[9] Mathew C, Guentsch A, Obst M, et al., 2014. A semi-automated workflow for biodiversity data retrieval, cleaning, and quality control. Biodivers. Data J, 2: e4221.
[10] Miller D A W, Pacifici K, Sanderlin J S, et al., 2019. The recent past and promising future for data integration methods to estimate species' distributions. Methods Ecol. Evol., 10: 22-37.
[11] Naimi B, Araújo M B, 2016. Sdm: a reproducible and extensible r platform for species distribution modelling. Ecography, 39: 368-375.
[12] Vilela B, Villalobos F, 2015. LetsR: a new R package for data handling and analysis in macroecology. Methods Ecol. Evol., 6:1229-1234.
[13] White E P, Baldridge E, Brym Z T, 2013. Nine simple ways to make it easier to (re)use your data. PeerJ PrePrints1:e7v2.

第4章　探索性数据分析

生态学研究的一个基本目标是量化生物与环境之间的关系，所采用的数据来源不同，数据维数高、数据类型多，数据结构也比较复杂。如何选择变量、采用何种算法等，需要对生态数据结构进行探索性分析（Exploratory Data Analysis，EDA）。

多元分析特别适合生态学大数据探索分析，它是以关联矩阵（通常为相关系数或指数组成的对称方阵）为对象，通过矩阵的对角化（matrix diagonalization）和关联计算（associated computations）来识别大数据集的主要结构。

本章将重点围绕 ade4 包，介绍生态学上的数据探索方法，包括数据概要、变量相关性分析以及简化数据结构。

4.1　数据表与转换

4.1.1　数据表

生态学研究的目的和回答的科学问题不同，所采用的数据就不同。生态学研究所涉及的基础数据和拟解决的主要问题如下：

（1）在同一地点记录物种丰度和环境变量，可将两类数据融合起来研究不同物种对环境梯度的反应。

（2）在同一地点同时记录物种与环境数据，而且按照一定时间间隔重复采样得到一个时间序列，以此数据集可研究群落或生态系统是如何随时间变化的。

（3）利用环境数据整合记录物种的一些性状数据，可确定物种哪些特征驱动其对环境变化做出反应。另外，物种性状可用来定义物种差异，以此测定群落内部或群落之间的功能多样性。

（4）样点或样方通常带有地理坐标，具有地理属性，物种有一些共同进化历史，可用系统发育树来表示，通过地理空间和系统发育相关分析，可揭示生态关系如何受到地理空间和系统发育相关性的影响。

4.1.1.1 数据表结构

由于生态研究数据类型多、维度高，数据结构一般都比较复杂，但通常可以简化为更简单的形式。常见的数据结构是长形的数据表，行为采样地点或样方列为变量。除了单个数据表外，有时数据表还增加时间维度，形成 K 表。参考 Thioulouse 等(2018)的研究成果，生态学的数据表基本类型如图 4.1 所示。

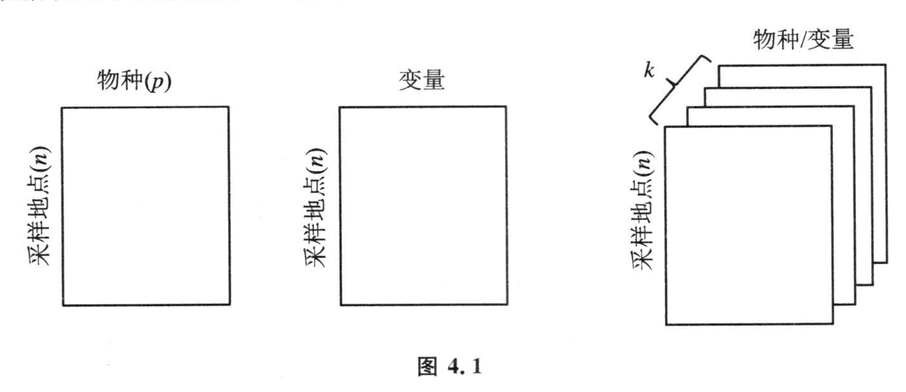

图 4.1

下面以 ade4 包中的 Doubs 数据集为例，说明生态数据的结构。为查看该数据集，可执行如下代码：

```
library(ade4)
data(Doubs)
Doubs
```

运行后显示 $ env、$ fish、$ xy、$ species 四个数据表。第一个是环境数据表，记录了 30 个样点与河流水文、地貌和化学有关的 11 个环境变量；第二个为物种数据表，记录了 30 个样点观察的鱼类数据，共 27 种鱼及丰度；第三个是样点的地理坐标(x 和 y)。这三个数据表就是图 4.1 中的采样地点-物种和采样地点-变量表。第四个为物种名称和编码表。这些数据表与 R 数据框结构是兼容的，适合 R 环境运行。

4.1.1.2 变量或特征

关于环境数据表中的变量，在统计学分析中，通常将其称为因子或自变量，它们是统计模型的输入项，而对应物种数据表中的物种丰度数据被称为因变量，因为统计建模就是寻找变量间的因果关系。

数据挖掘关注的不是变量之间的因果关系，而是它们之间的相关性，不再区分“自变量”和“因变量”。例如，对于 Doubs 数据集，在水环境与鱼群关系研究中，环境数据表中的列变量 das、alt、slo、flo、ph、har、pho 等被称为特征或属性(feature/attribute)，对应列中的数值(如 das = 0.3)为特征或属性值(attribute value)，而鱼类数据表中的列是标签(label)或目标变量(target)。

数据挖掘涉及统计学方法、机器学习方法，为简单起见，将上述两类变量分别称为预测变量(predictors)/响应变量(responses)，或输入(inputs)/输出(outputs)变量。常见输入/输出变量包括如下几类：

(1) 分类变量。包括名义变量和序变量。

① 名义变量。也称无序变量(nominal)。这种变量既无等级关系,也无数量关系,只有性质上的差异。如天气(阴、晴)、性别(雌性、雄性)等。

② 有序变量(ordinal)。用于描述事物等级或顺序,变量值可以是数值型或字符型。变量之间没有数量关系,只有次序关系。如 Doubs 数据集中的鱼类丰度。

(2) 定量变量。包括离散的或连续的变量。

① 离散型。如长度、重量、产量等,由测量或计数、统计所得到的量,这些变量具有数值特征。

② 连续型。在一定区间内可以任意取值,其数值是连续不断的,相邻两个数值可作无限分割,即可取无限个数值。

4.1.2　数据概要

拿到数据后,接下来就是选择变量和算法,为此要进行探索性分析,确定数据结构,以便进一步分析。所谓探索性数据分析是指在缺少先验知识的情况下,利用散点图、制表和一些描述性统计量,以获得整个数据概况。数据探索主要内容包括:

(1) 数据概况(summary)。包括数据概要、频度、异常值、分布等。

(2) 数据转化(transfer)。涉及内容较多,主要包括消除量纲、分类编码等。

① 消除量纲影响,如归一化、z-scores 标准化。

② 稳定方差,使其具有正态分布,如平方根、对数转化。

③ 分类数据编码。

在 2.3.1 节中介绍了 Rattle 及其操作,其中,菜单栏的 explore 选项,就是用于探索性数据分析的。下面以 Doubs 数据集为例,说明基于 ade4 的探索性数据分析方法。

4.1.2.1　统计描述

对 Doubs 数据集,查看其中的 spe 数据,可执行如下代码:

```
spe <- Doubs $ fish
head(spe) # 只展示前几行
nrow(spe) # 提取数据框总行数
ncol(spe) # 提取数据框总列数
dim(spe) # 提取数据框的维度
colnames(spe) # 提取列名
rownames(spe) # 提取行名
summary(spe) # 对列变量进行描述性统计
```

如果多度分布是对称的,中位数应该和平均值差别不大。通过 summary(spe)可查看 Doubs 中的数据多数不是对称的。

关于 spe 数据的分布,可执行如下代码:

```
range(spe) # 整个多度数据值的范围
ab <- table(unlist(spe)) # 计算每种多度值的数量
barplot(ab, las = 1, xlab = "abund degree", ylab = "frequency", col = gray(5:0/5))
sum(spe = = 0)
```

```
sum(spe = = 0) / (nrow(spe) * ncol(spe)) # 多度数据中 0 值所占比例
```

4.1.2.2 鱼群沿河分布

仅从物种多度,不容易发现有价值的信息。例如,在 Doubs 数据集中,为何多度为 0 的频次如此高? 为此,从分布地点及环境要素来分析和理解鱼类分布。

首先,看一下沿着 Doubs River 的采样点分布情况。

```
plot(spa, asp = 1, type = "n", xlab = "x (km)", ylab = "y (km)")
  # 图面长宽相等(asp 为 x/y 比例,"1"表示等长宽,type 为线型,"n"不绘点与线)
lines(spa, col = "light blue")
text(spa, row.names(spa), cex = 0.5, col = "red") # 用行号标记(字 0.5 为红色)
text(70, 10, "上游", cex = 0.8, col = "red") # 在(70, 100)处标记上游(字 0.8 为红色)
text(20, 120, "下游", cex = 0.8, col = "red")
```

接着,看一下沿着 Doubs River 的 4 种鱼多度沿着 Doubs River 的分布情况,寻找鱼的分布与环境之间关系。

```
par(mfrow = c(2,2)) # 将绘图窗口分为四块,上、下各两块
plot(spa, asp = 1, col = "brown", cex = spe $ Satr, xlab = "x (km)", ylab = "y (km)")
lines(spa, col = "light blue")
plot(spa, asp = 1, col = "brown", cex = spe $ Thth, xlab = "x (km)", ylab = "y (km)")
lines(spa, col = "light blue")
plot(spa, asp = 1, col = "brown", cex = spe $ Baba, xlab = "x (km)", ylab = "y (km)")
lines(spa, col = "light blue")
plot(spa, asp = 1, col = "brown", cex = spe $ Abbr, xlab = "x (km)", ylab = "y (km)")
lines(spa, col = "light blue")
```

在 30 个采样点,一些鱼类只出现在少数样点,如大头鲶只出现在 7 个样点,而雅罗鱼出现在 25 个样点,将出现样点分为 5 级(0～5,5～10,…,25～30),70%的物种出现在 10～15 个样点。

```
spe.pres <- apply(spe > 0, 2, sum) # apply 操作向量(2 表示按列来执行函数的算法)
sort(spe.pres) # 从大到小排序
spe.relf <- 100 * spe.pres/nrow(spe) # 计算相对频次
round(sort(spe.relf), 1) # 排列并保留 1 位小数
par(mfrow = c(1,2)) # 绘图窗口 1 排 2 个图
hist(spe.pres, right = FALSE, las = 1, xlab = "number of site", ylab = "number of species",
  breaks = seq(0,30,by = 5), col = "bisque") # 靠左不靠右,标识与轴平行
hist(spe.relf, right = FALSE, las = 1, xlab = "site (%)", ylab = "number of species", breaks =
  seq(0, 100, by = 10), col = "bisque")
```

现在已经知道每个物种多度(species abundance),接下来了解每个样点内有多少物种(即物种丰度,species richness)。按照如下代码,绘制每个样点的物种数:

```
sit.pres <- apply(spe > 0, 1, sum)
sort(sit.pres)
par(mfrow = c(1,2))
```

```
plot(sit.pres,type = "s", las = 1, col = "gray",xlab = "site", ylab = "species abundance") # type
  = "s"在图形中数据显示为阶梯图
text(sit.pres, row.names(spe), cex = .5, col = "red")
plot (spa, asp = 1, pch = 21, col = "white", bg = "brown", cex = 5 * sit.pres/max(sit.pres),
    xlab = "x (km)", ylab = "y (km)")
lines(spa, col = "light blue")
```

可以看出沿河流物种整体分布，从上游至下游，只有8号样点没有鱼。29号样点鱼类最多，有26种，18、19、21号样点各有23种鱼。很明显，这些是物种丰度的热点地区。

4.1.2.3　鱼群与环境关系

为什么 Verneaux 选择这4种鱼类作为不同区域的生态指示种？了解环境因子空间分布情况就清楚了。代码如下：

```
par(mfrow = c(2,2))
plot (spa, asp = 1, pch = 21, col = "white", bg = "red",cex = 5 * env $ alt/max(env $ alt), xlab
    = "x", ylab = "y")
lines(spa, col = "light blue")
plot (spa, asp = 1, pch = 21, col = "white", bg = "blue",cex = 5 * env $ deb/max(env $ deb),
    xlab = "x", ylab = "y")
lines(spa, col = "light blue")
plot (spa, asp = 1, pch = 21, col = "white", bg = "green3",cex = 5 * env $ oxy/max(env $ oxy),
    xlab = "x", ylab = "y")
lines(spa, col = "light blue")
plot (spa, asp = 1, pch = 21, col = "white", bg = "brown",cex = 5 * env $ nit/max(env $ nit),
    xlab = "x", ylab = "y")
lines(spa, col = "light blue")
```

海拔和流量最能展示上下游的梯度，也很方便解释。但在(150,200)处的硝酸盐浓度很高而氧含量很低。为此，要进一步分析环境变量沿河流分布的情况：

```
par(mfrow = c(2,2))
plot (env $ das, env $ alt, type = "l", xlab = "das (km)",ylab = "alt (m)", col = "red")
plot (env $ das, env $ deb, type = "l", xlab = "das (km)",ylab = "flow (m3/s)", col = "blue")
plot (env $ das, env $ oxy, type = "l", xlab = "das (km)",ylab = "oxy (mg/L)", col = "green3")
plot (env $ das, env $ nit, type = "l", xlab = "das (km)",ylab = "nit (mg/L)", col = "brown")
```

鱼类分布主要与水体含氧量、硝酸盐关系密切，鱼群可以作为河流水质好坏的指示生物。

4.1.3　转换

4.1.3.1　分类数据编码

对原有数据进行转换，产生或构建一些新的特征或变量，目的是尽可能提供多的“新”信息给模型，以帮助提高预测的准确性。

一些分类变量为等级变量，将其转化为二元变量（1 或 0）或者对照码，可以提高计算效率。例如，在 Doubs 数据集中，变量 spe（物种多度）有 6 个级别（0～5 等级），但不是真实的物种多度（个体数量/密度）或生物量。如果只考虑有与无，可以转化为二元变量，并用 vegan 包将其数字化，可执行如下代码：

```
spe.pa <- decostand(spe, method = "pa") # 将多度数据转化为有-无(1 - 0)
spe[1:5, 2:4] # 显示 1～5 行,2～4 列
```

另外一种分类变量，如性别{雌、雄}、地点{亚洲、美洲、中东}、鸢尾花{蓝色、紫色、白色}等，类别间无大小、等级差异，也可按照上面数字化方法，将其转换成标量。例如，雄性 $x_1=1$，雌性 $x_2=2$，其他 $x_3=3$。由于回归、分类、聚类等算法，涉及特征或变量之间距离或相似度的计算，而距离或相似度的计算都是基于欧式距离，这样数字化造成两个特征之间的距离有差异，x_1 与 $x_2=1$，x_2 与 $x_3=1$，x_1 与 $x_3=2$，显然不能依赖样本距离来学习模型，如线性回归、SVM、深度学习等。为此，需要对类别变量进行科学编码，编码方法主要有独热编码（one-hot encoding）和特征哈希（Hashing Trick）。

1. 独热编码

独热编码适用于类别不多的分类变量，把类别数据变成长度相同的特征。对于每一个特征，如果它有 m 个可能值，经过独热编码后，变成了 m 个二元特征，且这些特征互斥，每次只有一个激活。例如，上述性别变量，经过独热编码可表示为雄性 $x_1=001$，雌性 $x_2=010$，其他 $x_3=100$，这样任意两个特征之间的欧氏距离都是 sqrt(2)，如 x_1 与 x_3 为 $\sqrt{(0-1)^2+(0-0)^2+(1-0)^2}$，显得更合理。

(1) 可用 R 自带的 model.matrix 函数进行独热编码，函数格式为 model.matrix（编码的列名 - 1，数据集名）。例如，在 ggplot2 包中，有一个 diamonds 数据集，其中，cut、color、clarity 都是因子型变量，以 cut 为例说明 one-hot 编码。

```
library(ggplot2)
data("diamonds") # 加载 diamonds 数据集,出现在 R environment,显示为<Promise>
diamonds <- diamonds # 消除<Promise>
as.data.frame(model.matrix(~cut-1,diamonds)) # 独热编码后,由原来 1 列变为 5 列或利
                                               用 dplyr
    包中的管道表达方式 model.matrix(~cut-1,diamonds) %>% as.data.frame()
rbind(select_if(diamonds,is.numeric),as.data.frame(model.matrix(~cut-1,diamonds)))
  # 将包含有数值型的数据集和编码之后的数据集合并,得到新的数据集
```

(2) 在 R 中，还有一种执行一个热编码的方法，就是利用 dummies 函数，将独热编码应用于数据集中所有类别变量。

```
library(dummies)
new_data <- dummy.data.frame(diamonds, names = c("cut", "color", "clarity"), sep = "_")
```

2. 特征哈希

特征哈希适用于类别多的分类变量，其目标就是将一个数据点转换成一个向量。利用哈希函数将原始数据转换成指定范围内的散列值，相比较独热模型，特征哈希具有很多优点，如支持在线学习，维度减小很多。

4.1.3.2　变量转换

对于连续属性，必要时要进行分割、组合或转化等处理，提取有实际意义的特征，以满足机器学习建模需要，提高模型性能，涉及如下处理：

(1) 分箱(Binning)/分区。一种将多个连续值分组为较少数量的"分隔"。例如，一天24小时可分成早晨[5,8)、上午[8,11)、中午[11,14)、下午[14,19)、夜晚[10,22)、深夜[19,24)和凌晨[24,5)。对于Doubs数据，依据水源头与样点间的距离，可对样点分为上游、中游、中下游、下游四段。通过分箱/分区操作，把连续值转成等级、类别等，或对定量特征二值化(Binarizer类)，这种分隔处理可以减少"误差"。

(2) 属性分割。如对于每小时采集的时间序列数据，可把一天的数据分上午、下午和晚上去构建特征，也可以切分为季度特征，与分区/分箱不同的是，属性分割针对时间序列对象。

(3) 属性结合。对于结构性的表格数据，可以尝试组合二个或三个不同属性构造出新的特征，如将海拔500 m和雨林组合构造出低海拔森林的特征，海拔1000 m和常绿阔叶林组合标记为高山森林特征等。

(4) 简单运算。如将原始数据 x_1 和 x_2 相乘，得到 $x_1 \times x_2$ 这一新特征。类似地，通过四则运算也可以构造出很多特征。如根据Doubs数据集，用vegan包中的diversity()函数进行简单运算，很容易计算出生物多样性指数，以此指数作为一个新的特征。

```
library(vegan)
N0 <- rowSums(spe > 0) # 物种丰度(richness)
H <- diversity(spe) # Shannon 熵指数
N<- exp(H) # Shannon 多样性指数
J <- H/log(N0) # Pielou 均匀度
E<- N1/N0 # Shannon 均匀度 (Hill 比率)
div <- data.frame(N0, H, N1, N2, E1, E2, J)
div
```

对于连续数据，有时需要进行必要的变换，如对数转化(log transformation)、特征缩放(scaling)和标准化(normalization)。

(1) 对数转化。即log转换，可将范围很大的数值转换成范围较小区间中。log转换对数据的分布形状有很大的影响，通常用于减少右偏度，使得最终的分布形状更加对称一些。它不能应用于零值或负值。另外，对某些异常值的处理也很有效。对于Doubs数据集，执行如下代码，实现数据转化：

```
range(env $ slo) # 查看坡度范围
par(mfrow = c(2,2)) # 比较转化前后数值的柱状图和箱线图
hist(env $ slo, col = "bisque", right = FALSE, ylab = "frequency", xlab = "slo")
hist (log(env $ slo), col = "light green", right = F, ylab = "frequency", xlab = "logslo")
    # 对数转化
boxplot(env $ slo, col = "bisque", ylab = "slo")
boxplot(log(env $ slo), col = "light green", ylab = "logslo")
```

(2) 特征缩放。一种用于标准化独立变量或数据特征范围的方法，可以将很大范围的

数据限定在指定范围内。由于原始数据的值范围变化很大，在一些机器学习算法中，如果没有标准化，目标函数将无法正常工作。例如，大多数分类器按欧式距离计算两点之间的距离。如果其中一个要素具有宽范围的值，则距离将受此特定要素的控制。因此，应对所有特征的范围进行归一化，以使每个特征大致与最终距离成比例。特征缩放主要包括两种：最大-最小缩放(min-max scaling)和标准化缩放(standard(Z) scaling)。

(3) 标准化。一般情况下，标准化目标是使调整值的整个概率分布对齐，可能有意将分布与正态分布对齐。统计学的另一种用法，标准化将不同单位的数值转换到可以互相比较的范围内，避免总量大小的影响。标准化后的数据对于某些优化算法如梯度下降等也很重要。可用归一化和 z-score 标准化(均值为 0 和方差为 1)。利用 vegan 包中的 decostand 函数，执行如下标准化代码：

```
env.z <- as.data.frame(scale(env)) #标准化数据，平均值=0，标准差=1
spe[1:5, 2:4] #显示 1~5 行，2~4 列
spe.scal <- decostand(spe, "max") #通过每个数值除以该物种最大值标准化多度
spe.scal[1:5, 2:4]
apply(spe.scal, 2, max) #计算每列最大值
```

4.2 多元分析

4.2.1 关联及测度

上述初步探索后，还要进行多元分析(multivariate analysis)，包括几何运算，如正交旋转(orthogonal rotation)、投影(projection)、关联计算，这些都是通过关联矩阵(association meansures)的对角化(matrix diagonalisation)来实现的，是识别大数据集主要结构的技术。

关联测度的主要类别：

(1) Q-模式。指的是样点对之间的相似性或相异性，关联测度是样点对之间的距离，如欧式距离。

(2) R-模式。指的是变量对之间的依赖性，关联测度是变量之间的依赖性(如协方差、相关系数)。

4.2.1.1 Q-模式

Doubs 数据集中 spe 是一个关于 fish 丰度等级数据，可将原始数据表示为如下矩阵，其中行数据为采样地点，列数据为物种丰度：

$$\begin{bmatrix} x_{11} & \cdots & x_{1k} & \cdots & x_{1p} \\ \vdots & & \vdots & & \vdots \\ x_{j1} & \cdots & x_{ij} & \cdots & x_{ip} \\ \vdots & & \vdots & & \vdots \\ x_{n1} & \cdots & x_{nj} & \cdots & x_{np} \end{bmatrix}$$

这是一个非对称的、由定量数据构成的矩阵。若要比较样点间的相似或相异性，则需要计算距离，包括欧几里得距离、弦距离、Hellinger 距离、Bray-Curtis 距离、UniFrac 距离等。

（1）欧几里得（Euclidean）距离。在生态学分析中，可以使用它来处理地理因素、环境指标、生物性状等数据。

$$D_{\text{Eucl}} = \sqrt{\sum_{j=1}^{p} (x_{1j} - x_{2j})^2} \tag{4.1}$$

其中，x_{1j} 和 x_{2j} 分别是对象 1 和 2 中元素 j 的数值。若是群落物种数据，那么 x_{1j} 和 x_{2j} 即分别是样方 1 和 2 中物种 j 的丰度，p 是物种数（样方-物种矩阵中的物种数）。

（2）弦距离（chord distance）。首先对原始物种丰度数据执行范数标准化，又称为弦转化，再使用弦转化后的物种数据计算欧几里得距离，即为弦距离。

$$D_{\text{chord}} = \sqrt{2\left(1 - \frac{\sum_{j=1}^{p} x_{1j}x_{2j}}{\sqrt{\sum_{j=1}^{p} x_{1j}^2 \sum_{j=1}^{p} x_{2j}^2}}\right)} \tag{4.2}$$

其中，x_{1j} 和 x_{2j} 分别是对象 1 和 2 中元素 j 的数值。若是群落物种数据，那么 x_{1j} 和 x_{2j} 即分别是样方 1 和 2 中物种 j 的丰度，p 是物种数（样方-物种矩阵中的物种数）。

（3）Hellinger 距离。首先对原始物种丰度数据执行 Hellinger 转化，再使用转化后的物种数据计算欧几里得距离，即为 Hellinger 距离。

$$x'_{ij} = \sqrt{\frac{x_{ij}}{x_{i+}}} \tag{4.3}$$

其中，x_{ij} 是样方 i 中物种 j 的丰度，x_{i+} 是样方 i 中所有物种的丰度之和，x'_{ij} 是样方 i 中物种 j 的 Hellinger 转化后的丰度。

$$D_{\text{Hell}} = \sqrt{\sum_{j=1}^{p} \left(\sqrt{\frac{x_{1i}}{x_{1+}}} - \sqrt{\frac{x_{2i}}{x_{2+}}}\right)^2} \tag{4.4}$$

其中，x_{1j} 和 x_{2j} 分别是样方 1 和 2 中物种 j 的丰度，p 是物种数（样方-物种矩阵中的物种数）。

（4）Bray-curtis 距离。又称 Bray-curtis 相异度（Bray-curtis dissimilarity）。

$$D_{\text{Bray}} = \frac{\sum_{j=1}^{p} |x_{ij} - x_{ik}|}{\sum_{j=1}^{p} (x_{ij} + x_{ik})} \tag{4.5}$$

其中，p 是物种数（样方-物种矩阵中的物种数），x_{ij} 和 x_{ik} 表示两个样方中对应的物种多度。

R 中可用 stats、vegan、ade4、cluster 和 FD 包计算 Bray-Curtis 非相似矩阵、Chord 距离矩阵和 Hellinger 距离矩阵，比较样点对之间的相似性，具体代码如下：

```
library(ade4)
data(Doubs)
spe <- Doubs $ fish
summary(spe)
spe[8,]
spe <- spe[-8,]#删除全为 0 的地点
```

```
library(vegan)
spe.db <- vegdist(spe) # Bray-Curtis 非相似性矩阵
head(spe.db)
spe.norm <- decostand(spe,"nor")
spe.dc <- vegdist(spe.norm) # Chord 距离矩阵
head(spe.dc)
spe.hel <- decostand(spe,"hel")
spe.dh <- vegdist(spe.hel) # Hellinger 距离矩阵
head(spe.dh)
library(gclus)
source("coldiss.R")
coldiss(spe.db, byrank = FALSE, diag = FALSE)
coldiss(spe.dc, byrank = FALSE, diag = FALSE)
coldiss(spe.dh, byrank = FALSE, diag = FALSE)
```

Q-模式中使用的卡方距离也可以用转置矩阵(R-模式,见下面)计算,执行如下代码:

```
library(ade4)
data(Doubs)
spe <- Doubs$fish
summary(spe)
spe <- spe[-8,] # 剔除无物种数据的样方 8
spe.t <- t(spe) # 物种丰度转置
spe.t.chi <- decostand(spe.t, "chi.square") # 先卡方转化后计算欧氏距离
spe.t.D <- dist(spe.t.chi)
library(gclus)
source("coldiss.R")
coldiss(spe.t.D, byrank = FALSE, diag = FALSE)
```

如果将大于 0 的值转换为 1,这样得到 presence-absence 矩阵,即二元数据矩阵。对于二元数据矩阵,可计算 Jaccard 和 Sørensen 相似系数,比较样点对的相似性。如果 Jaccard 相似性为 0.25,这意味着两个地点由 25%的物种是相同的。Ochiai 相似性也适用于物种 presence-absence 数据。可执行如下代码:

```
spe.dj1<- vegdist(spe, "jac", binary = TRUE) # 使用 vegdist()函数计算 Jaccard 相异矩阵
head(spe.dj1)
spe.dj2 <- dist.binary(spe, method = 1) # 函数 dist.binary()计算,会自动对数据进行二元转化
head(spe.dj2)
```

4.2.1.2 R-模式

在 R-模式中,协方差以及参数/非参数相关系数常用于比较物种的分布,包括定量或半定量数据 Pearson 相关系数,及用于非参数 Spearman 和 Kendall 相关系数。对于 presence/absence 数据,在 R-模式中可使用二元系数,如 Jaccard、Sørensen 和 Ochiai 系数来比较。

根据原始数据,计算协方差、相关系数等统计量。

(1) 均值向量。描述数据集中趋势,平均水平。

$$\overline{x} = \begin{bmatrix} \overline{x}_1 \\ \overline{x}_2 \\ \vdots \\ \overline{x}_p \end{bmatrix} \tag{4.6}$$

其中,$\overline{x}_1 = \dfrac{1}{n}\sum_{j=1}^{n} x_{j1}, \cdots, \overline{x}_k = \dfrac{1}{n}\sum_{j=1}^{n} x_{jk}$。

(2) 协方差。说明变量间的协同关系,变量 $k(k=1,2,\cdots,p)$和变量 $i(i=1,2,\cdots,p)$之间的协方差为

$$S_{ik} = \mathrm{Cov}(x_i, x_k) = \frac{1}{n}\sum_{j=1}^{n}(x_{ji} - \overline{x}_i)(x_{jk} - \overline{x}_k) \tag{4.7}$$

协方差矩阵为

$$\begin{bmatrix} S_{11} & S_{12} & \cdots & S_{1p} \\ S_{21} & S_{21} & \cdots & S_{2p} \\ \vdots & \vdots & & \vdots \\ S_{p1} & S_{p2} & \cdots & S_{pp} \end{bmatrix}$$

(3) 相关系数。变量 $k(k=1,2,\cdots,p)$和变量 $i(i=1,2,\cdots,p)$之间的相关系数为

$$r_{ik} = \frac{S_{ik}}{\sqrt{S_{ii}}\sqrt{S_{kk}}} = \frac{\sum_{j=1}^{n}(x_{ji} - \overline{x}_i)(x_{jk} - \overline{x}_k)}{\sqrt{\sum_{j=1}^{n}(x_{ji} - \overline{x}_i)^2}\sqrt{\sum_{j=1}^{n}(x_{jk} - \overline{x}_k)^2}} \tag{4.8}$$

相关系数矩阵为

$$\begin{bmatrix} r_{11} & r_{12} & \cdots & r_{1p} \\ r_{21} & r_{21} & \cdots & r_{2p} \\ \vdots & \vdots & & \vdots \\ r_{p1} & r_{p2} & \cdots & r_{pp} \end{bmatrix}$$

上述协方差矩阵是一个 $n \times n$ 的对称的方阵,相关系数矩阵,也是一个对称的方阵,维数为 $p \times p$,它们都是对称的关联矩阵。

对于 presence/absence 数据,用于计算 Jaccard、Sørensen 和 Ochiai 系数等。如计算 Jaccard 系数,执行如下代码:

```
spe.t.S <- vegdist(spe.t, "jaccard", binary = TRUE)
coldiss(spe.t.S, diag = FALSE)
```

除物种多度之外,对于环境、地理位置等的定量和序数数据,如果是线性,且纲量相同,采用协方差、Pearson 系数;如果线性但纲量不同,采用 Pearson;如果为序数变量或单调非线性,采用 Spearman、Kendall 相关系数。例如,在 Doubs 中,计算环境变量的 Pearson 相关系数,执行如下代码:

```
env.pearson <- cor(env) #默认 method = "pearson"
round(env.pearson, 2)
env.o <- order.single(env.pearson) #重新排位变量
source("panelutils.R")
```

```
op <- par(mfrow = c(1,1), pty = "s")
pairs(env[,env.o], lower.panel = panel.smooth, upper.panel = panel.cor,
    diag.panel = panel.hist, main = "Pearson 相关矩阵")
par(op)
```

比较二元变量对的最简单方法是计算 Pearson 相关系数矩阵。

所有类型变量都存在关联系数，包括二元变量系数和定量变量系数（定量系数）。在大多数情况下，对于特定问题，有多个关联度量。在进行任何分析之前，需明确是比较样点之间（Q-模式）的相似性（欧氏距离或 Jaccard 相似性），还是比较变量之间（R-模式）的相似性？是处理物种数据（通常是不对称系数），还是其他类型变量（对称系数）？数据是二进制的二元系数、定量系数，还是混合或其他类型（如特殊系数）？

4.2.2 排序分析

对于一个原始数据集，如果特征数量多，特征之间可能存在一定的相关性，更多的时候不是简单地剔除其中一些变量，而是要对数据做进一步分析，使变量尽可能独立，同时保留足够可用的信息。通常做法是通过排序分析，降低变量维度。

排序分析（ordination analysis）将某个地区调查的不同地点以及所对应的物种组成，按照相似度（similarity）或距离（distance），沿一个或少数几个轴排列，其目的是在低维空间展示数据的主要趋势特征。

4.2.2.1 排序方法

排序是在低维空间（重要和可解释的环境梯度）概述生态数据（如物种丰度数据）结构的方法，其中，相似的物种或样本被绘制在一起，不同的物种或样本离得很远。常用的排序方法见表 4.1。

表 4.1

排序方法	线性模型	单峰模型	距离模型
间接排序（非约束排序）	主成分分析 PCA	对应分析 CA 去趋势对应分析 DCA	主坐标分析 PCoA 非度量多维尺度分析 NMDS
直接排序（约束排序）	冗余分析 RDA	典范对应分析 CCA	基于距离的冗余分析 dbRDA

4.2.2.2 主成分分析

通过转换坐标轴，寻找数据分布的最优子空间，从而达到降维、去相关的目的。图 4.2 是将二维空间数据点通过 PCA 转换为一条经过原点的直线上的点。

图 4.2 将二维空间数据点投影到一维空间或一条直线上，这样直线有多条，比较而言，左图样本投影后间隔小，不易区分，而右图样本投影后间隔较大，方差最大，样本点与直线间的距离总和比左图样本点与直线间的距离总和小，即误差最小。PCA 的过程就是选择方差最大或误差最小的直线，特征向量可以理解为坐标变换中的新坐标轴的方向，特征值表示矩

阵在对应的特征向量上的方差，特征值越大，方差越大，信息量越多。

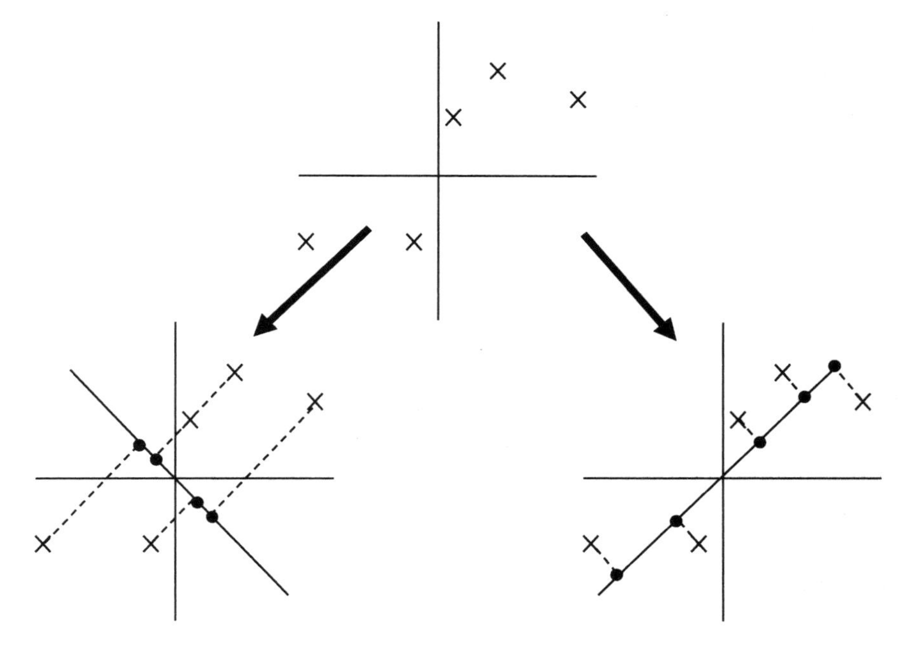

图 4.2

PCA 分析的对象是离差矩阵（dispersion matrix），即方差和协方差变量的关联矩阵，或不同纲量变量之间的相关系数矩阵。可见，如果变量之间不相关，PCA 也就没有意义了。有多个包执行 PCA，如 vegan 包中的 rda()函数、stats 包中的 prcomp()函数、labdsv 包中的 pca()函数，以及 ade4 包中的 dudi.pca()函数。

使用 rda()函数对 Doubs 环境数据进行 PCA，执行如下代码：

```
library(ade4) #加载相关包
library(vegan)
library(gclus)
library(ape)
rm(list = ls())
spe <- read.csv("Doubs_spe.csv", row.names = 1)#加载数据
env <- read.csv("Doubs_env.csv", row.names = 1)
spa <- read.csv("Doubs_spa.csv", row.names = 1)
spe <- spe[-8,]#删除没有数据的样方 8
env <- env[-8,]
spa <- spa[-8,]
summary(env) #描述性统计
env.pca <- rda(env, scale=TRUE) #PCA 分析(基于相关矩阵),参数 scale=TRUE 表示对变量进行标准化
env.pca
summary(env.pca) #默认 scaling=2
summary(env.pca, scaling=1)#参数 scaling 与函数 rda()内数据标准化的参数 scale 无关
```

选择多少个排序轴没有统一标准，一般选择累积贡献率超过 75%。执行如下代码提取、

解读和绘制 vegan 程序输出的 PCA 结果：

```
ev <- env.pca$CA$eig #提取特征根
par(mfrow = c(2,1)) #绘制每轴的特征根和方差百分比
barplot(ev, main = "特征根", col = "bisque", las = 2)
abline(h = mean(ev), col = "red")   #特征根平均值
legend("topright", "平均特征根", lwd = 1, col = 2, bty = "n")
par(mfrow = c(1,2)) #使用 biplot()函数绘制排序图
biplot(env.pca, scaling = 1, main = "PCA - 1 型标尺")
biplot(env.pca, main = "PCA - 2 型标尺")   #默认 scaling = 2
```

用 rda()函数分析 spe 数据集，代码如下：

```
PCA <- rda(spe, scale = FALSE) #物种多度 scale 是一样的，用 FALSE
barplot(as.vector(PCA$CA$eig)/sum(PCA$CA$eig)) #各个主成分贡献
sum((as.vector(PCA$CA$eig)/sum(PCA$CA$eig))[1:2]) #前两个主成分贡献
plot(PCA)
plot(PCA, display = "sites", type = "points")
plot(PCA, display = "species", type = "text")
sitePCA <- PCA$CA$u #Site scores
speciesPCA <- PCA$CA$v #Species scores
biplot(PCA, choices = c(1,2), type = c("text", "points"), xlim = c(-5,10))
biplot(PCA, choices = c(1,3), type = c("text","points"))
```

在 ade4 包中，dudi.pca()函数产生两种类型的 PCA，分别为 covariance matrix PCA（以每个变量的均值得到的，考虑了变量重要性）和 correlation matrix PCA（以每个变量变异系数得到的，不考虑变量重要性，仅降低维度）。在本例中，由于环境变量单位不同，变异的差异没有意义，用 correlation matrix PCA。dudi.pca()函数可完成 correlation matrix PCA，代码如下：

```
pca1 <- dudi.pca(env, scale = TRUE, #correlation matrix PCA
          scannf = FALSE, #不需要
          nf = 3) #任意设置为 3
scl <- s.corcircle(pca1$co, plot = FALSE)
sl1 <- s.label(pca1$li, plabels.optim = TRUE,
     ppoints.cex = 0.5, plot = FALSE)
ADEgS(list(scl, sl1))
```

这个相关圆(scl)显示了两个几乎正交的成分，第一个主成分是上下游梯度，而第二个主成分为化学过程。对于上下游梯度，海拔和坡度对硬度、距离源头和水流，对于化学梯度，溶解氧对磷酸盐、铵和生物对氧的需求。

4.2.2.3 主坐标分析

主坐标分析也称为多维标度法(metric multidimensional scaling)，在低维欧氏空间中表示样本间距离，使距离矩阵中的距离与低维空间中的距离两者之间的线性相关性最大，PCoA 算法类似于旋转多维物体，使阴影中的距离（线）与物体中的距离（连接）最大相关。

PCoA的第一步是构造相似或相异性矩阵，可以处理从定量、半定量、定性和混合变量计算矩阵，对于Doubs中物种丰度数据，用Bray-Curtis距离，对于presence/absence数据使用Jaccard索引，当为欧式距离时，PCoA等价于主成分分析。

对于Doubs数据集，执行PCoA代码如下：

```
dist <- vegdist(spe, method = "bray")
library(ape)
PCOA <- pcoa(dist) # if resulting negative eigenvalues, add PCOA <- pcoa(dist, correction
                    = "cailliez")
barplot(PCOA $ values $ Relative_eig[1:10])
biplot.pcoa(PCOA,spe)
PCOAaxes <- PCOA $ vectors[,c(1,2)]
```

4.2.2.4　非度量多维尺度

运用PCA、PCoA等要求变量之间存在线性关系。可是生态学上很少存在线性关系，如植物分布与环境梯度之间呈现单峰关系，在有利的温、湿度环境下，植物分布呈现峰值，在不利条件下，物种丰度比较低。另外，PCA对物种丰度敏感，如果两个样点没有某个物种，如一个物种不存在最干燥的地点（如沙漠），也可能不存在潮湿地点（如热带稀树草原），PCA可能将两块明显不同样地计算为相似的。

当原始数据不适合直接进行度量型多维尺度分析时，在低维空间中，在保持原始数据空间位置关系的基础上，用新的相同次序的数据替换原始数据，进行度量型多维尺度分析，称之为非度量型多维尺度分析（Non-Metric Multidimensional Scaling，NMDS）。

NMDS不使用群落中物种的绝对丰度，而是使用它们的等级顺序，通过不断迭代，在低维空间中，准确表达不同群落在欧式空间的分布。主要步骤如下：

（1）预设排序轴数量 m，通常为2维空间。在2维空间中，构造样本的初始结构，作为调整对象间位置关系的起点。通常PCoA是一个很好的初始结构。

（2）在2维空间内，对初始结构中样本间距离与实测的样本间距离进行回归，并根据结果调整样本间的位置，目标是不断减小位置关系的差异，即所谓的最小化应力函数（stress function，其值被转化为0～1之间的数值）。

（3）不断调整样本间的位置，直至应力函数值不再减少，或已达到预定的值，经验规则为：stress<0.05为极好，stress<0.1为很好，stress<0.2为可以接受，stress<0.3为很差。最后可用Shepard plot可视化结果。

NMDS需要一个距离矩阵，或者一个不相似矩阵，一般不采用原始欧式距离矩阵，因为欧氏距离对物种总丰度比较敏感，即可能会将物种数量相似的地点视为相似。另外，欧氏距离对物种缺失也很敏感，可能会将同样数量缺席物种的地点处理为更相似的地点。例如，一个物种不存在最干燥的地点（如沙漠），也可能不存在潮湿地点（如热带稀树草原），可能将两块明显不同样地计算为相似的。因此，生态学家使用Bray-Curtis不相似算法。相比于Jaccard距离，Bray-Curtis距离包含了物种丰度信息。计算公式如下：

$$D_{\text{Bray-Cuitis}} = 1 - 2\frac{\sum \min\left(S_{A,i} - S_{B,i}\right)}{\sum S_{A,i} + \sum S_{A,i}} \tag{4.9}$$

利用16Sr RNA基因引物对样品扩增，得到微生物类别，即OTUs(Operational Taxonomic Units，一种OTU表示一种微生物)。假如有人分析为微生物群落A和群落B，得到两个群落的OTU，数据见表4.2。

表4.2

群落	OTU1	OTU2	OTU3	OTU4	OTU5
A	10	8	4	1	1
B	7	3	8	4	0

由表4.2可得：

$$\min(S_{A,i}, S_{B,i}) = 7+3+4+1+0 = 15$$

$$\mathrm{sum}(S_{A,i}) = 10+8+4+1+1 = 24$$

$$\mathrm{sum}(S_{B,i}) = 7+3+4+8+4+0 = 22$$

$$D = 1 - 2\times\frac{15}{24+22} = 0.3478$$

D 值越小越好，表示二者组成差异小。

在R中，vegan包中的metaMDS()可以执行NMDS。对于Doubs数据集中的物种丰度数据，执行如下代码：

```
NMDS <- metaMDS(spe, k = 2, trymax = 100, trace = F, autotransform = FALSE, dis-
   tance = "bray")
ordiplot(NMDS, type = "n")
orditorp(NMDS, display = "species", col = "red", air = 0.01)
orditorp(NMDS, display = "sites", cex = 1.1, air = 0.01)
```

现在有一个很好的排序图，知道哪些地点有相似的物种组成。另外，第一纵坐标轴对应于数据集中最大的梯度(解释数据中最大方差的梯度)，第二轴对应于第二大梯度等。

哪个环境变量驱动了观察到的物种组成差异？可以通过将环境变量与排序轴相关联来回答，接下来，将使用第二个带有环境变量的数据集(按环境变量进行采样)执行NMDS分析，代码如下：

```
ef <- envfit(NMDS, env, permu = 999)
ef
plot(NMDS, type = "t", display = "sites")
plot(ef, p.max = 0.05)
```

4.2.2.5 排序分析全过程

下面以Doubs数据集为例，说明排序分析方法。首先加载并预处理数据，执行如下代码：

```
library(ade4)
data(Doubs)
spe <- Doubs $ fish
env <- Doubs $ env
```

```
spa <- Doubs $ xy
spe <- spe[-8,]#剔除无物种数据的样方 8
env <- env[-8,]
spa <- spa[-8,]
knitr::kable(spe[1:3,1:5])#查看数据
```

先用 vegan::decorana()对 spe 进行分析,查看轴线长度对应的 DCA1 值,判断采用线性模型还是单峰模型,执行如下代码:

```
library(vegan)
decorana(spe)
```

如果 DCA1>4.0,选单峰模型;如果 DCA1<3.0,选择线性模型。上述结果 DCA1 最大值在 3.0~4.0 之间,选线性模型或者单峰模型均可。在此,先用选择线性模型排序。

在 R 中,PCA 和 RDA 分析都用 rad()函数,其中,只用物种矩阵,即 rda(x),这就是普通的 PCA 分析,如果同时用物种矩阵和环境因子矩阵,即 rda(x, y),也就是 RDA 分析。

对 spe 进行 PCA 分析,执行如下代码:

```
pca <- rda(spe)
pca
sum(apply(spe,2,var))
```

执行结果表明,总的特征根为 68.96,这个值实际上等于各个物种的方差总和,也就是 sum(apply(spe,2,var))=68.96,可理解为物种分布的总变化量。PC1 负载的特征根量为 45.23,表示第一轴所能解释 65.58%(45.23/68.96)的方差变化。

如果只考虑环境造成的物种分布的变化量,可进行冗余分析,执行如下代码:

```
rda <- rda(spe,env)
rda
```

由于轴线长度对应的 DCA1 值在 3.0~4.0 之间,也可用 cca()函数单峰模型排序,只用物种矩阵,执行 CA 分析,同时用物种矩阵和环境矩阵,进行 CCA 分析,代码如下:

```
spe.ca <- cca(spe)
summary(spe.ca)
plot(spe.ca,scaling=1) #样方之间的关系和样方的梯度分布
plot(spe.ca,scaling=2) #物种之间的关系和物种的梯度分布
cca(spe,env)
```

在 CA 里面,如果特征根超过 0.6,代表数据结构梯度明显。

4.2.3　空间自相关

数据的空间结构表现为空间相邻地点观测到的值之间存在相关性或不相关。另外,在大多情况下,接近样点倾向于比距离更远的点有更相似的值,从而产生空间依赖性。因此,在不同样点观察到的群落物种组成差异要么是由群落内部过程产生的“空间自相关”,要么是由外部因素导致生物群落中的“空间依赖”。如果不考虑地理空间,就无法充分理解生物

群落的内部结构及其对环境的反应。

为检测空间模式，首先定义地点间的空间相邻关系，并将这种关系存储在 SWM(Spatial Weighting Matrix)中，然后计算 Geary 指数(Geary's ratio)和 Moran 系数(Moran's coefficient)，以度量空间自相关。

4.2.3.1 SWM 矩阵

SWM 可分为邻接矩阵和距离矩阵。

1. 邻接矩阵

邻接矩阵包括三种类型，如图 4.3 所示。

B B
A
B B

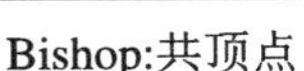
Bishop:共顶点

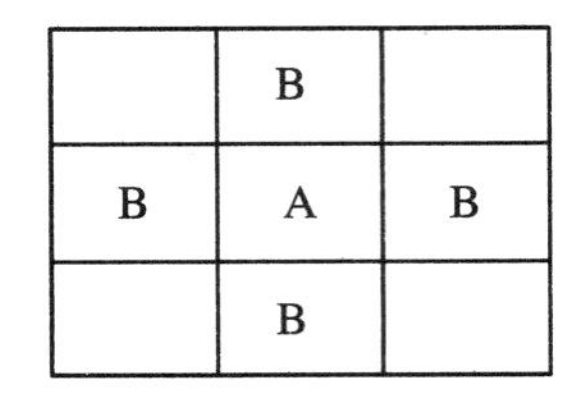

Rock:共边

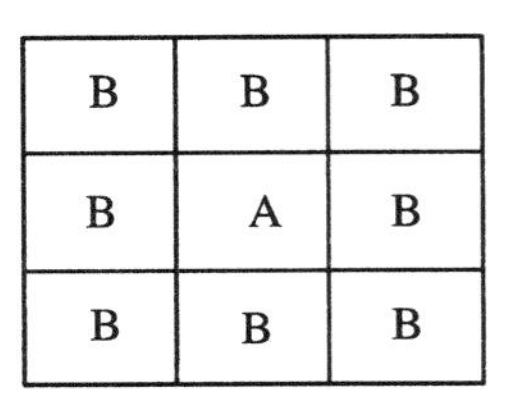

Queen:共顶点和边

图 4.3

一般选 Queen 连接，创建如下邻接矩阵：

$$\begin{bmatrix} w_{11} & w_{12} & \cdots & w_{1n} \\ w_{21} & w_{21} & \cdots & w_{2n} \\ \vdots & \vdots & & \vdots \\ w_{n1} & w_{n2} & \cdots & w_{nn} \end{bmatrix}$$

其中，$w_{ij}=1$ 表示 i 与 j 相邻，$w_{ij}=0$ 表示 i 与 j 不相邻，当 $i=j$ 时，$w_{ij}=0$。

2. 距离矩阵

距离矩阵指空间单元间的相邻关系，还可用距离进行描述，包括狭义距离，通常指两个区域的质心距离。距离矩阵的构建方式如下：

$$\begin{bmatrix} 0 & 1/d_{12} & \cdots & 1/d_{1n} \\ 1/d_{21} & 0 & \cdots & 1/d_{2n} \\ \vdots & \vdots & & \vdots \\ 1/d_{n1} & 1/d_{n2} & \cdots & 0 \end{bmatrix}$$

其中，d_{ij}表示区域i 与区域j 之间的质心距离，距离越远，空间权重系数越小，相关性越差。

广义距离则包括多种形式的虚拟距离，如物种多样性指标、植物性状等功能指标，距离矩阵的构建方式如下：

$$\begin{bmatrix} 0 & 1/|x_1-x_2| & \cdots & 1/|x_1-x_n| \\ 1/|x_2-x_1| & 0 & \cdots & 1/|x_2-x_n| \\ \vdots & \vdots & & \vdots \\ 1/|x_n-x_1| & 1/|x_n-x_2| & \cdots & 0 \end{bmatrix}$$

其中，x_i 和x_j 代表区域i 和j 的性状指标，$|x_i-x_j|$则代表两者的距离。

在 R 中，先用 spdep 包创建空间邻近对象(nb)，然后转换为 SWM(listw)。如果样点是多边形(空间多边形)，且共享公共边界，则 poly2nb()函数认为两个点是相邻的。对于规则点网格,cell2nb()函数允许 rook 和 queen 相邻。如果样点是不规则间隔的点,一种直观的方法是定义一个距离标准,如果两个点的距离低于阈值,则将其视为相邻。下面以 Doubs 数据集为例,介绍以不规则点创建 SWM 的方法。

(1) 可用下面三种方式之一,定义相邻 nb。

① 基于 dnearneigh()函数,定义 nb,可执行如下代码:

```
data(Doubs)
spe <- Doubs $ fish
env <- Doubs $ env
spa <- Doubs $ xy
spe <- spe[-8,]#剔除无物种数据的样方 8
env <- env[-8,]
spa <- spa[-8,]
xy.Sp <- SpatialPoints(spa)
plot(xy.Sp, cex = 0.5)
xy.SpDF <- SpatialPointsDataFrame(xy.Sp, as.data.frame(spe))#在 xy 中添加物种数据
library(spdep)
(nb1 <- dnearneigh(xy.Sp, 0, 25))#0 与 25 为最小和最大距离
```

② 基于 knearneigh()函数创建一个 knn 对象,用 knnn2nb()函数转换为 nb 对象,sysm 参数迫使输出邻域是对称的,代码如下:

```
(nb2 <- knn2nb(knearneigh(xy.Sp, k = 2), sym = TRUE))
```

③ 基于 gabrielneigh()函数,定义 nb,代码如下:

```
spa.m <- as.matrix(spa)
nb3 <- graph2nb(gabrielneigh(spa.m), sym = TRUE)
```

(2) 用 nb2listw()函数将邻域对象(nb)转换为 SWM(listw 对象)。由于二进制空间链接可能显得过于简单,无法表示复杂的站点间的关系,该函数允许使用 glist 参数显示加权采样位置之间的空间关系。例如,用 nbdists()函数给边加权(边为地理距离的函数),style 参数允许定义 SWM 的全局转换,如按行和、总和、二进制编码等进行标准化。转化代码如下:

```
invdist <- lapply(nbdists(nb3, spa.m), function(x) 1/x)
lw3 <- nb2listw(nb3, glist = invdist, style = "W")
names(lw3)
lw3 $ neighbours[[1]]
lw3 $ weights[[1]]
```

为方便构建空间相邻和相关的 SWM 矩阵,adespatial 包可调用 listw.explore(),启动一个交互式图形界面,构建 SWM。对于 Doubs 数据集,启动操作界面,在 Sp object or coordinates菜单中输入前面的 xy.Sp,其余选择默认值,就可创建 SWM。当指定 listw 时,可以计算空间自相关指数来衡量一个变量的值在取样点更近情况下是如何更相似的。

4.2.3.2 Moran 系数

Geary's c 和 Moran's I 是标准的空间自相关方法,它们都是通过量化观测之间的依赖

程度来度量空间自相关的。在空间相关分析中，Moran 系数分为 Global Moran'I 和局部系数。Global Moran'I 主要是用来描述所有空间单元在整个区域上与周边地区的平均关联程度，计算公式如下：

$$I = \frac{n}{S_0} \times \frac{\sum_{i=1}^{n}\sum_{j=1}^{n} w_{ij}(x_i - \overline{x})(x_j - \overline{x})}{\sum_{i=1}^{n}(x_i - \overline{x})^2} \tag{4.10}$$

其中，S_0 为空间权重矩阵中所有元素的和，即 $S_0 = \sum_{i=1}^{n}\sum_{j=1}^{n} w_{ij}$，$n$ 为空间单元数，i 和 j 分别表示第 i 个空间单元和第 j 个空间单元的属性值，$\overline{x}$ 为所有空间单元属性值的均值，w_{ij} 为空间权重值。

在空间相关分析中，如果 Global Moran'I 显著，即认为在该区域上存在空间相关性。但是不知道具体在哪些地方存在着空间聚集，这就需要计算 Local Moran'I。Local Moran'I 的计算公式如下：

$$I_i = Z_I \sum_{j \neq i}^{n} w_{ij} Z_j \tag{4.11}$$

其中，$Z_i = x_i - \overline{x}$，$Z_j = x_j - \overline{x}$，w_{ij} 为空间权重，n 为研究区域上所有多边形总数，I_i 为第 i 个多边形的 Local Moran'I。

Global Moran'I 表示空间自相关强度，Local Moran'I 探究相关关系的空间模式，两者关系如下：

$$I = \frac{n}{S_0} \times \frac{\sum_{i=1}^{n} I_i}{\sum_{i=1}^{n} Z_i^2} \tag{4.12}$$

计算出 Moran'I 指数后，不能只根据其值的正负判断空间相关性，还要对其进行假设检验，看看统计上是否显著。

来自 spdep 包中的 moran. randtest 函数()可计算 MC，并通过随机化过程测试其是否具有统计学上的意义。对于 Doubs 中的 Abbr 物种丰度，执行如下代码，发现存在显著的正的空间自相关：

```
nb <- chooseCN(coordinates(xy.Sp), type = 1, plot.nb = FALSE)
  #从 listw.explore()运行代码获得的
lw <- nb2listw(nb, style = "W", zero.policy = TRUE)
MC <- moran.randtest(spe[, "Abbr"], listw = lw, nrepet = 999)
MC
(kMC <- moran.randtest(spe[, c("Satr", "Thth", "Baba","Abbr")], listw = lw))
  #检测四种鱼的空间分布
NP.Abbr <- moranNP.randtest(spe[,21], listw = lw, nrepet = 999, alter = "two-sided")
    #检查正负相关
NP.Abbr
plot(NP.Abbr)
```

当有几个变量时，可用 adespatial 包中的 moran. randtest()函数对每个物种重复单变量 MC 分析。但这种方法不是最优的，因为它没有考虑多元信息，每个物种都是独立处理的。

4.2.3.3 Moran 特征向量图

空间结构的识别需要考虑整合多变量和空间信息，可以先用多元分析，如 PCA 概括数据，然后用单变量空间统计或投影技术应用于每个 PCA 轴分数，即 MULTISPATI 方法。这种做法的缺陷是它是在概括多元数据集的主要结构之后才考虑空间模式的。

同时整合多变量和空间方面信息的常见做法是通过 SWM 的对角线化生成 Moran 特征向量图(MEMs)，将给定变量的总方差分解到每个 MEM 上，构建一个 scalogram 图，指示由每个 MEM 解释的变异部分。

下面以 Abbr 物种为例，分析其丰度的空间自相关性，执行如下代码：

```
(me <- mem(lw))
scalo <- scalogram(spe[, "Abbr"], me)
plot(scalo)
sum(scalo$obs) # 方差被完全分解
```

执行如下代码，显示统计上显著的空间成分与四种鱼丰度的空间分布有关：

```
sc1 <- plot(scalogram(spe[, "Abbr"], me, nblocks = 10))
sv1 <- s.value(spa, spe[, "Abbr"],
      psub = list(text = "Abbr", cex = 1.5), plot = FALSE)
sc2 <- plot(scalogram(spe[, "Cogo"], me, nblocks = 10))
sv2 <- s.value(spa, spe[, "Cogo"],
      psub = list(text = "Cogo", cex = 1.5), plot = FALSE)
sc3 <- plot(scalogram(spe[, "Satr"], me, nblocks = 10))
sv3 <- s.value(spa, spe[, "Satr"],
      psub = list(text = "Satr", cex = 1.5), plot = FALSE)
sc4 <- plot(scalogram(spe[, "Phph"], me, nblocks = 10))
sv4 <- s.value(spa, spe[, "Phph"],
      psub = list(text = "Phph", cex = 1.5), plot = FALSE)
ADEgS(list(sc1, sc2, sc3, sc4, sv1, sv2, sv3, sv4),
  layout = c(2, 4))
```

用上述方法可计算数据表中所有物种的标量图，将这些标量图存储在一个表中，并用 PCA 分析该表，可根据它们空间分布识别数据集的重要尺度和物种之间的相似性。adespatial 包提供多尺度模式分析(Multiscale Patterns Analysis, MSPA)。

对于 Doubs 整个数据集，执行如下代码，显示 MSPA 的 biplot 图，绘制了 30 个 MEMS 和 27 个物种，但 5 个重要空间尺度(MEM1、MEM2、MEM3、MEM4、MEM5)和 3 个相关物种 Abbr、Cogo 和 Satr 的空间图叠加在 MSPA 因子图上。根据物种空间分布及 MEMS 空间结构的相似性，通过 MSPA 明确显示序列。

```
mspa1 <- mspa(pca.spe, me, scannf = FALSE, nf = 2)
oldpar <- adegpar()
adegpar(plegend.drawKey = FALSE, psub.cex = 1.5)
gme <- s.value(spa, me[, c(1, 2, 3, 4)],ppoints.cex = 0.5, plot = FALSE)
```

```
gv1 <- s.value(spa, spe[, "Abbr"], ppoints.cex = 0.5, psub.text = "Abbr", col = c("
black", "palegreen2"),
    plot = FALSE)
gv2 <- s.value(spa, spe[, "Cogo"], ppoints.cex = 0.5, psub.text = "Cogo", col = c("
black", "palegreen2"), plot = FALSE)
gv3 <- s.value(spa, spe[, "Satr"], ppoints.cex = 0.5, psub.text = "Satr", col = c("black",
"palegreen2"), plot = FALSE)
sc1 <- scatter(mspa1, posieig = "topright", plot = FALSE)
gi1 <- insert(gme[[1]], sc1, posi = c(0.01, 0.4), plot = FALSE)
gi1 <- insert(gme[[2]], gi1, posi = c(0.43, 0.06), plot = FALSE)
gi1 <- insert(gme[[3]], gi1, posi = c(0.75, 0.01), plot = FALSE)
gi1 <- insert(gme[[4]], gi1, posi = c(0.15, 0.78), plot = FALSE)
gi1 <- insert(gv1, gi1, posi = c(0.25, 0.54), plot = FALSE)
gi1 <- insert(gv2, gi1, posi = c(0.4, 0.3), plot = FALSE)
gi1 <- insert(gv3, gi1, posi = c(0.78, 0.24))
adegpar(oldpar)
```

MEMs 的数量可能很高，这种方法提供的结果可能很难解释。mspa()函数中的 nblock 参数允许创建 MEMs 组，这使得解释变得容易了。

4.3 ade4 包

4.3.1 ade4 包功能

R 中的 ade4 包非常适合生态数据的探索性分析。ade4 自在 CRAN 上首次发布以来，一直不断改进，当前版本为 1.7-15，包括 200 多个函数和 100 个数据集。另外，也发展了一些与 ade4 相关的包，构成 ade4 家族，扩展了 ade4 的功能。这些包有：

(1) adegraphics。基于 lattice 包的图形工具，提供了一种灵活性创建和管理图形的框架。

(2) ade4TkGUI。一个界面化的 ade4，必须安装 ade4 包和 adegraphics 包，在加载 ade4tkgui 时自动加载它们。

(3) adespatial。为多尺度空间的多元数据分析提供了工具。

(4) adephylo。它是基于探索性数据分析包(ade4)、系统发育构建包(ape)和系统发育比较包(phylobase)。

一个表方法(one table methods)包括有几个变体的 PCA、有几个变体的多对应分析 CA 和主坐标分析 PCoA。两表方法(two-tables methods)包括惯量(coinertia)分析、工具变量(instrumental variables)的主成分分析 PCAIV，如典范对应分析 CCA、冗余分析 RDA。K 表方法(k-tables methods)包括部分三元分析法、STATIS 法、Foucart 分析法、多重惯性分析法、多因子分析法、STATICO 法等。

在 ade4 中多元分析先进行转化(as. dudi),生成对偶图,然后基于对偶图进行有关分析。dudi 表示 Duality Diagram,它是 ade4 包的核心,函数名称都带有一个"dudi"前缀,并包含 as. dudi 过程。下面介绍 dudi 的所有元素,使用哪些函数来生成和处理它,如何使用它来分析数据表,以及如何将其元素导出 R 之外使用。

在下面的示例中,用 dudi. pca()函数对数据框 env 进行 PCA,执行如下代码:

```
library(ade4)
data(Doubs)
env <- Doubs $ env
env <- env[-8,]
pca1 <- dudi.pca(env, scannf = FALSE, nf = 3)
```

dudi. pca(基于相关矩阵,即 standarded PCA)创建了 pca1 对象,查找 pca1,执行如下代码:

```
class(pca1)＃查看类
is.list(pca1)＃确认是否为 list
length(pca1)＃list 长度
names(pca1)＃list 名称
```

4.3.1.1　dudi 元素

pca1 的确是一个列表,列表长度等于 13(它有 13 个元素)。其中,前 11 个元素是 dudi 对象的基本元素,由 as. dudi()函数提供,最后 2 个元素由 dudi. pca()函数添加。元素如下:

(1) pca1 的第 1 个元素是 pac1 $ tab,这是一个数据表(行为样本,列为变量),变量已经中心化和标准化。

(2) 接下来 2 个元素是 pca1 $ cw 和 pca1 $ lw,它们包含列和行权重。普通 PCA,列的默认值等于 1,行的默认值等于 $1/n$。

(3) 由 dudi. pca()函数计算特征根和特征向量得到的 3 个元素:

① pca1 $ eig:包含特征值的向量。

② pca1 $ rank:在相关矩阵 PCA 中,pca1 $ rank 等于变量个数。

③ pca1 $ nf:选择进行分析的维数,默认值为 2。

(4) dudi. pca()函数计算可变加载和行分数得到的 4 个元素:

① pca1 $ c1 是一个包含主轴(即可变负载)的数据框,其行对应于变量(输入数据表的列),其列是计算加载的轴。

② pca11 $ l1 是一个包含主成分的数据框,其行对应对于样本(输入数据表的行),其列是计算成分的轴。

③ pca1 $ co 是一个包含列坐标(或分数)的数据框,其行对应于变量(输入数据表的列),其列是计算分数的组分,这些坐标的范数等于相应特征值的平方根。

④ pca1 $ li 是一个包含行坐标(或分数)的数据框,其行对应于样本(输入数据表的行),其列是计算分数的轴,这些坐标的范数等于相应特征值的平方根。

(5) 计算结束后,dudi. pca()函数向 pca1 对象添加了 2 个新元素:

① cent 是一个包含变量均值的向量，在非中心 PCA 的情况下，它是 0 的向量。

② 对于 standarded PCA，norm 范数是变量标准差的向量。

4.3.1.2 dudi 可视化

这些 dudi 的元素可用来绘制因子图，展示变量或各个样点。例如，要展示 dudi. pca 计算的载荷和行分数，可执行如下代码：

```
biplot(pca1, posieig = "bottomright")
biplot(pca1, permute = TRUE, posieig = "topleft")
```

在同一图上绘制样点和变量。第一个 biplot 是基于距离的，permute = FALSE（默认情况下），是 pca1 $ li（样点，带标签）和 pca1 $ c1（环境变量为向量，带箭头）的叠加。第二个 biplot 是基于相关的，permute = TRUE，是 pca1 $ co（变量，带标签）和 pca1 $ l1（样点为向量，带箭头）。除了距离/相关图，还有一个特征值被插入到 biplot 中，展示每个主成分的重要性，所以称为双图 biplot。

score()函数是 ade4 的另一个通用图形函数。

4.3.2 ade4 操作

ade4TkGUI 为利用 ade4 进行多元分析提供了友好界面操作，适合 R 初学者。该包的核心是 ade4TkGUI ()函数，用该函数打开 GUI 窗口。在开启 GUI 窗口时，可以给此函数设置两个参数"show"和"history"，其中，show 确定执行 GUI 的任何操作是否将有关命令展示在 R 控制台上，如果 show = TRUE，执行 GUI 操作后单击"submit"按钮，GUI 操作有关命令就会出现在 R 控制台。如果参数 history 设置为 true，则执行 GUI 操作的命令也存储在. Rhistory 文件中，用户可轻松地检索它们。

在主 GUI 窗口中，按功能分组的按钮有：Data sets、One tableanalyses、One table analyses with groups、Two tables analyses、Graphic functions、Advanced graphics。为了避免混淆，只显示有限函数子集，一些不常用函数可通过窗口顶部的菜单获得。下面以 Doubs 数据集为例，介绍 ade4TkGUI ()的有关操作。

首先，在 R 控制台中输入 library(ade4TkGUI)→ade4TkGUI(show = TRUE, history = TRUE)，打开 ade4TkGUI 窗口。

在 ade4TkGUI 界面，单击 load a dataset，在弹出的对话框中，选择 Doubs 数据库，单击 choose 并确定，这样就成功加载了数据集。

当单击 PCA 按钮时，会出现一个新窗口，即 dudi. pca()函数的 GUI 窗口，然后单击 set 显示用户中所有可用的数据框，在 input data frame 选择"Doubs $ fish"后，行和列(30, 27)就显示在旁边。dudi. pca()函数的输出是 dudi 对象（即 duality diagram，一个具有许多组件的列表），可以在 Output dudi name 字段中键入对象名称，如 spe. pca。如果这个领域空着不填，会自动生成 untiltled1。还可进行 PCA 的其他设置，包括 centring 与 standardization、principal axes 数目、row 与 column 权重。

然后，单击"submit"按钮启动 PCA 计算，完成后，如果在上一个窗口中选择了指定主轴数量的选项，则会询问用户选择要计算行和列分数的轴数，执行后特征值条形图就显示出来了。计算分数后，显示 dudi 窗口，此窗口显示分析的摘要，并以按钮的形式显示 dudi 对象的元素，这些按钮都可以用来绘制相应元素的图形，并展示在 RStudio 中。例如，行和列坐标按钮绘制经典因子图。在窗口的下部，可以选择使用哪些轴来绘制这些图。

根据显示的 dudi 特性，用最后一行按钮访问特殊图形。如在 PCA 情况下，"s. corcircle"按钮允许绘制相关圆。"scatter"按钮绘制了一个双图，其中有一个小的特征值图。这些附加按钮适合显示 dudi 类型，允许通过绘制图形来说明这个 dudi 的特性。

参考文献

[1] Borcard D, Gillet F, Legendre P, 2011. Numerical Ecology with R. New York: Springer.

[2] Cutler D R, Edwards T C, Beard K H, et al., 2007. Random forests for classification in ecology. Ecology, 88: 2783-2792.

[3] De'ath G, Fabricius K E, 2000. Classification and regression trees: A powerful yet simple technique for ecological data analysis. Ecology, 81: 3178-3192.

[4] Dray S, Thioulouse J, 2007. Interactive multivariate data analysis in R with the ade4 and ade4TkGUI packages. J. Statistic. Softw. http://www.jstatsoft.org/v22/i05.

[5] Hanley J A, McNeil B J, 1982. The meaning and use of the area under a receiver operating characteristic (ROC) curve. Radiology, 143: 29-36.

[6] Hira Z M, Gillies D F, 2015. A review of feature selection and feature extraction methods applied on microarray data. Adv. in Bioinform.

[7] Pouteau R, Meyer J Y, Taputuarai R, et al., 2012. Support vector machines to map rare and endangered native plants in pacific islands forests. Ecological Informatics, 9(3): 37 - 46.

[8] Rositano F, Bert F E, Pineiro G, et al., 2017. Identifying the factors that determine ecosystem services provision in pampean agroecosystems (argentina) using a data-mining approach. Environ. Develop., 25: 3-11.

[9] Siraj-Ud-Doula M, Alam M, 2018. Ecological data analysis based on machine learning algorithms. arXiv preprint arXiv: 1812.09138.

[10] Staniak M, Biecek P, 2019. The landscape of r packages for automated exploratory data analysis. R Journal arXiv: 1904.02101v3.

[11] Thioulouse J, Dray S, Dufour A-B, et al., 2018. Multivariate analysis of ecological data with ade4. New York: Spring.

第5章　空间数据与云计算

随着遥感(RS)、地理信息系统(GIS)和全球定位系统(GPS)技术的广泛应用,越来越多的空间数据用于揭示种内、种间各种关系,发掘生物多样性分布和变化模式等。

空间数据挖掘涉及空间属性(如高程、经纬度等)和非空间属性(如种群等)数据,同时考虑空间对象之间的隐式关系(如拓扑、距离和方向关系),比经典数据挖掘要复杂得多,需要新的技术和方法。

本章主要介绍空间数据表达与可视化、空间特征提取、空间格局建模方法,以及整合 R 和 QGIS 开展云计算。

5.1　空间数据与表达

5.1.1　栅格数据

地理空间数据是用来描述空间实体的位置、形状、大小及其分布等信息的。通俗地讲,地理空间数据是具有地理坐标及与坐标相关的数据,如地图、遥感数据和物种分布数据等,分为矢量数据和栅格数据。

栅格数据是一种以表格形式表示空间实体。栅格数据还包括与地理(几何)数据相关联的非空间数据,如保护区内部一些位点的高程数据、温度和物种观察等数据,统称为属性数据。

遥感数据也是栅格数据,它是生态学研究的一个很重要的数据源,通过解译可获取一些环境参数,如地表覆盖类型(河流、森林、草原或居民区),也能识别植被状况等。此外,地形、地貌等数据,也是从遥感数据衍生得到的。因此,多数地理空间特征与遥感影像有关。

生态学常用 Landsta/TM 和 Sentinel 遥感图像。遥感数据的精度和适用性如下:

(1) Landsta/TM 图像。可检索到 1972 年,最小分辨率为 30 m,分类精度高,地学综合信息丰富,用于小范围分析以及专题制图。

(2) MODIS 数据。可检索到 1999 年,对于时间序列分析,MODIS 数据(250 m、500 m 或 1000 m 的空间分辨率)是一个不错的选择。

(3) Sentinel 数据。可检索到 2013 年，空间分辨率为 10～60 m，可用于监测全球区域尺度、长时间跨度变化的土地利用/土地覆盖变化研究。

遥感数据的数据结构见图 5.1。图中一个光谱波段为一个图层(z)，如红、绿或蓝光波段，每一图层由行(i)、列(j)构成 $i \times j$ 个单元格(cell 或像素)，cell 大小表示空间分别率。每个 cell 都有一个 id，且都有一个数值，取值范围为 0～255(0 亮度弱，255 亮度强)。

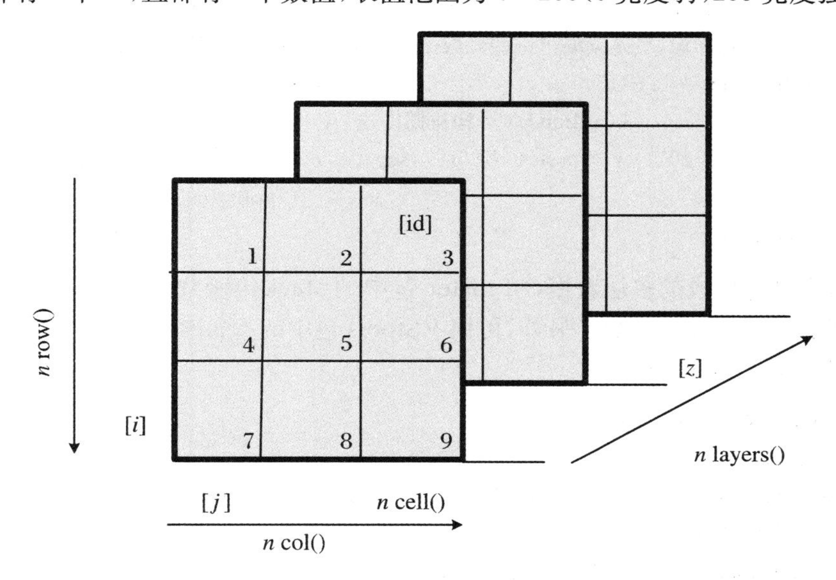

图 5.1

可从 USGS、NASA 和 ESA 等网站检索并下载。例如，可根据经纬度或轨道号(WRS-2 path 和 row，查询网址 https://landsat.usgs.gov/ard_tile)，到门户网站 ESDI(http://www.landcover.org/)和 EarthExplorer (http://earthexplorer.usgs.gov/)等下载，还可以通过 QGIS 下载 Landsat、Sentinal-2、ASTER 和 MODIS 等数据。此外，R 中 SkyWatchr、Sen2r 包，以及 raster::getData()函数可用于查找、下载 Landsat、MODIS、Sentinel 影像。

RGIStools 包是一个工具箱，以半自动、标准化的方式处理 Landsat、MODIS 和 Sentinel 时间序列，包括搜索和预览特定区域和时间影像、图像拼接、裁剪以及预处理等功能。

下载的 Landsta 附带一组元数据，提供图片获取时间、处理级别或数据投影、校准或再标度系数等信息，文件名称也标注了一些信息，如 LT52240632011210CUB01，“LT5”表示数据来自 Landsat 5 TM 卫星，“224063”表示条(224)/带(063)号，“2011210”表示于 2011 年第 210 天(儒略日，即 7 月 29 日)拍摄，“CUB”指接站代码，“01”为产品级别。

下面以 Martin Wegmann 等(2014)数据集(来源 http://book.ecosens.org/data/，后面常用到该数据集，简称为 MW 数据集)为例，说明在 R 环境中加载、处理遥感数据的方法。

在 R 中，用 raster 包中 raster()函数读取栅格数据(raster 后面不带括号时表示 raster 包，后面带有“()”时表示一个函数)。对于多波段遥感影像，可利用 raster()逐个波段读取，然后聚合并保存为一个多波段的 RasterStack 文件，代码如下：

```
library(raster) # 用 raster()逐个波段读取
b1 <- raster("raster_data/LT52240632011210/LT52240632011210CUB01_B1.TIF")
b2 <- raster("raster_data/LT52240632011210/LT52240632011210CUB01_B2.TIF")
b3 <- raster("raster_data/LT52240632011210/LT52240632011210CUB01_B3.TIF")
```

```
…
p224r63_2011 <- stack(b1,b2,b3, …, b12) #raster 包中用 stack()函数把各个波段合起来
```

也可执行如下代码：

```
library(raster) #用于读取栅格数据
allBands <- list.files("raster_data/LT52240632011210/", pattern = "TIF",
  #加载遥感影像,只是读取了一些元数据和该文件的路径,没真正读取文件
    full.names = TRUE)
p224r63_2011 <- stack(allBands) #构建栅格栈
names(p224r63_2011) <- paste("b",1:7,sep = "") #修改所有波段名称为 b,注意 paste 与
                                               paster0 的区别
p224r63_2011
```

对于多个文件构成的多层数据,用 raster 包中的 stack()函数读取并保存,对于单个文件构成的多层,用 brick()函数。另外,可用 RStools 包中的 readMeta()函数,通过读取元数据来创建 R 对象,代码如下：

```
library(RStoolbox) #加载包
meta2011 <-
readMeta("raster_data/LT52240632011210/LT52240632011210CUB01_MTL.txt")
  #读取元数据
summary(meta2011) #查看元数据
p224r63_2011 <- stackMeta(meta2011) #导入元数据,加载单个 GeoTIFF 遥感数据,生成栅
                                    格栈
```

关于遥感影像 R 对象的保存,栅格数据都采用 writeRaster(),存储格式有如下几种：

(1) raster 格式。在默认情况下,writeRaster()存储数据为栅格形式,附带一个包含元信息(如投影或层名)的头文本文件(.grd)和包含实际数据的二进制文件(.gri)。如果大部分工作在 R 中完成,建议使用栅格形式,因为它不需要任何外部驱动,更重要的是,可跟踪图层名称。该格式文件比.tiff 文件大。

(2) GeoTIFF 格式。一个 GeoTIFF 通常附带两个文件：*.tif 和 *.tfw, *.tif 用于保存图像,*.tfw 用于保存关于地理参考的信息。如果经常在不同 GIS 系统之间切换,建议使用 GeoTIFF 格式,因为任何 GIS 软件都支持该格式,但不会保存层名。此外,在 R 中读和写 GeoTIFF 文件比使用栅格格式慢。

(3) 其他格式。与 raster 格式相似,包括 ASCII(*.asc)、JPEG(*.jpg)和 GIFs(*.gif)。

上述导入 R 环境中的遥感数据,保存以可释放内存,执行如下代码：

```
writeRaster(p224r63_2011, filename =
      "LT52240632011210.tif",overwrite = TRUE) #GeoTIFF 格式可在多种 GIS 系统使用
writeRaster(p224r63_2011_sdos, "p224r63_2011.grd",
            format = "raster",
            overwrite = TRUE)
```

R 基础函数 plot()适用于 raster 和 spatial 数据,也可采用 raster::plotRGB()函数绘图。

5.1.2 矢量数据

矢量数据是具有几何和拓扑属性的数据，如地图和专题图，它们是用点、线、面形式来描述实体的空间属性的，见图 5.2。

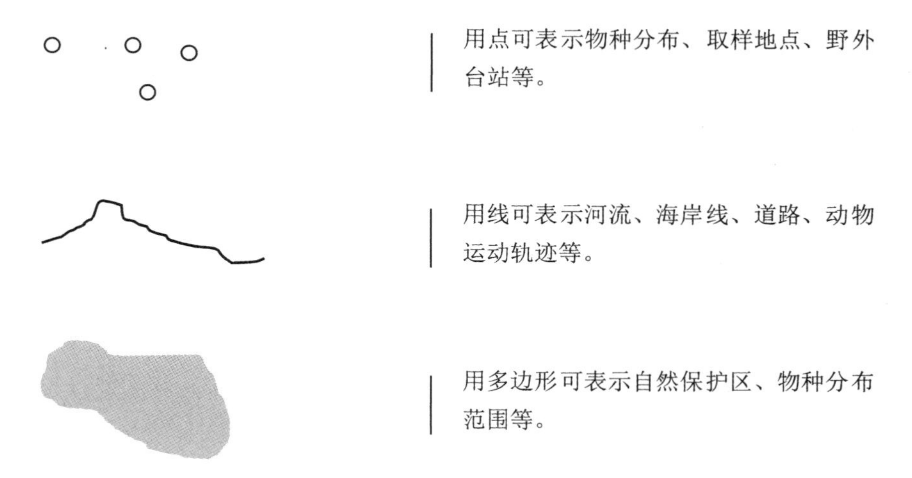

图 5.2

矢量数据本质上是电子表格的扩展，其中每一行对应于特定位置，列与存储有关点、线或面的信息。在 QGIS 软件打开矢量文件，能够看到包含每个空间位置的表，即属性表(attribute table)。比如，用一个多边形来表示一个自然保护区，在属性表里，可包含保护区大小、IUCN 保护等级、濒危物种数量等信息。

矢量数据最常见的格式之一是 ESRI 规定的 Shapefile，一个 Shapefile 文件常由扩展名为 * .shp(存储几何特征的必需文件)、* .shx(存储特征几何索引的必需文件)、* .dbf(存储属性信息的数据库表)和 * .prj(存储坐标系统信息的文件)的文件组成，丢失或删除其中一个，就会破坏数据层。

研究区和样点等数据一般来自人工测量或勘察，主要格式包括 SpatialPoints、SpatialLines 和 SpatialPolygons。在 R 中，rgdal 包、maptools 包、PBSmap 包具有导入空间矢量文件(如 shapefiles、KML 或 GPX)的函数，一般使用 rgdal::readOGR()，它支持任何文件格式，直接导入 sp 包的 Spatial * 类，并且在导入投影方面做得很好。

readOGR()的语法取决于要读取的文件。对于 shapefile，需要分别提供路径(数据源名称，DSN)和文件名 basename(层)，如果文件在当前目录中，数据源用一个“.”表示，读取文件时，不需要指定扩展名，因为一个 shapefile 不是一个文件。

在 MW 数据中有三个区域 shapefile 文件，包括研究区域并包含两个保护区(PA)。对于这些矢量数据，除了位置信息外，各自附带一个属性表，例如，研究区为一个多边形，附带一个有 10 个属性值的属性表，每个保护区为一个多边形，分别附带一个有 7 个属性值的属性表。此外，还有 GPS 点和 roads 矢量数据。

对于研究区、保护区和道路，用 rgdal 包读取和保存这些矢量文件，执行代码如下：

```
library(rgdal)
```

```
studyArea <- readOGR("vector_data", "study_area_UTMnorth") #研究区
writeOGR(studyArea, dsn = ".", "studyArea", driver = "ESRI Shapefile")
pa <- readOGR("vector_data", "PAs_UNEP_WCMC_p224r63") #读取保护区的矢量数据
writeOGR(pa, dsn = ".", "pa", driver = "ESRI Shapefile")
roads <- readOGR("vector_data", "roads_p224r63_UTMsouth") #读取道路
writeOGR(roads, dsn = ".", "road", driver = "ESRI Shapefile")
```

对于采样点,有时为 GPS 数据(.gpx 文件),导入语法与 shapefile 略有不同,数据源是文件本身,由 dsn 参数指定,层为点。例如,读取 MW 数据集中.gpx 文件的代码如下:

```
gpsPoints <- readOGR(dsn = "vector_data/field_measurements.gpx", layer = "waypoints")
writeOGR(gpsPoints, "path","filename",driver = "ESRI Shapefile") #保存
```

有时采样点是电子表格 csv 形式,包括 x、y 坐标,以及与采样点有关的数据列。这样的数据加载到 R 中后,要进一步转换成为 sp,并添加投影(如果不清楚,参考前面有的坐标系添加),代码如下:

```
csv_file <- read.csv("vector_data/csv_file_locationdata.csv")
csv.sp <- SpatialPoints(coords = csv_file[, c("X", "Y")]) #转化为 sp(只含坐标)
csv.sp
csv.spdf <- SpatialPointsDataFrame(csv_file[, c("X", "Y")], #添加 3~5 列属性值
                                    data = csv_file[3:5])
csv.spdf
writeOGR(csv.spdf, "vector_data/processed/","csv_spdf_as_shp",driver = "ESRI Shapefile")
  #保存新建 SpatialPointsDataFrame
```

5.1.3 可视化

遥感数据比较大,需要根据研究区域大小,将遥感数据裁剪到研究区域的范围,减少计算机负荷,提供速度。另外,矢量数据和栅格数据的坐标系或范围可能不同,需要统一坐标系。下面以 MW 数据集为例,介绍数据可视化。

5.1.3.1 查看坐标系和范围

一些 GIS 专业软件,在处理空间数据时,常用两种坐标系:地理坐标和投影坐标(由 EPSG 代码或 PROJ4 字符串指定)。

(1) 地理坐标系(geographic coordinate systems)。目前使用广泛的地理坐标系统为 WGS84,如 GPS 就是基于 WGS84 定位的,其 EPSG 代码为 4326。

(2) 投影坐标系(projected coordinate systems)。将三维地理坐标系转化为二维,就成为投影(map projection)。常用的投影包括:

① 等矩矩形投影(platte carre)。GIS 软件默认的。

② 墨卡托投影(mercator)。包括伪墨卡托投影(pseudo-mercator),也被称为球体墨卡托,其 EPSG 代码为 3857。另外,还有 Web mercator,它是把 WGS84 坐标系投影到正方形。

R 中一些函数允许操作具有不同 CRS 的对象,在处理空间数据时,必须确认数据参考

系统。如果处理的数据坐标系不一致，需要重新投影。在 R 中读取栅格/矢量文件，利用 CRS()和 projection()函数检查 CRS，检查多个对象具有相同的 CRS，用 identicalCRS()，代码如下：

```
projection(p224r63_2011) #查看坐标系
# +proj=utm +zone=22 +datum=WGS84 +units=m +no_defs+ellps=WGS84 +towgs84
  =0,0,0
projection(roads)
"+proj=utm +zone=22 +south +datum=WGS84 +units=m +no_defs +ellps=WGS84 +
  towgs84=0,0,0"
projection(pa)
# +proj=longlat +datum=WGS84 +no_defs +ellps=WGS84+towgs84=0,0,0
identicalCRS(p224r63_2011, roads) #查看是否一致
```

返回的结果为 proj4 字符串。在网站 http://spatialreference.org/可依据 EPSG 代码，查看与之对应的 proj4 字符串，还可以使用 prj2epsg.org 服务上传.prj 文件并获得匹配的 EPSG 代码。在 R 中，可执行如下代码，来获取有关信息：

```
epsg <- make_EPSG()
library(tidyverse)
epsg %>%
filter(code == 21781) #根据 EPSG 代码获得 Proj4 字符串
epsg %>%
  filter(str_detect(prj4, "laea")) #根据 Proj4 字符串关键词获取 EPSG 代码
```

根据上面的两个输出(带有#的行)看，crs 返回的是一串符号和数字组合，这就是 proj4 格式。坐标系统由如下几个关键组件定义：

(1) 坐标系统。x、y 网格用于定义一个点在空间中的位置，其中，+proj=utm 表示投影坐标系，+proj=longlat 表示地理坐标系(有纬度和经度)。

(2) 水平和垂直单位。沿 x、y(和 z)轴定义网格的单位。在投影坐标系中，+units=m 表示坐标单位为米，在地理坐标系中，若没有出现，默认为度。

(3) 基准。地球形状模型，它定义了坐标系空间中的原点，datum=WGS84 指坐标系中使用的坐标系的(0,0)基准。

(4) 投影信息。用来使圆形表面(地球)上的物体变平的计算方法。+ellps=WGS84 表示地球圆度的计算方法为 wgs84。

(5) 另外，+zone 是投影坐标系特有的，+zone=11 区，指美国西海岸的一个地区。+toWGS84=0,0,0 是一个转换因子，如果 datum 转换需要，则使用该因子。

从坐标查询的结果看，p224r63_2011 与道路都是投影坐标(+proj=utm)，但存在参数差异，道路是 UTM south，而 p224r63_2011 是 UTM north(只有“south”标出，“north”是不标出来的)。保护区完全不同前面两个，它采用的是地理坐标(+proj=longlat)。如果将保护区和道路同时绘在 p224r63_2011 上，则道路不会显示出来。

另外，也可通过检查各个矢量和栅格数据的范围是否一致，帮助检查所采用的坐标系是否相同，可执行如下代码：

```
extent(p224r63_2011) #检查范围是否一致
```

```
extent(pa) #可看出 extent 与 p224r63_2011 的不同
extent(roads)
```

5.1.3.2 统一坐标系(重投影)

利用 proj4string()可给一个矢量文件赋值一个坐标系。例如,前面创建的 csv.shp 文件没有坐标系,执行如下代码,可添加一个坐标系:

```
crs(csv.sp)
proj4string(csv.spdf) <- CRS("+proj=utm +zone=10 +datum=WGS84")
  #设置一个坐标
```

用 spTransform()重新投影类 sp 对象,通过拷贝 Proj4 字符串,给一个矢量对象创建一个坐标系,或用 EPSG 代码创建 CRS 对象。对于两个文件,确保坐标系一致,可以用其中一个文件作为模板,对另外一个文件进行重投影。例如,本例按照 p224r63_2011 坐标,对所有数据进行重投影,执行如下代码:

```
pa_utmN <- spTransform(pa, CRS = crs(p224r63_2011)) #按照 p224r63_2011 坐标重投影
roads_utmN <- spTransform(roads, crs(p224r63_2011))
identicalCRS(pa_utmN, p224r63_2011) #检查两个坐标是否一致
identicalCRS(roads_utmN, p224r63_2011)
plotRGB(p224r63_2011, r = 1, g = 2, b = 3, stretch = "lin")
  #通过 stretch 拉伸,可提高清晰度
plot(csv.spdf, col = "blue", add = TRUE)
plot(pa_utmN, col = "black", border = "green", add = TRUE)
plot(roads_utmN, col = "red", add = TRUE)
```

与重投影栅格数据方式类似,使用 projectRaster()重新投影 raster 对象。然而,重投影栅格数据后,新的像素位置发生改变,一般选择重投影矢量数据以匹配栅格投影,而不是重投影栅格以匹配矢量投影。

5.1.3.3 裁切与可视化

对于研究区域,可使用 raster 中的 crop()函数来裁剪研究区(该函数可操作 raster*,也可操作 sp*数据)。在数据集中,有两个多边形区域,如果只关注其中的 parakan,则先提取数据框架中的 parakan 子集,然后使用 crop()裁切,并用 mask()保持多边形的不规则轮廓(将栅格值保存在所选内容中,将所有其他内容设置为 NA)。执行如下代码:

```
pa_utmN$name #查看研究区,pa 包括两个多边形,查看其名称
parakan <- pa_utmN[pa_utmN$name == "Parakan", ]#生成含 parakan 子集
p224r63_2011_parakan <- crop(p224r63_2011, parakan)#裁切
p224r63_2011_maskPA <- mask(p224r63_2011, parakan) #仅掩饰保护区以外的区域
p224r63_2011_cropmaskPA <- mask(crop(p224r63_2011, parakan),
  #掩饰并清除保护区以外的区域
```

以遥感影像栅格为底图,在其上添加点、道路、研究区等矢量数据,并可视化,可用 points()和 lines()添加到栅格图形中,代码如下:

```
plot(p224r63_2011)#绘制7个波段图
plot(p224r63_2011, 5, col = grey.colors(100),alpha = 0.5)#绘制第5波段
plotRGB(p224r63_2011, r = 1, g = 2, b = 3, stretch = "lin")
  #函数默认为1=红、2=绿和3=蓝波段,也可以自定义;stretch拉伸,取值his、lin等,可提高
    清晰度
points(csv.spdf, col = "blue") #等同于plot(…, add=TRUE)
```

也可用plot()来添加,代码如下:

```
plotRGB(p224r63_2011, r = 1, g = 2, b = 3, stretch = "lin") #绘图
plot(csv.spdf, col = "blue", add = TRUE)
plot(pa_utmN, col = "black", border = "green", add = TRUE)
plot(roads_utmN, col = "red", add = TRUE)
```

QGIS或Quantum GIS是一个开源GIS软件,它提供了数据显示、编辑和分析功能,可以在多种操作系统上运行,包括Mac OS X、Linux、UNIX和Windows。用QGIS可以很方便地完成上述操作,具体使用方法可参考有关网络资源。

5.2　区域特征构建

5.2.1 整合R与QGIS

由于空间数据处理包的研发,R在很大程度上可充当GIS。但R既不是空间数据管理系统,也不擅长大数据操作,如点云处理(point cloud processing)。云计算可缓解该问题,但多数R用户仍然在本地机器上工作。另外,R缺乏GIS的一些基本功能,如只能执行部分拓扑操作。再如,R不能从数字高程模型DEM导出各种地形属性。

为了发挥R和GIS的优势,提升空间数据处理和分析能力,德国Jannes Muenchow和Patrick Schratz博士开发了RQGIS程序包,通过QGISpythonAPI,在R环境中访问QGIS模块。R与QGIS链接后的RQGIS包具有如下特性:

(1) RQGIS访问Python QGIS API,但R用户可保持在熟悉的R编程环境中,而无需接触Python,从R内访问本地QGIS算法。

(2) QGIS本身集成了多个第三方软件,包括GDAL、SAGA GIS、GRASS GIS等。RQGIS将这些资源带到R环境,仅使用一个包RQGIS就能够访问SAGA和GRASS,RSAGA和spgrass6仍然很有用。

(3) RQGIS支持使用R包reticulate无缝集成python代码,以提高扩展性。

关于RQGIS包的安装,首先在Windows上安装QGIS、GRASS-GIS和SAGA-GIS,可选QGIS installer安装,同时安装GRASS和SAGA。如果使用第三方软件,如GDAL、GEOS、Taudem、OTB、PostGIS等,从网站https://www.qgis.org/en/site/forusers/download.html获取OSGeo4W安装程序。参考RQGIS/vignettes/install_guide有关网站,安装

步骤如下：

（1）右键点击 OSGeo4W installer，运行→Advanced Install，随后接受默认设置，到达“Select Connect Type”。网络链接方式可以选择 Direct Connection，或者选择 Use HTTP/FTP Proxy 自己定义代理。

（2）接下来，选择包下载站点，可选择 http://download.osgeo.org，可用 OSGeo4W 的镜像，在 User URL 里输入 http://gwmodel.whu.edu.cn/mirrors/osgeo4w，然后点击“Add”按钮即可添加。

（3）进入“Select Packages”窗口，展开 commandline_Utilities，选择工具如 gdal 和 python-core。另外，选择 Desktop-GIS GRASS、Orfeo Toolbox、SAGA 和 QGIS，可同时安装新版和稳定版 QGIS，在默认情况下 RQGIS 将使用稳定版，其余保留。接下来单击“Next”，将启动下载和安装过程。

（4）若修改、卸载或更新已安装组件，稍后可运行./OSGeo4W/bin/osgeo4w-setup.exe。

接下来在 R 环境运行如下代码，安装 RQGIS：

```
Install.packages(“remotes”)
install_GitHub("jannes-m/RQGIS3")
```

要在 R 环境下正确使用 QGIS，首先创造一个 QGIS 环境，即通过 set_env()设置 QGIS 工作路径，即 QGIS 的根目录。Windows 上通过 OSGeo4W 安装的 QGIS 根目录为 C:/OSGeo4W～1，在 Linux 系统安装的 QGIS 根目录为/usr。随后，由 open_app()设置从 R 内运行 QGIS 所必需的路径，并最终创建一个 R 专用的 QGIS。

```
library(RQGIS3)
et_env()#运行 QGIS 的各种路径
open_app()#开启 QGIS 功能
```

接下来就可以在 R 中运行 QGIS、SAGA 和 GRASS 等各种地理算法，首先用 find_algorithms()搜索 QGIS 中有关算法名称，用 open_help()和 get_usage()找出算法参数，然后指定函数参数，包括算法、输入和输出，并运行。

具体用法可参考网页 https://www.r-bloggers.com/rqgis-0-1-0-release/。下面是一个用 RQGIS 计算秘鲁国家中心点坐标的例子，步骤和代码如下：

```
library(raster)
library(rgdal)
x <- getData("ISO3") #区划国际代码
x[x[, "NAME"] = = "Peru", ] #查找地区国家代码
peru<- raster::getData("GADM", country= "PER", level=1)#包含省区划
find_algorithms(search_term = "centroid", name_only = TRUE) #搜索多边形质心算法
alg = "native:centroids"
open_help(alg)#如何指定算法以及参数
get_usage(alg)
params = get_args_man(alg)
params
params$INPUT = peru
```

```
params $ OUTPUT = file.path(tempdir(), "peru_coords.shp")
out = run_qgis(alg = "native:centroids", #运行算法并输出结果
               INPUT = peru,
               OUTPUT = file.path(tempdir(), "ger_coords.shp"),
               load_output = TRUE)
```

5.2.2 自然地理要素

物种分布或种群密度与多种因素有关,建模需要这些要素的梯度,如海拔、坡度、集水面积和 NDVI 等环境预测要素。部分变量,如坡度、方位以及集水区面积等地形特征,可从高程(DEM)数据计算得到。

EarthExplorer 提供空间分辨率为 30 m 的全球数字高程(ASTER),常用的 DEM 来自 Shuttle Radar Topography Mission(SRTM),可用 raster::getData()函数获取特定区域高程数据,也可用 elevatr 包下载,代码如下:

```
#下载研究区域高程数据
library(rgdal) #用于读取研究区矢量数据
studyArea <- readOGR("vector_data", "study_area_shp")
class(studyArea)
library(elevatr) #加载访问 DEM 数据 API 的包
elevation <- get_elev_raster(studyArea, z = 9) #下载区域高程数据, z="zoom"
writeRaster(elevation, filename = "studyArea_dem.tif") #释放内存
elevation <- raster("raster_data/dem.tif")
plot(elevation) #绘制高程图
plot(studyArea, add = TRUE) #添加研究区图
dev.off
```

利用高程数据,通过空间插值方法,可以获取整个研究区域内的各个采样地点的坡度、坡向等特征信息。首先在样点周围划定一个缓冲区,即希望计算的区域,执行如下代码:

```
pts <- readOGR(".","csv_spdf_as_shp") #读取点数据,按照样点裁切高程数据
crs(pts) #查看点坐标系
extent(pts) #查看样点范围
crs(elevation) #查看高程坐标系
extent(elevation) #查看高程地理范围
E <- extent(pts) + c(-900, 900, -900, 900) #每个点周围增加 900 m 缓冲区
elevation_crop <- crop(elevation, E) #用带有一定面积缓冲区点裁切高程数据
plot(elevation_crop) #绘制裁切后的高程图
points(pts, pch=25, cex=.5) #增加样点
```

然后,利用相关函数,通过空间差值方法可以获取坡度、坡向等特征。

```
#计算地形参数并绘图
slope <- terrain(elevation_crop, "slope")
aspect <- terrain(elevation_crop, "aspect")
```

```
eastwest <- sin(aspect) #因为 aspect 为圆弧,需要依靠方向才能确定 aspect
northsouth <- cos(aspect)
TPI <- terrain(elevation_crop, "TPI") #地形位置指数
TRI <- terrain(elevation_crop, "TRI") #地形崎岖指数
roughness <- terrain(elevation_crop, "roughness")
flowdir <- terrain(elevation_crop, "flowdir")
names(eastwest) <- "eastwest" #重新命名
names(northsouth) <- "northsouth"
names(elevation_crop)<-"elev"
topo <- stack(elevation_crop, slope, eastwest, northsouth, TPI, TRI, roughness, flowdir)
  #生成栅格栈
plot(topo)
```

为了计算集水面积和集水坡度,利用 saga::sagawetnessindex()函数,用 get_usage()返回特定地理算法的所有函数参数和默认值。有关代码如下:

```
library(RQGIS3)
set_env()#运行 QGIS3 的各种路径
open_app()
find_algorithms(search_term = "wetness")#查找 wetness 算法
get_usage("saga:sagawetnessindex")#算法参数
ep = run_qgis(alg = "saga:sagawetnessindex",
       DEM = elevation,#输入层
       SLOPE_TYPE = 1, #集水坡
       SLOPE = tempfile(fileext = ".sdat"),#保存为 SAGA 栅格形式
       AREA = tempfile(fileext = ".sdat"),
       AREA_MOD = tempfile(fileext = ".sdat"),
       TWI = tempfile(fileext = ".sdat"),
       load_output = TRUE,#输出到 R 中
       show_output_paths = FALSE)
ep = stack(c(elevation, ndvi, ep))
```

在这里,有一个 ndvi,即植被指数,这个数据是从遥感影像获取的。下面介绍如何从遥感影像获得有关植被特征。

5.2.3 遥感与植被特征

遥感影像是宏观生态学研究的重要数据源,通过解译影像可获取一些重要环境参数,如地表温度(Land Surface Temperature, LST)、地表覆盖类型(河流、森林、草原或居民区)以及植被状况(植被指数 VIs)等,进一步可获得土地利用类型,这些参数常作为生态建模的预测变量。

5.2.3.1 波段及光谱值

遥感影像的光谱分辨率(波段数)存在差异。例如,landsat 5 TM 数据,每个栅格有 7 个

波段，而 landsat 7 影像是通过增强型专题制图仪（Enhanced Thematic Mapper，ETM）传感器获取的，从 EarthExplore 网站下载文件，解压后，文件夹共有 14 个文件，分为两类：

（1）文本文件。包括 MTL、ANG、GCP 三个文件，MTL 是影像的元数据，ANG 记录了影像的投影方式，可以用来做几何校正，GCP 是指校正地面控制点。

（2）影像文件。一共有 10 个，包括 1～8 个波段和 1 个 BQA，均为 tif 格式，除了波段或 BQA，其名称均为 LE07_L1TP_009066_20000922_20170209_01_T1_。

landsat 7 卫星影像各个波段的情况如下：

（1）波段 8。全色波段（Panchromatic，PAN 波段），波长为 0.52～0.90 μm，分辨率为 15 m，多用于获取地面的几何特征。

（2）波段 7。中红外（mid-infrared），波长为 2.08～2.35 μm，分辨率为 30 m，该波段对岩石、特定矿物反应敏感，用于区分主要岩石类型、与岩石有关的黏土矿物等。

（3）波段 6。热红外（thermal），波长的 10.40～12.50 μm，分辨率为 60 m，包括低增益（VCID_1）和高增益（VCID_2）。该波段对地物热辐射敏感，根据辐射热差异可用于作物与森林区分，水体、岩石等地表特征识别。

（4）波段 4～5。近红外（near-infrared），波长为 0.77～1.75 μm，分辨率为 30 m。这两个波段反映大量植物信息，多用于植物的识别、分类，同时用于勾绘水体边界，识别与水有关的地质构造、地貌等。

（5）波段 1～3。可见（visible）光，波长为 0.45～0.69 μm，分辨率为 30 m。这些波段提供了裸露地表、植被、岩性、地层、构造、地貌、水文等特征信息，可用于区分植物类型、覆盖度，判断植物生长状况等。

虽然遥感影像的光谱分辨率（波段数）不同，基本都包括可见光、近红外（NIR）、中红外（MIR）和热红外（TIR）等波段，其中，可见光只占电磁辐射的小部分，近红外、中红外和热红外辐射携带了丰富的地表信息。

依据处理情况，可将遥感数据分为多个级别，包括：Level 0（原始数据）、Level 1（经过辐射校正）、Level 2（经过辐射校正和系统级几何校正）、Level 3（采样地面控制点对几何校正模型进行修正）、Level 4（采用地面控制点和数字高程模型对几何校正模型进行修正）。下载遥感数据时，尽可能选择较高级别数据，避免数据预处理。

对于 Level 1 数据，有 DN 值，即数字量化值（Digital Number，DN）或没有进行辐射标定的像素值（无物理意义）。提取 DN 值，不需要经过预处理。

对于单个栅格层，如蓝光，其光谱值类似于矩阵（按照 ID 首先从左到右，然后从上到下顺序）排列，在 R 中使用方括号查询光谱值。对于栅格栈（包含 7 波段），其光谱值类似于列表排列，可按列表查询。

下面是查看和提取栅格值的代码：

```
values <- p224r63_2011 $ b1[1, ] #第 1 层，第 1 行，等同于 p224r63_2011[[1]][1, ]
head(values) #查看前 6 个值
values <- p224r63_2011 $ b1[,7:300] #第 1 层，第 7～300 列
values <- p224r63_2011 $ b5[3:7, 90] #第 5 层，第 3～7 行，第 9 列
p224r63_2011[[2]] #第 2 层，所有光谱值概要
p224r63_2011[c(1,3,7)] #第 1 层，前 3 行，7 波段光谱值
values <- p224r63_2011[[5]][3:7, 90] #第 5 波段，第 3～7 行，第 90 列值
```

```
values <- p224r63_2011[3:7, 84] #第3~7行,第84列,7波段值
```

在实际研究中,重点关注的是样点的光谱值。因为点可能涵盖特定周围,如集水区或取样 plot,这时可设置一个特定半径的缓冲区。接下来,通过空间坐标或多边形查询,并提取点或缓冲区的光谱值。

```
ptVals <- extract(p224r63_2011, y = csv.spdf) #依据空间点搜索相应的像素,并返回光谱值
pts_sd <- extract(p224r63_2011, y = csv.spdf,
        buffer = 500,fun = sd)#产生一个 buffer,并计算标准差
pts_sd <- extract(p224r63_2011[[3]], y = csv.spdf, buffer = 500)
  #提取 buffer 内的光谱值
str(pts_sd)
library(reshape2)
pts_sd_df <- melt(pts_sd)#将数据列表转化为数据框
str(pts_sd_df)
boxplot(value~L1, xlab = "pointIDs", ylab = "band3values",
    pts_sd_df)#绘制 boxplot 图
pa_values <- extract(p224r63_2011[[1:2]], pa_utmN) #依据保护区提取光谱值
```

对于使用 raster::crop()裁剪的研究区域,有两个多边形区域,假如只关注其中的 parakan,提取特征代码如下:

```
pa_utmN $ name #pa 包括两个多边形,查看其名称
pa_values <- extract(p224r63_2011[[1:4]], pa_utmN)#提取整个1~4层像素值
para <- which(pa_utmN[["name"]] == "Parakan")#选择其中的 parakan
para_values <- pa_values[[para]]#提取 parakan 光谱值
head(para_values, 3)#查看结果
```

对于 Level 1 级,可提取 DN 值,直接用于分类研究。下面利用 MW 数据集,依据光谱特征,利用 R 对植被进行无监督分类,具体代码如下:

```
p224r63_2011 <- stack("LT52240632011210.tif")#读取所有波段,如用 raster 只能读取1波段
plotRGB(p224r63_2011, r=3, g=2, b=1, stretch="lin") #可视化
p224r63_2011_sub <- p224r63_2011[[1]] #只取其中1波段,由于分辨率相同,无需 norm
p224r63_2011.kmeans <- kmeans(p224r63_2011_sub[],
        centers = 3,
iter.max = 100,
        nstart = 10) #利用 kmeans 聚合5类,添加 nstart=10 将生成10个初始随机质心,为
                算法选择最佳中心
p224r63_2011_uc <- raster(p224r63_2011) #创建空的栅格,并与原文件相同
p224r63_2011_uc[] <- p224r63_2011.kmeans $ cluster #拷贝聚类结果到空栅格文件
writeRaster(p224r63_2011_uc,
    "p224r63_2011_unsuperClass.tif",
datatype = "INT1U",
    overwrite=TRUE) #保存分类结果,"INT1U"提供足够精度,存储所有可能的值
unsup_class <- stack("p224r63_2011_unsuperClass.tif")
plot(unsup_class,
```

```
    main = "unsup_class")
```

接下来，将 p224r63_2011_uc 导入 QGIS 中，通过 properties -> symbology ->single-band pesudocolor -> classify 查看并修改。

5.2.3.2　遥感影像预处理

对于 Level 1 级，需要对遥感影像进行预处理，然后基于预处理的遥感影像，提取特征和计算有关参数。以 MW 数据集为例，说明遥感影像预处理的步骤和方法，主要处理内容和步骤见图 5.3。

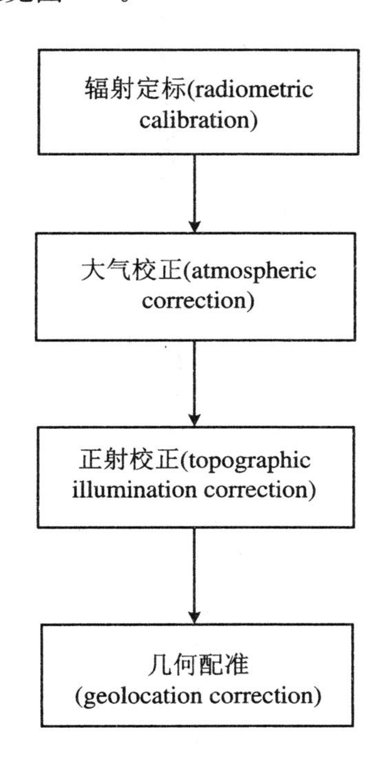

用radation=DN*gain+offset（定标公式）将每个波段的DN转化为大气顶层辐射，然后通过近似太阳辐射的归一化，得到大气表观反射率。

采用暗物体减法(DOS)等方法，消除太阳反射、气溶胶散射，获得地标信息。

在几何校正基础上，通过高程数据（DEM）消除地形起伏引起的图像变形。

将不同时间、不同波段、不同遥感器系统所获得的同一地区的图像（数据），经几何变换使同名像点在位置和方位上完全叠合。

图 5.3

首先，加载数据，执行如下代码：

```
library(RStoolbox) #加载包及遥感数据
meta2011 <-
    readMeta("raster_data/LT52240632011210/LT52240632011210CUB01_MTL.txt") #读取
      元数据
summary(meta2011) #查看元数据
p224r63_2011 <- stackMeta(meta2011) #导入元数据，加载单个 GeoTIFF 遥感数据，生成栅
                                    格栈
p224r63_2011 #查看数据信息，从 zone 和 extent（有负数）表明来自北半球
library(raster) #加载包
dataType(p224r63_2011[[1]]) #查看数据类型
```

将图像素值（DNs）转换为物理可解释的表面反射率（辐射定标），需要两个步骤：① 先用偏移（bias）和（增益）将 DNs 转换为大气顶层辐射；② 再将大气顶层辐射转换为大气顶层反

射率或表面反射率。执行如下代码：

```
dn2rad <- meta2011 $ CALRAD #获得偏移和增益
dn2rad #查看偏移和增益
p224r63_2011_rad <- p224r63_2011 * dn2rad $ gain + dn2rad $ offset#转化为大气顶层辐射
p224r63_2011_ref <- radCor(p224r63_2011, metaData = meta2011,
        method = "apref")#将大气顶层辐射转化为大气表观反射率
p224r63_2011_ref #查看表观反射率
```

大气校正方法比较多，常用的是黑暗像元法（DOS），执行如下代码：

```
p224r63_2011_dos <- radCor(p224r63_2011, metaData = meta2011,
  #大气校正，获得地面目标的光谱特征
                              darkProp = 0.01, method = "dos")
p224r63_2011_rad_bad <- p224r63_2011_rad < 0
  #将小于0的像素值重置为0，大于1的像素（因云层等影响）重置为1
cellStats(p224r63_2011_rad_bad, sum)
plot(p224r63_2011_rad_bad)
```

USGS还提供经大气校正的卫星影像（处理到表面反射率水平），可直接用于研究，但用前要调整缩放因子。代码如下：

```
xml_meta2011 <-
readMeta("raster_data/LT52240632011210/LT52240632011210CUB01.xml")
  #读取元数据（与 Level 1 级不同，它是 xml 文件）
p224r63_2011_cdr <- stackMeta(xml_meta2011, quantity =
        c("sre","bt"))#导入 sre 和 bt 数据层
scaleF <- getMeta(p224r63_2011_cdr, xml_meta2011, what =
    "SCALE_FACTOR")
scaleF
p224r63_2011_cdr <- p224r63_2011_cdr * scaleF
```

除了大气效应外，地形海拔和方位的差异也会导致卫星测量到的辐射差异。例如，北半球朝北的斜坡，比朝南的斜坡受到的光照要少。因此，卫星接收到的信号也会低。可利用数字高程数据集（DEM）校正，执行如下代码：

```
dem <- raster("raster_data/dem/srtm_dem.tif") #加载高程数据
p224r63_2011_cdr_ilu <- topCor(p224r63_2011_cdr, dem = dem, #地形辐射校正
        metaData = meta2011, method = "C")
```

另外，对于不同传感器数据，可能需要进行匹配，即所谓的几何校正处理，有时还需要处理云层的影响等，相关方法可参考一些文献。

经过预处理的遥感数据可存储为多种格式，raster包中writeRaster()的默认设置格式为文本文件(.grd)，它包含元数据（投影或图层名称）和二进制数据文件(.gri)，该格式文件比.tiff文件大，但在R中使用，方便可跟踪图层名称。下面调用该文件，计算NDVI（归一化植被指数）。具体如下代码：

```
library(raster)
```

```
p224r63_2011<- brick("raster_data/p224r63_2011.grd") # 导入经过预处理的数据，格式为 grd
plot(p224r63_2011,1) # 可视化波段 1
plotRGB(p224r63_2011, r = 3, g = 2, b = 1, stretch = "lin")
ndvi_formula <- function(nir, red) { # NDVI 计算公式
  (nir - red)/(nir + red)
}
p224r63_2011.ndvi <- overlay(p224r63_2011 $ B4_sre, p224r63_2011 $ B3_sre,
        fun = ndvi_formula) # 计算 NDVI
plot(p224r63_2011.ndvi) # 可视化 NDVI
writeRaster(p224r63_2011.ndvi, filename = "p224r63_2011_ndvi.tif")
```

另外，Rstoolbox 包提供了 spectralIndices()函数，有效地计算了许多光谱指数。此命令需要栅格栈、各个波段的名称以及要计算的指数。

5.2.3.3　植被分类与 buffer 类别比例

下面是关于随机森林算法对多光谱图像进行的监督分类，其中训练集和测试集就是在 QGIS 中完成的。

首先，将遥感影像转换为 R 对象，并保存为栅格形式，执行如下代码：

```
library(raster)
allBands <- list.files("raster_data/LT52240632011210/", pattern = "TIF",
  # 导入数据并可视化
        full.names = TRUE)
p224r63_2011 <- stack(allBands)
names(p224r63_2011) <- paste("b",1:7,sep = "")
p224r63_2011
plotRGB(p224r63_2011, r = 4, g = 3, b = 2, stretch = "lin")
writeRaster(p224r63_2011, "p224r63_2011.tif")
```

接下来，打开 QGIS，从左侧的 Brower 搜索前面存储的 p224r63_2011.tif，将其加载到 QGIS 图层面板中，利用 QGIS 屏幕数字化方法，创建 training_2011 和 validation_2011 两个矢量文件，保存在指定目录中，以此作为训练集和验证集。具体操作如下：

从菜单 Layer -> Create Layer -> New Shapefile Layer，在弹出窗口输入保存路径和文件名，此处为 training，创建类型为 polygon，坐标选为 WGS84/UTM zone 22N。另外，添加两个属性 id、class_name，分别表示取样地块编号、类别，然后保存这个空的矢量文件。

打开“add features”，根据影像颜色，在影像上选择有森林覆盖的区域，勾画出一个多边形，作为一个样本，选 3～4 个类似地点，在空间上没有重叠，由此构成 3～5 个森林样本(多边形)。用同样方法选择出非森林、水体样本，每类各为 3～5 个。这些样本组成了 training_2011 文件。用同样方法再创建一个矢量文件，作为验证集，该验证集包括森林、非森林、水体三类样本，每类 3～5 个样本。在选择样块的同时，记下 id 和对应的 class_name 信息，这样就有了 validation_2011 文件。将两个 shapefile 文件保存到 p224r63_2011 目录中。

回到 R，在 R 环境中读取 training_2011 和 validation_2011 数据，执行如下代码：

```
library(rgdal)
```

```
training_2011 <- readOGR(".", "training_2011") # 导入训练和验证数据并可视化
validation_2011 <- readOGR(".","validation_2011")
train <- bind(training_2011, validation_2011)
train $ class_name
colors <- c("yellow", "green", "red")
plot(train, add = TRUE, col =  colors[train $ class_name], pch = 19)
```

利用 RStoolbox 包提取样本像素值和基于像素值的分类功能,利用随机森林模型来训练样本,生成一个分类模型,利用 ggplot2 对分类结果可视化。执行如下代码:

```
library(RStoolbox)
library(randomForest)
library(ggplot2)
p224r63_2011_sc <- superClass(img = p224r63_2011, model = "rf", # 分类并可视化
        trainData = train, responseCol = "class_name",
        tuneLength = 1, trainPartition = 0.7)
plot (p224r63 _ 2011 _ sc $ map, col = colors, legend = FALSE, axes = FALSE, box =
   FALSE)
legend(1,1, legend = levels(train $ class_name), fill = colors , title = "Classes",
horiz = TRUE, bty = "n")
```

实际研究经常关注样点周围植被情况,如植被指数,以此作为特征构建模型。下面以欧洲土地利用分类免费数据为例,说明在样点周围创建缓冲区、分析各种土地类型在缓冲区内的比例的方法。

首先从 http://sia. eionet. europa. eu/CLC2006 下载 Land Cover 2006(CLC06)。CLC06 为免费的 100 m 分辨率栅格数据,代表欧洲大陆 50 种不同土地覆盖类别,包括农业地区、森林、湿地和水体;然后解压,解压文件夹中存在 g100_06. tif。其他数据包括行政边界,取样点坐标等可从 Stephanie 等(2013)指示地址下载。在此,先用 QGIS 处理和分析,然后用 R 处理,比较两种方法的效率。

QGIS 软件操作步骤如下:

(1) 加载样点,转化为 shp 文件,生成 buffer 矢量文件。

① 开启 QGIS,然后开启 Project-New,从菜单选择 LayerAdd Layer ->Add Delimited Text Layer 弹出新对话框。在 File name 中,添加 points_table. csv 文件,在 Layer name 中,添加 points_table,在 File format 中勾选 Customdelimiters 和 Semicolon,在 Record and Fields Options 中,选择默认设置,在 Geometry Defination 中,选择 Point coordinates,在 X fields 和 Y fields 填入 POINT_X 和 POINT_Y,在 Geometry CRS 中选择 EPSG:21781-CH1903/LV03(瑞士投影坐标),设置好后单击 Add,将坐标点加载到画布中。

② 在画布左下 Layers,右键 point_table,从菜单选择 Export ->Save Featurs as 弹出新对话框。在 Format 中,选择 ESRI shapefile,在 File name 中,选择保存文件路径和文件名为 points,在 CRS 中选择 EPSG:21781 - CH1903/LV03,其余为默认,然后单击 OK。接下来,右键单击 point_table,选择 Remove Layer…,删除原文件。

③ 勾选 points,从菜单 Vector ->Geoprocessing Tools ->Buffer…,弹出新对话框。在 Input layer 中,选择 points,在 Distance 中输入 2000,在 Buffered 中,选择 Save to File,

选择保存路径和文件名点击 buffer,其余为默认设置,然后点击 Run,得到一个 2 km 半径的缓冲区。通过右键单击“buffer”,选择 Properties,更改和调整透明度等设置。

(2) 加载 g100_06.tif,重新投影,并裁切到瑞士 Fribourg 区域。

① 从 QGIS 左侧 Browser 中,将 g100_06.tif 拖拽到 Layers 中,CLC06 相当大,显示在画布上可能需要一些时间。然后右键单击该文件,从菜单中点击 Properties,出现一个新对话框,查看 information,CLC06 数据坐标系(ETRS89_ETRS_LAEA)与瑞士使用的坐标系统不同,需要将其投影到 CH1903L/V03。

② 右键 QGIS 左下 Layers 中的 g100_06.tif,选择 Export ->Save As…,弹出一个对话框。在 Output mode 中,选择 Raw data,在 Format 中,填写 GeoTIFF,在 File name 中,选择文件保存路径和文件名为 g100_06_chcrs.tif,在 CRS 中,选择 EPSG:21781-CH1903/LV03(瑞士投影坐标),勾选 Add saved file to map,然后点击 OK。转化过程需要一些时间。接下来,右击 g100_06.tif,选择 Remove Layer…,删除原文件。

③ 从 QGIS 菜单中,选择 Raster ->Extraction ->Clip raster by mask layer…,弹出新对话框。在 Input layer 中,g100_06_chcrs.tif,在 Mask Layer 中,选择 commune_boundary_FR.shp 文件(瑞士 Fribourg 边界),在 Target CRS 中,选取 21781,在 Advanced parameters 中,选择 Save to File,并命名为 clipped,其余为默认设置。然后点击 Run,得到 clipped 文件。

④ 在左侧右键单击 Layers 中的 clipped,选择 Perporties,在 Symbology 中,Render type 选 Paletted/Unique values,然后在 Classify 一排,点击最后…处,在弹出的对话框中选择 Load Color Table from File,从解压的 g100_06.tif 的文件夹中选择 clc_legend_qgis.txt,点击 OK。然后,其余为默认设置,点击 Apply 和 OK。

(3) 计算缓冲区内指定的各种土地类型占比,并绘制饼图。

① 从 QGIS 菜单,Processing ->Tools,弹出 Processing Tools,然后在 LecoS 下拉菜单中选择 Landscape vector overlay ->Overlay raster metri…,并双击 Overlay raster metri…,弹出一个新对话框。在 Landscape Grid,从保存的文件夹中选取 clipped 文件,在 Overlay Vector Grid,从保存的文件夹中选择添加 buffer.shp 文件,在 Choose Landscape Class 中,输入 12(其对应 211 类别),在 Metrics(single class)中,选取 Landscape Proportion,在 Metrics(landscape)中,选取 Mean,勾选 Also add to attribute table,在 Output file 中,选择 Save to File,文件命名为 att211,格式为 csv 文件,然后点击 Run。按照计算 12 类别相同步骤,分别计算 24(对应 312 类别)和 25(对应 313 类别)。

② 在返回保存文件夹中,分别打开 att211、att312、att313 文件,从 1 开始,重排序列行号,并根据 cliped 文件中图例文件 clc_legend_qgis,修改对应类别的图例名称,分别为 Non-irrigated arable land、Coniferous forest 和 Mixed forest。

③ 将 att211、att312、att313 添加到 QGIS 左侧的 Layers 中,右键单击 buffer,选择 Properities,弹出一个新窗口,单击 Joins 后继续点击“+”,弹出新窗口,在 Join layer 中选择 att211,在 Join field 中选取 FeatureID,Target field 选取 ID、OK。按照同样方法添加 att312、att313、OK。

④ 右键单击 buffer,打开 Attribute Table,点击 Toggle editing mode,点击 Open field calculator,勾选 Create a new field,在 Output file nambe 中,输入 other,在 Output field type 中选择 Decimal number(real),在 output field length,输入 10,在 Precisio,选取 3,在

Expression，点击 Fields and Values，输入 1 - "Non-irrigated arable" - "Coniferous forest" - "Mixed forest"，然后单击 OK。

⑤ 右键单击 buffer，在 Diagrams 中选取 Pie Chart，点击 Attributes，将"Non-irrigated arable""Coniferous forest""Mixed forest"和"other" 选中后，单击 +，添加到 Assigned attribution，双击修改 color 和 legend，在 Size，选取 8，在 Placement 中选取 Over Centroid，在 Distance 中选取 0 点击 OK。最后，将 Buffer 透明度调整为 0。

(4) 加载行政区划图，完成地理制图，并保存文件为 qgz 格式。

① 从 QGIS 菜单，Layer ->Add Layer ->Add Vecotr Layer，弹出新窗口，添加从 Stephanie 等(2013)文献获得的 commune_boundary_FR. shp 文件。

② 在 QGIS 左下 Layers，右键单击 commune_boundary_FR. shp 图层，选择 Properties，弹出新窗口，在 Symbology 中将 Single Symbol 替换为 Graduated，在 Value 中选取 Shape_Area，在 symbol 和 color ramp 中选择实时颜色，在 Mode 中选取 Natural Breaks (Jenks)，其余为默认设置，然后点击 Apply 和 OK。

③ 在 Properties 窗口，在 Labels 中选 Single Lables，在 Value 中选 GEMNAME，其余为默认设置，单击 OK。

④ 从 QGIS 菜单，Project ->New_Print Layout，在弹出的对话框中输入 geo_map，点击 OK。随后弹出新的对话框，从菜单 Add Item ->Add Map，用鼠标在空白处拖动方框，就可以将 QGIS 画布上地图添加进来。随后，Add Item ->Add North Arrow，也是拖动鼠标添加指南针，Add Item ->Add Scale Bar，拖动鼠标添加比例尺，Add Item ->Add Legend，拖动鼠标添加图例，Add Item ->Add Label，添加标题。对于所有添加的对象，右键单击对象，选择 Item Properties，可进行细节修改。最后，输出 tiff 格式地图，这个文档可保存为 qgz 格式。

在 R 环境中完成相关工作，步骤、代码和注释如下：

(1) 读取土地利用栅格数据，重投影并裁切到研究区。可用 raster 包中的 projectRaster()函数，也可用 gdalUtils 包中的 gdalwrap()函数。利用 projectRaster()函数重投影代码如下：

```
lc <- raster("data/g100_06/g100_06.tif")
Fribourg<- readOGR("data/QGIS/commune_boundary_FR.shp")
crs(lc)
crs(boundary)
newcrs <- "+proj=somerc +lat_0=46.9524055555556 +lon_0=7.43958333333333 +k_0=1
    +x_0=600000 +y_0=200000 +ellps=bessel
    +towgs84=674.374,15.056,405.346,0,0,0,0 +units=m +no_defs"
lc_transCRS <- projectRaster(lc, crs = newcrs)
crs(lc_transCRS)
writeRaster(lc_transCRS, "results/lc_transCRS.tif", overwrite = TRUE)
lc_Fribourg <- crop(lc_transCRS, Fribourg)
lc_Fribourg_masked<- mask(lc_Fribourg,Fribourg,updateNA=TRUE)
writeRaster(lc_Fribourg_masked,"results/lc_Fribourg_masked.tif",overwrite = TRUE)
```

(2) 读取点数据，生成矢量，并重投影。先随便设置一个坐标，然后用 sf 包中的 st_set_

crs()函数设置坐标，用该包中的st_transform()函数重投影，也可用rgdal包中的spTransform()函数将矢量重投影为栅格文件的坐标系。利用rgdal包完成，其代码如下：

```
pts <- read.csv("data/QGIS/points_table.csv", header=T, sep = ";")
pts_xy <- SpatialPoints(coords = pts[,c("POINT_X","POINT_Y")])
  #定义x-y坐标，转化为shp
pts_spdf<- SpatialPointsDataFrame(pts[,c("POINT_X","POINT_Y")],data = pts[,2:3])
pts_spdf
mycrs<- CRS(projargs = " +proj = somerc +lat_0 = 46.9524055555556 +lon_0 =
  7.43958333333333 +k_0=1 +x_0=600000 +y_0=200000 +ellps=bessel +towgs84=
  674.374,15.056,405.346,0,0,0,0 +units=m +no_defs",doCheckCRSArgs=TRUE, SRS_
  string="EPSG:21781")
proj4string(pts_spdf)<- mycrs
pts_spdf
writeOGR(pts_spdf,"results","pts_spdf",driver = "ESRI Shapefile",overwrite = TRUE)
```

(3) 利用前面裁切的土地覆盖栅格和样点数据，产生缓冲区。产生缓冲区可用raster包中的projectRaster()函数，也可利用RQGIS来完成。利用RQGIS，执行如下代码：

```
lc_Fribourg_masked <- raster("results/lc_Fribourg_masked.tif")#以下步骤是统一坐标系
pts_spdf <- readOGR("results","pts_spdf")
projection(lc)
projection(pts_spdf)
pts_transCRS<- spTransform(pts_spdf,crs(lc_Fribourg_masked))
identicalCRS(pts_spdf,lc_Fribourg_masked)
plot(lc_Fribourg_masked)
plot(pts_transCRS, pch=16, col="black", cex=.90, add = TRUE)
#Sys.getenv("GDAL_DATA")#load EPSG library#以下步骤产生buffer，该行可调用
                                                          EPSG库
#devtools::install_GitHub("jannes-m/RQGIS3")
library("RQGIS3")
qgis_session_info()
set_env(dev=FALSE)
#open_app()
#find_algorithms(search_term = "Buffer", name_only = TRUE)
#get_usage(alg = "native:buffer")
#get_args_man(alg = "native:buffer", options = TRUE)
run_qgis(alg = "native:buffer", INPUT = pts_transCRS, DISTANCE = 2000,
OUTPUT= "results/buffered.shp")
buffer<- readOGR("results", "buffered")
plot(buffer,type = "o",col = rgb(0, 0, 255, 80, maxColorValue=255),add=TRUE)
```

(4) 接下来，提取buffer里类别所占比例。在本例中，12、24、25为类别代号，如果用RGB标识，就用g100_06栅格文件夹中的clc_legend_qgis.txt文件。该文件是QGIS兼容的彩图文档，包括6列，分别为value、R、G、B、Alpha和label，其中value为类别代号，中间三个为红、绿和蓝的深浅，Alpha表示透明度，label为类别。因此，先用代号所表达的值，然

后转化为类别。可执行如下代码：

```
pts_buffer<- as(buffer,"SpatialPolygons")# 如下代码计算类别比例
startc = c()
for (i in 1:20){
pts_bufferm<- mask(lc_Fribourg_masked,pts_buffer[i],updateNA = TRUE)
pts_buffermv<- values(pts_bufferm)
class12<- sum(pts_buffermv = = 12,na.rm = TRUE)/(length(pts_buffermv) - sum(is.na(pts_
  buffermv)))
class24<- sum(pts_buffermv = = 24,na.rm = TRUE)/(length(pts_buffermv) - sum(is.na(pts_
  buffermv)))
class25<- sum(pts_buffermv = = 25,na.rm = TRUE)/(length(pts_buffermv) - sum(is.na(pts_
  buffermv)))
classother<- 1 - class12 - class24 - class25
startc<- append(startc,c(class12,class24,class25,classother))}
lc_prop<- data.frame(t(matrix(c(startc),nrow = 4)))
legend<- read.delim("data/g100_06/clc_legend_qgis.txt", skip = 1)# 如下代码为图例
str(legend)
lc_legend<- separate(legend,"INTERPOLATION.DISCRETE",
          into = c("GRID_CODE","R","G","B","A","CODE - LABEL"), sep =
           ",")%>%
   unite(RGBA, c(R, G, B, A), sep = ",", remove = TRUE)%>%
           separate("CODE - LABEL",into = c("CLC_CODE","LABEL"),sep = " - ")
lc_legend
names(lc_prop)<- c(gsub(" - ", "_", gsub(" ", "_", clc_legend[which(clc_legend = = 12,
    arr.ind = TRUE)[1],4])),gsub(" ", "_", clc_legend[which(clc_legend = = 24,
    arr.ind = TRUE)[1],4]),gsub(" ", "_", clc_legend[which(clc_legend = = 25, arr.ind =
      TRUE)[1],4]),
  "Others")
lc_prop_legend<- cbind(pts_spdf,lc_prop)
lc_prop_legend
write.csv(lc_prop_legend,"results/lc_prop_legend.csv")
```

（5）可视化样点周围土地利用分类，可采用 ggplot2 包中的 geom_scatterpie()函数，代码如下：

```
Fribourg<- readOGR("data/QGIS/commune_boundary_FR.shp",stringsAsFactors = F)
summary(Fribourg@data)
Fribourg_df <- broom::tidy(Fribourg, region = "GEMNAME")# 转化为 ggplot 用的数据框
lapply(Fribourg_df, class)# 查找数据框中的各列
head(Fribourg_df)
map1 <- ggplot() +
geom_polygon(data = Fribourg, aes(x = long, y = lat, group = group),
      colour = "light blue", fill = NA)# 添加区域地图
map1
```

```
cnames <- aggregate(cbind(long, lat) ~ id, data = Fribourg_df, FUN = mean)
  #添加区域名称
map2 <- map1 + geom_text(data = cnames, aes(x = long, y = lat, label = id), size = 2)
  + theme_void()
map2
pie <- lc_prop_legend[,3:6] %>% as.data.frame() #将 SpatialPointDataFrame 转化为 data-
                                                  frame
pie $ radius = 800 #调整饼图大小
map3 <- map2 + geom_scatterpie(data = pie, aes(x = coords.x1, y = coords.x2, r = radius),
    cols = c("Non_irrigated_arable_land", "Coniferous_forest", "Mixed_forest","Others")) +
theme(legend.position = "top",legend.title = element_blank(),
    legend.text = element_text(size = 5)) + #调整图例文字大小、位置
    coord_equal() #确保 x、y 等比例
map3
```

在上述代码中，有两个难点：一个是基于 RQGIS 生成 buffer，另一个是基于 ggplot2 的可视化方法。对于一个初学者而言，完成上面代码有一定的困难，利用 QGIS 是一个不错的选择。

5.2.4　气候等要素

其他常见环境要素，如温度、降水等变量，可使用 getData()到相关网站下载。下面以瑞士行政区划及相关地理、气候环境数据为例。

首先，要下载瑞士国家边界，可通过 raster::getData()获取，代码如下：

```
library(raster)
x <- getData("ISO3") #区划国际代码
x[x[, "NAME"] == "Switzerland", ] #查找地区国家代码
switzer<- getData("GADM", country = "CHE", level = 1) #提取地区或国家数据
plot(Switzer)
```

如从 WorldClim(http://worldclim.org/)下载，空间分辨率约为 1 km，可在 0.5、2.5、5 或 10 度空间分辨率下下载。接下来，下载降水数据，执行如下代码：

```
library(raster)
prec <- getData("worldclim", var = "prec", res = 2.5)
names(prec) <- c("Jan", "Feb", "Mar", "Apr", "May", "June",
            "July","Aug", "Sept", "Oct", "Nov", "Dec")
plot(prec)
writeRaster(prec, filename =
      "prec.tif",overwrite = TRUE)
```

由于降水数据覆盖了全球，通过 crop()裁切，以适合瑞士境内，执行如下代码：

```
prec_crop <- crop(prec, switzer)
prec_crop_mask <- mask(prec_crop, switzer)
```

```
prec_average_df <- cellStats(prec_crop_mask, stat = "mean")
prec_variance_df <- cellStats(prec_crop_mask, stat = "var")
plot(prec_crop_mask, 2)
plot(prec_average_df)
plot(prec_variance_df)
```

另外,大气污染、碳足迹等也是重要的环境要素,针对特定区域的研究,可选择从其他相关网站获取。

5.3 RFsp与云计算

5.3.1 多特征融合

空间格局包括各种点模式,如 hotspot 和 cluster,与气候、土壤、地形、植被等环境要素有关。例如,可基于上述要素构建模型,预测野猪适宜的栖息地。

关于空间格局建模,其建模原理与其他表格数据是类似的,即将环境要素或特征作为模型输入,模型输出为类别、分布概率(密度)或其他,模型基本框架见图 5.4。

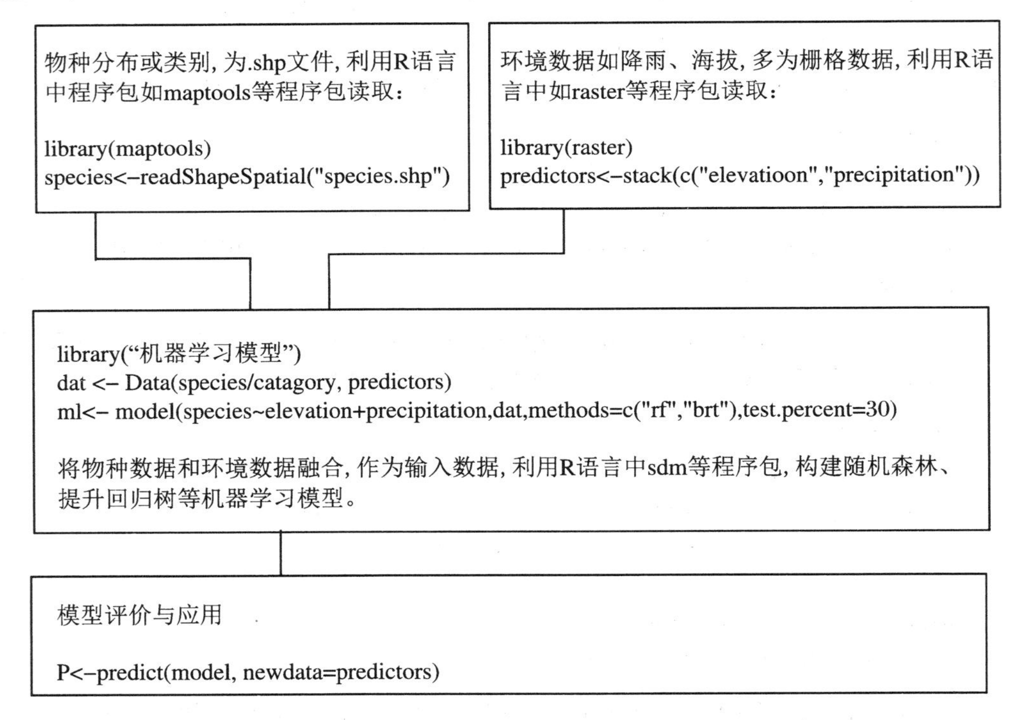

图 5.4

构建空间模型时,常涉及多源异构数据,需将多个数据源链接起来,即数据融合。数据融合包括 Spatial * + Non-Spatial、Spatial * + Spatial * 和 Rasters + SpatialPolygons 三种类型。

1. Spatial * + Non-Spatial

该链接是指以表格格式将空间矢量数据(.shp)与非空间属性数据链接起来,即属性链接,也就是将属性表中每个与 GIS 对象(多边形、线或点)关联的值,与 spatial * 对象结合起来。类似于在 QGIS 软件中矢量文件的属性链接,或 R 中合并两个数据集,也就是用 unique identifier 将 Spatial * DataFrame(SpatialPolygonsDataFrame、SpacialPointsDataFrame 或 SpacialLinesDataFrame)融合成一个表(即 R 中的 data.frame)。例如,对于 pts_spdf(SpatialPolygons 对象)和 lc_prop 的属性数据,可通过两个对象 id,用 sp 中的 merge()将两者合并。代码如下:

```
library(rgdal)
library(tidyverse)
library(sp)
pts <- readOGR("results", "pts_spdf")
names(pts)
pts $ ID <- 1:nrow(pts) # 增加 ID
lc_prop <- read.csv("results/lc_prop_legend.csv")
lc_prop_sel <- lc_prop[,4:7] %>% as.data.frame()
names(lc_prop_sel)
lc_prop_sel $ id <- rownames(lc_prop_sel)
pts_lc <- merge(pts, lc_prop_sel, by.x = "ID", by.y = "id")
names(pts_lc)
spplot(pts_lc,"Coniferous_forest")
```

2. Spatial * +Spatial *

大多数时候,需要通过空间数据链接。与上面描述的属性数据链接不同,空间数据链接是在第一个空间中操作。在空间数据链接中,来自不同数据集的观测不是基于变量,而是基于它们在空间中的关系,首先统一 CRS,然后用 spCbind 融合。例如,对于 pts_spdf 和 Fribourg两个 shaple 文件合并,代码如下:

```
pts <- pts_spdf <- readOGR("results","pts_spdf")
Fribourg<- readOGR("data/QGIS/commune_boundary_FR.shp")
crs(pts) # 查看并转化坐标系
crs(Fribourg)
pts.newproj <- spTransform(pts,crs(Fribourg))
range(coordinates(pts))
range(coordinates(pts.newproj))
plot(Fribourg)
plot(pts.newproj, col = "blue", add = TRUE)
library(maptools) # 融合两个 shape 文件
names(pts.newproj)
names(Fribourg)
pts.Fribourg <- over(pts.newproj, Fribourg) # 获取 Fribourg 数据
```

```
pts.Fribourg
pts.newproj <- spCbind(pts.newproj, pts.Fribourg)#重组
pts.newproj
names(pts.newproj)
```

3. Rasters + SpatialPolygons

有时需要基于空间多边形提取栅格数据，如从土地利用提取样点 buffer 内的类别值，这就涉及 Raster 数据与 buffer 的融合问题。在这些情况下，可使用 extract()函数，它返回每个多边形中的所有栅格单元的值，更具体地说，它返回一个数字向量列表，其中位置 n 中的向量对应于多边形 n 内的栅格单元格值。例如，基于 buffer 提取土地覆盖数据，可执行如下代码：

```
Fribourg <- raster("results/lc_Fribourg_masked.tif")
raster.crs <- projection(Fribourg)
pts_buffer <- readOGR("results", "buffer")
shp_buffer<- as(pts_buffer,"SpatialPolygons")
shp_buffer.reprojected <- spTransform(shp_buffer, raster.crs)
extracted.values <- extract(Fribourg, shp_buffer.reprojected)
extracted.values
sapply(extracted.values, mean)
```

实际上，可先计算有关特征，然后统一从 buffer 中提取。如 Stephanie 等(2013)的数据，参考 5.2.2 和 5.2.3 小节代码，计算地形、地貌和植被等特征，并融合起来，然后用 buffer 一起提取，执行如下代码：

```
ep = stack(c(dem, ndvi, ep))#ep 包括集水区面积、坡度等特征，见 5.2.2 小节
ep_drop <- dropLayer(ep, c(3,4))#删除 3 和 4 layer 数据
names(ep_drop)
names(ep_drop) = c("dem", "ndvi", "carea", "cslope")#重新命名
buffer[, names(ep)] = raster::extract(ep,buffered)#利用 buffer 或 pts 提取特征
```

接下来，将栅格转化为数据框，并融合目标变量，构造数据框或矩阵，执行如下代码：

```
pollination_data <- read.csv(…)
env <- buffer %>% as.data.frame()
pollination_env<- data.frame(env, data = pollination_data$target)
  #将环境和物种信息结合
names(pollination_env)
```

这样得到一个数据框，共 20 行 5 列，第 5 列为 dem(elev)、ndvi、carea、cslope、target。

5.3.2 分布式 RFsp

完成数据融合后，需要选择适合的机器学习算法。随机森林(RF)既适用于分类问题，也适用于回归问题，是生态学研究常用的建模算法。然而，前面介绍的机器学习算法未考虑空间自相关，结果是次优的。

RF 可以使用坐标和到样点的距离作为预测变量。为此，Tom Hengl 等人提出了基于

ranger包中随机森林算法框架(RFsp)来构建空间模型。RFsp算法的核心是利用GSIF库计算训练集的观测点和测试集的预测点之间的欧式距离,在 n 个observation中,可计算出 n 个距离,然后把这些距离作为协变量,构建RF模型。

缓冲区距离(buffer distance):根据样点的响应变量,计算出响应变量的四分位数,以该分位数值为半径,为该样点创建一个缓冲区,然后得到该缓冲区与样点最近点的距离。

5.3.2.1　到分位数的缓冲区

在统计学中,分位数(quartile)是指把所有数值由小到大排列,分成若干等份,处于三个等分点位置的得分就是分位数。如,常见的第一四分位数(Q_1),即"较小四分位数",等于样本数组中第25%的数字,第二四分位数(Q_2),即"中位数",等于样本数组中第50%的数字,第三四分位数(Q_3),即"较大四分位数",等于样本数组中第75%的数字。

例如,20个样点昆虫拜访频率分别为7、15、4、36、21、25、18、39、35、27、40、33、22、19、11、29、37、43、41、23,从小到大排序为4、7、11、15、18、19、21、22、23、25、27、29、33、35、36、37、39、40、41、43。具体计算方法如下:

(1) 将数据从小到大排序,计为数组 $a(1\sim n)$,n 代表数据的长度。

(2) 确定分位数 Q_1 的位置:$b = 1+(n-1)\times 0.25=1+(20-1)\times 0.25=5.75$,将 b 的整数部分"5"计为 c,小数部分"0.75"计为 d。

(3) 计算 Q_1 值:$Q_1=a(c)+[a(c+1)-a(c)]*d=a(5)+[a(5+1)-a(5)]*0.75=18+[19-18]*0.75=18.75$。

(4) 按照类似方法计算出 Q_2 与 Q_3,四分位差 $=Q_3-Q_1$。

在R中,将昆虫拜访频率转化为对数后,计算转化后数据的分位数,可执行如下代码:

```
g <- ggplot(pollination_env, mapping = aes(x = logtarget))
g + geom_histogram(bins = 16, fill = "lightgreen", color = "blue") + geom_rug()
(q.ltarget<- quantile(pollination_env $ logtarget, seq(0,1,by = 0.0625)))
classes.ltarget.q <- cut(pollination_env $ logtarget, breaks = q.ltarget,
          ordered_result = TRUE, include.lowest = TRUE)
levels(classes.ltarget.q)
```

将point对象转换为空间PointsDataFrame,并用GSIF包中的buffer.dist()函数,计算每个分位数内样点的距离缓冲区。然后,在每个点提取到每个缓冲区的距离,并将这些作为特征添加到点中,具体代码如下:

```
coordinates(meuse) <- ~x + y
dist.ltarget<- GSIF::buffer.dist(pollination_env["logtarget"], pollination_env.sp, classes.
  ltarget.q)
plot(stack(dist.ltarget))
buffer.dists <- over(pollination_env, dist.ltarget)
str(buffer.dists)
head(buffer.dists)
pollination_env@data <- cbind(pollination_env@data, buffer.dists)
```

接下来,将所有分位数集中到一个公式中,以便作为预测变量,并结合其他预测变量构建随机森林模型,执行如下代码:

```
dn <- paste(names(dist.ltarget), collapse = " + ")
(fm <- as.formula(paste("logtarget ~", dn)))
(rf <- randomForest(fm, pollination_env@data, importance = TRUE,min.split = 6, mtry = 6,
    ntree = 640))
```

随后确定最佳树数和预测变量的重要性,以及计算拟合误差和 OOB 误差,代码如下:

```
pred.rf <- predict(rf, newdata = meuse@data)
plot(rf)
varImpPlot(rf, type = 1)
plot(pollination_env $ logtarget ~ pred.rf, asp = 1, pch = 20,
      xlab = "Random forest fit",
      ylab = "Actual value")
abline(0,1); grid()
(rmse.rf <- sqrt(sum((pred.rf - meuse $ logtarget)^2)/length(pred.rf)))
oob.rf <- predict(rf)
plot (meuse $ logtarget ~ oob.rf, asp = 1, pch = 20, xlab = "Out-of-bag prediction", ylab = "
    Actual value")
abline(0,1); grid()
(rmse.oob <- sqrt(sum((oob.rf - meuse $ logZn)^2)/length(oob.rf)))
```

将预测结果绘图,代码如下:

```
pred.grid <- predict(rf, newdata = dist.ltarget@data)
summary(pred.grid)
pollination_env.sp $ logtarget.rf <- pred.grid
breaks <- seq(4, 43, by = 5)
p <- spplot(pollination_env.sp, zcol = "logtarget.rf", sub = "16 distance buffers", at = breaks)
print(p)
```

对 RF 模型进行交叉验证,代码如下:

```
require(gstat)
v <- variogram(logtarget ~ 1, pollination_env) # 计算半变异函数
(vmf <- fit.variogram(v, model = vgm(0.1, "Sph", 1000, 0.02)))
plot(v, model = vmf, plot.numbers = T)
k.cv <- krige.cv(logtarget ~ 1, pollination_env, model = vmf, verbose = FALSE)
  # 交叉验证
plot (meuse $ logtarget ~ k.cv $ var1.pred, xlab = "Cross - validation fit", ylab = "Actual
    value",asp = 1)
abline(0,1); grid()
```

5.3.2.2 样点周围的缓冲区

分位数缓冲区的概念类似于经验变分,即假设空间相关结构的平稳性。另一种方法是使用每个点周围的 buffer 作为预测变量。首先设置 buffer 距离,并合并原始数据,构成预测变量数据框,执行如下代码:

```
dist.0 <- GSIF::buffer.dist(pollination_env["target"], pollination_env.sp,
          as.factor(1:nrow(pollination_env)
dim(dist.0)
summary(dist.0$layer.1)
plot(stack(grid.dist.0[1:9]))
buffer.dists <- over(meuse, dist.0) #提取每个点的 buffer 距离
dim(buffer.dists)
(buffer.dists[1,1:10]) #第一个点到其他点的 buffer 距离
names(pollination_env@data) #查看数据列名
pollination_env@data <- cbind(pollination_env@data, buffer.dists)
  #合并 buffer 距离
```

接下来，将所有 buffer 距离集中到一个公式中，以便作为预测变量，并结合其他预测变量构建随机森林模型，执行如下代码：

```
dn0 <- paste(names(grid.dist.0), collapse = " + ")
fm0 <- as.formula(paste("logtarget ~ ", dn0))
(rf <- randomForest(fm0, pollination_env@data, importance = TRUE,
          mtry = 102, min.split = 6, ntree = 640)) #mtry 一般为数组 1/3 或 2/3
```

预测并可视化结果，代码如下：

```
Pollination_env.sp$logtarget.rf0 <- pred.grid
breaks <- seq(4, 43, by = 5)
p2 <- spplot(pollination_env.sp, zcol = "logtarget.rf0",
          sub = "RF distance all points", at = breaks)
```

考虑空间自相关，可显著提高 RF 预测的准确性。

5.3.2.3　h2o 集群

RF 模型不适用于大型数据集，但可使用在 h2o 包中实现 RF 的一些并行(或可扩展的)版本。利用 h2o 构建随机森林模型 RF，也就是常说的分布式随机森林(distributed random forest)。首先利用 R 函数将数据导入 R 中，包括点、多边形等矢量数据，以及其他栅格数据层。接下来，加载和初始化 h2o，并用 as.h2o()函数准备回归矩阵和预测位点。例如，对于 pollination_env 数据，代码如下：

```
data <- read.csv("pollination_env.csv") #含有 target 和 buffer to quantiles
library(h2o) #加载和初始化 h2o
h2o.init()
df<- as.h2o(data) #将 R 对象转化为 h2o 对象
```

接下来，分割数据集，并指定目标变量和预测变量，代码如下：

```
splits <- h2o.splitFrame(df, c(0.75,0.125), seed = 1234)
train <- h2o.assign(splits[[1]], "train.hex") #75%
valid <- h2o.assign(splits[[2]], "valid.hex") #12%
test <- h2o.assign(splits[[3]], "test.hex")   #13%
y <- "Class"
```

```
x <- setdiff(names(train), y)
```

训练和评估模型执行如下代码：

```
RF.m <- h2o.randomForest(y = y, x = x,
          training_frame = train,
          seed = 29, ntree = 50)
summary(RF.m)
pred <- as.data.frame(h2o.predict(RF.m,test))
summary(pred)
```

也可在初始化 h2o 后，打开浏览器，在浏览器中的地址栏输入 http://localhost:54321，利用 Web UI 完成上述建模工作。

5.3.3 云计算

在数据科学中，R 因其强大的计算和绘图功能，而被许多人采用。但 R 只能处理 RAM 内存大小的数据集，对于 RFsp 模型，除了上述分布式的 h2o 外，云计算还提供了另外一种使用 R 处理大数据的解决方案。

5.3.3.1 云计算的含义

所谓的"云"，是指互联网与建立互联网所需要的底层基础设施的总称。"计算"并不是一般的数值计算，而是强大的计算服务，包括获取资源和存储数据等。因此，"云计算"的含义是用托管在网上远程服务器网络来存储、管理和处理数据。

目前，一些大型供应商，如 Amazon、Google、Microsoft 等提供公共云服务，建立一个实例（即一个可以远程接入的虚拟机），只需在本地桌面安装 R，通过 SSH 或 Remote Desktop 链接到远程机器，就可以获得无限量的计算资源。

（1）Google Colab：免费提供 CPU 和 GPU，只需要一个谷歌账户。在默认情况下，Colabnotebooks使用 python，也提供 R 内核，以便运行 R。

（2）Amazon Web Service：使用 AWS 提供的云资源，创建虚拟机，获取 RStudio 并运行 R 脚本，以及上传/下载数据。

此外，有少量专门为科学研究人员建立的云计算资源。例如，XSEDE（www.xsede.org）提供了对高性能计算资源的免费访问，Cyverse 提供了一个基于云的计算系统，包括用于获取计算资源的大气平台等，Jetstream 提供了虚拟机图像库和可复制的科学工作流（https://jetstream-cloud.org/tech-specs/index.php），美国能源部的系统生物学知识库（KBASE；http://kbase.us/new-to-kbase）提供计算资源，用于植物和微生物生理学和群落生态学领域。

5.3.3.2 运行 RStudio 云

越来越多的生态学家正在充分利用云计算。例如，使用 Google 提供的 Dropbox，可方便持久存储数据集和研究结果。再如，在 QGIS 可安装云插件，即 QGIS cloud，极大地提升 GIS 系统处理空间数据的性能，使用 R 附加服务 AzureML，取代动手建立机器学习服务。

RStudio 创建了一个 RStudio Cloud，目的是向那些对设置自己的服务器没有兴趣的人提供云计算。RStudio Cloud 比较简单，先在 https://www.shinyapps.io/上注册一个 shinterapp.io 账户，然后登录到 https://protect-za.mimecast.com/s/yfvjcj2gl8i6qammixxki1，这样就可在云环境下运行 R 脚本，以及上传/下载数据。下面只是简单介绍其应用。

首先找到 Rstudio Cloud 网页，单击 Get Started，出现登录界面，可以 Sign up with Google 或 Sign up with GitHub，在这里添加 new project，一般需要几分钟时间创建。利用云平台，不需要安装 R 与 Rstudio，从新建的 project 中看到有关 R 版本信息，一般都是最新的，当然也可以在版面右上角选择特定的版本。建立新的 project，并给该 project 命名，如 Cloud Project-1，随后开启 R 代码编写，完成读取、保存数据，分析数据等操作。

除了完成基本的编程，可以选择 R Markdown，将代码输出为 HTML、PDF、Word 等格式的文档，包括文档名称、作者、日期等信息。具体做法是：先删除＃＃R Markdown 后面的信息，用 Ctrl＋Alt＋I 插入代码块，并运行代码块，再从 Knite 的下拉菜单中选择输出格式，如 PDF 格式，并给输出文件命名。此外，还可以先对输出文件进行注释，再从 Knite 菜单选择输出。

如果希望与别人分享代码和结果，首先选择并单击页面齿轮图标，会出现 access，点击它，并在 who can view this project 中选择 Everyone，然后点击齿轮图标右侧图标，选择 Share Project Link，把分享链接发送到分享人的邮箱。

5.3.3.3 ecoCloud

2018 年 9 月，澳大利亚科研人员开发了 ecocloud 平台（https://ecocloud.org.au/），提供了 10 GB 的持久存储，供研究人员使用云和虚拟技术轻松访问大量的管理数据，同时提供了 R 和 python 等分析工具，可将数据和结果直接从服务器导入和导出到 Dropbox。

如果是与 Australian Access Federation（AAF）有关的澳大利亚大学或科研机构，可以使用机构凭据登录到 ecocloud，否则，需要创建一个账户来登录。具体登录和使用可参考网页 https://support.ecocloud.org.au/support/solutions/articles/6000200382-ecocloud-how-to-guide。下面只做简单介绍。

（1）登录。打开网页浏览器，在地址栏输入 https://app.ecocloud.org.au/，打开登录界面，点击 Sign In 登录，选择 Sign in using another ID，输入自己的凭据并按提示登录。

（2）启动服务器。一旦登录，点击 Dashboard，在 welcome 下面，点击 Launch notebook server，然后弹出新窗口，单击 R（或 Rstudionotebook）。一旦服务器从 pending 变成 running，就点击 open，此时在新选项卡中打开一个 JuypterLab。如果启动的是 Rstudionotebook，在服务器中有两个面板，左侧面板允许访问文件、文件夹，并且与 Google Drive 和 GitHub 链接。第一次打开它时，右边的面板是 Launcher。

（3）设置工作目录。开始运行 R 前，最关键的一件事情是设置工作空间，否则所做的任何数据、工作或分析将不会在会话结束时保存。设置工作目录有多个方式，可以在 RStudio 控制面板，也可点击右边面板 terminal，最简单的做法是双击左边面板 workplace，这样就弹出原来工作的文件夹，如果是新用户，可通过左边面板上方添加文件夹的标志，设置新文件夹，作为当前的工作目录。

（4）开启 R。一旦进入工作目录（文件夹），可以使用右边的 launch 面板来选择 R notebook、RStudio 或 RShiny，不限于只使用其中的一个，可以是多选。例如，如果现在开启的是 RStudio，这个 RStudio 在另外一个窗口运行，类似于 RStudio Cloud。

(5) 加载数据。要添加数据，首先通过选择左侧面板中的“up-arrow”按钮，将其上传到工作目录，一旦上传成功，数据将出现在工作目录(文件夹)中。

(6) 分析数据。如果已经清楚做什么分析，将添加分析代码，开始数据分析。因为此分析是在云平台上运行的，可以让选项卡一直开启，继续其他任务，而不会减慢计算机的速度。

(7) 保存。RStudio、R notebook 的保存略有不同，总体可以在每个界面，通过选择 File ->Save 保存每个界面下的所有内容，并检查是否正在将会话保存在工作目录(文件夹)中。

(8) 退出。一旦在会话中完成并保存了所有内容，就可以关闭选项卡。在关闭所有浏览器之前，返回到最初启动服务器的 Dashboard 中，单击红色 terminal 按钮，终止服务器，然后关闭 RStudio 和其他浏览器窗口。

利用 EcoCloud，可运行 RFsp 模型。

参考文献

[1] Bischl B, Lang M, Kotthoff L, et al., 2016. mlr: Machine Learning in R. J. Mach. Learn. Res., 17: 1-5. http://jmlr.org/papers/v17/15-066.html.

[2] Breiman L, 2001. Random forests. Mach. Learn. 45: 5-32. https://doi.org/10.1023/A:1010933404324.

[3] Chen J, Li K, Tang Z. et al., 2018. A parallel random forest algorithm for big data in a spark cloud computing environment. IEEE T. Parall. Dist. Syst. DOI:10.1109/TPDS.2016.2603511.

[4] Dale J M, Kempenaers B, 2012. rangeMapper: a platform for the study of macroecology of life-history traits. Global Ecol. Biogeogr, 21: 945-951.

[5] Alkathiri M, Abdul J, Potdar M B,2016. Geo-spatial big data mining techniques. Int. J. Comput. Appl.,135: 28-36.

[6] Grenier M, 2019. Intro to spatial analysis in R. https://ourcodingclub.github.io/2019/03/26/spatial.html.

[7] Griffith D M, Veech J A, Marsh C J, 2016. Cooccur: probabilistic species co-occurrence analysis in R. J. Statistic. Softw.,69: 1-17.

[8] Hengl T, Nussbaum M, Wright M N, et al., 2018. Random forest as a generic framework for predictive modeling of spatial and spatio-temporal variables. PeerJ 6:e5518 https://doi.org/10.7717/peerj.5518.

[9] Hesselbarth M H K, Sciaini M, With K A, et al., 2019. landscapemetrics: an open-source R tool to calculate landscape metrics. Ecography,42: 1648-1657.

[10] Hollister J W, 2017. Accessing elevation data in R with the elevatr package. https://mran.microsoft.com/snapshot/2017-02-04/web/packages/elevatr/vignettes/introduction_to_elevatr.html.

[11] Lovelace R, Nowosad J,Muenchow J, 2019. Point pattern analysis, spatial interpolation and heatmaps. https://geocompr.github.io/geocompkg/articles/point-pattern.html.

[12] Lovelace R, Nowosad J, Muenchow J,2020. Geocomputation with R. https://geocompr.robinlovelace.net/index.html.

[13] Mennis J, Guo D, 2009. Spatial data mining and geographic knowledge discovery-an introduction. Comput Environ Urban Syst.,33: 403-408.

[14] Naimi B, Araújo M B,2016. Sdm: a reproducible andextensible R platform for species distribution modelling. Ecography,39: 368-375.

[15] Nehri R, Nagori M, 2014. Spatial co-location patterns mining. Int. J. Comput. Appl. ,93: 21-25.

[16] Rossiter D G, 2019. Meuse heavy metals exercise- CART and random forests. http://www.css.cornell.edu/faculty/dgr2/tutorials/index.html.

[17] Stephanie R R,Staub B, 2013. Standard use of geographic information system (GIS) techniques in honey bee research. J. Apicul. Res. ,52:1-48.

[18] Vilela B, Villalobos F, 2015. LetsR: a new r package for data handling and analysis in macroecology. Methods Ecol. E,6:1229-1234.

[19] Wegmann M, Leutner B, Dech S, 2016. Remote Sensing and GIS for Ecologists. Exeter: Pelagic Publishing.

第6章　时间序列探索与建模

生态学的一些研究是基于观察的，而非依靠实验，量化生物数量、分布变化与假设驱动变量之间的时间序列关系是因果联系最有力的证据之一。另外，基于时间序列数据，可进行时间序列预测，如预测临界点，进行生态风险预警。

对于时间序列数据，数据量大、维度高、数据更新快，被认为是数据挖掘中最具挑战性的问题之一。对于一个时间长、高噪音的序列，首先要对其进行简约表达，以便提取关键特征，然后基于这些特征进行聚类、分类或预测。

本章重点介绍时间序列数据表达、相似性度量，以及基于时间特征的分类和预测方法。

6.1　时序数据及表达

6.1.1　时序数据库

时间序列(Time Series，TS，简称时序)是一系列数据点，其中每个数据点与时间相关联。如自动气象站记录的某个地区不同月份的降雨量，每隔一段时间经过某个地区的卫星遥感数据，GPS记录的动物运动位点等。另外，DNA序列等也可以转换为TS格式。

生态学研究有几个重要的时间序列数据库。其中，popler是一个PostgreSQL数据库，包含来自美国长期生态研究(LTER)网络的种群数据库，popler在线数据库结构是围绕类别、种群丰度、地点及元数据四种表组织起来的。

popler包可用于浏览和查询popler数据库，旨在方便查找、检索和使用与美国LTER网络相关的种群丰度的时间序列数据。popler包中所有函数都使用pplr_前缀，不需要手动设置太多参数。pplr_get_data()函数提供检索数据功能，方便下载单个数据集或数据集组。另外，该包提供辅助功能，引用原始数据，检查数据集时间，以及简单操作数据。

```
library(popler)
pplr_report_dictionary()＃查看元数据信息和符号含义
all_studies <- pplr_browse()＃浏览数据库
nekton_studies <- pplr_browse(keyword = "nekton")＃关于 nekton 研究
```

```
nekton_raw_data <- pplr_get_data(proj_metadata_key = = 851, cov_unpack = TRUE)
  #下载数据
pplr_citation(nekton_raw_data)#查看引用文献
pplr_metadata_url(nekton_raw_data)
nektons <- write.csv(nekton_raw_data,"nektons.csv")
```

全球种群动态序列数据库 GPDD(https://www.imperial.ac.uk/cpb/gpdd2/),收集了全球近 5000 个动植物种群时间序列数据。BioTIME 是一个全球生物多样性时间序列数据库,涉及 547161 个取样地点,包括海洋、淡水和陆地领域。R 中有专门的包可访问和下载这些数据库的数据。

MODIS 遥感数据,可导出重要生态变量,如植被指数、叶面积指数、土地特征、土地覆盖和热异常。因为卫星每隔一个时段扫描同一个地点,这样就可以构造一个时间序列,用于植被物候学研究、土地利用变化研究等。R 中有 MODIS、MODISTools 包,提供下载、预处理遥感时间序列数据。下载时,首先利用 MODIS 包获取感兴趣地区的瓦片或行列号,代码如下:

```
library(MODIS)
getTile()
```

执行上述代码后,在 RStudio 右下角的 view 面板上会出现一个带有网格的地图,选择加载 OpenStreetmap 等,找到覆盖感兴趣区域的网格,然后点击 done,这样在 R console 里输出相关区域行列号。以此行列号下载不同时间的遥感影像,如归一化植被指数 NDVI。另外,意大利 Institute for Electromagnetic Sensing of Environment 的 Lorenzo Busetto 博士和他的学生共同开发了一个名为 MODIStsp 的 R 包,此包有一个用户界面,可以很方便地从 USGS 网站下载 MODIS 遥感数据并创建时间序列,包括 NDVI、EVI 等栅格时间序列,具体方法可参考有关资料和网站。

GPS 跟踪动物运动数据,记录的是一个不断变化地点的时间序列,即在空间位置数据上添加一个时间戳。因此,也可以作为一种特殊的时间序列进行研究。

6.1.2 创建 R 对象

时间序列数据一般存储为 csv 格式,R 中有多个包可用于创建、操作和绘制时间序列,并以向量或数据框存储 TS 对象。对于一个等时间间隔的观察数据,可利用 R 内置的 ts()函数创建时间序列对象。

从网站 https://machinelearningmastery.com/time-series-datasets-for-machine-learning/下载澳大利亚墨尔本 1981～1990 年日最低温时间序列数据,共 3650 条(t_1, t_2, …, t_{3650})记录。用 ts()创建一个 R 时序对象并绘图,执行如下代码:

```
data <- read.csv("daily-min-temperatures.csv")
library(tidyverse)
data %>% head()
timeS <- ts(data $ Temp,
    start = c(1981,1),
    end = c(1990,12),
```

```
frequency=12)
plot(timeS)
```

在 ts()中,第一个参数 data $ Temp 为时间序列的测量值,"start"指定数据集起始时间,"end"指定结束时间,本例为 1981～1990 年数据,参数"frequency"指定记录频次,frequency =12。

在深入分析之前,需要检查数据中有无缺失值和异常值,因为 R 中一些函数或包无法处理它们。na.interp()函数可用于检测和用估计值替换缺失值,tsoutliers()函数用于识别离群值,并提供可能的替换值。不过,处理异常值要慎重。

对于带有 datetime 的时间序列数据,R 提供了 as.Date()、POSIXt/POSIXct()函数,以及 chron、lubridate 两个包,可实现时间戳标注。例如,在 NEON 网站可下载哈佛森林每隔 15 分钟采集的大气数据,包括温度、降水等。可用 lubridate 包标注时间戳,执行代码如下:

```
library(lubridate)   #可处理带有时间戳的序列数据
library(ggplot2)
Weath.15Min <- read.csv(file= "hf001-10-15min-m.csv",stringsAsFactors = FALSE)
Weath.15Min $ datetime <- as.POSIXct(Weath.15Min $ datetime,
    #转换为 POSIX 日期时间类别
                        format = "%Y-%m-%dT%H:%M",
                        tz = "America/New_York")
Weath.15.09.11 <- subset(Weath_15Min, #导入其中 11 月份数据
                    datetime >= as.POSIXct("2009-01-01 00:00",
                                tz = "America/New_York") &
datetime <= as.POSIXct("2011-12-31 23:59",
tz = "America/New_York"))
head(Weath.15.09.11[1])#查看气温数据
tail(Weath.15.09.11[1])
qplot (datetime, airt,
    data= Weath.15.09.11,
    main= "Air temperature",
xlab= "Date",
    ylab= "Air temperature (Celsius)")
```

GPS 序列数据的表达是,首先将 GPS 表达为 shp 空间数据,然后在 shp 上添加时间戳。R 中有一个 spacetime 包,它建立在处理空间数据 sp 包和处理时间序列数据的 xts 包的基础上,还扩展了 zoo 包的功能,用它可以标注时间。对于栅格形式数据,可使用 raster 包中的 setZ 函数,在栅格数据中为每个层添加一个时间。另外,有专门处理运动数据的包,如 adehabitat 包,很好地解决了动物运动的时间标注问题,方便提取研究区域地图、动物运动位点等。adehabitatHR 包自带 GPS 跟踪野猪活动的数据。下面以此数据为例,说明 GPS 序列数据的表达与可视化。

首先加载 GPS 数据,并提取位置信息,执行如下代码:

```
library(adehabitatHR)#携带数据的包
data(puechabonsp)
str(puechabonsp)#查看数据结构,为一个 map 和一个 reloc 的列表
```

```
locs <- puechabonsp $ relocs
class(locs)
```

将地点 SpatialPointsDataFrame 对象转换为通用的 R 数据框对象,再在 X、Y 坐标系上添加时间戳。

```
locs.df <- as.data.frame(locs) #将其中 relocs 列表转化为数据框
id <- locs.df[,1] #添加一个 id
xy <- coordinates(locs) #提取其中地理坐标
date<- as.character(locs.df $ Date) #将日期改为 POSIX 格式
date<- as.POSIXct(strptime(as.character(locs.df $ Date),
                           "%y%m%d", tz= "Europe/Paris"))
```

最后,将 id、xy、时间戳等元素转换成运动轨迹,这样得到时间序列图。

```
traj<- as.ltraj(xy, date, id = id)
traj
plot(traj)
```

6.1.3 时序重表达

时间序列的每一次观测都是数据的一个维度,因此时间序列数据是超高维的,降低维度是时间序列数据预处理过程的重要任务。由于时序数据可能存在大量的噪声,一般不直接分析原始数据,用更简洁的形式表达时间序列数据,达到减少维数(减少数据点)、降低计算复杂度的目的。

分段表达时间序列是最简单的降维方法,即通过重采样,将时序 p 的长度 m 减少到 n。该方法大致分为:

(1) 等间隔重取样。通过等间隔重采样,减少采样点数,达到降维的目的。但如果采样率太低,采样/压缩时间序列形状将失真。

(2) 感知重要点(Perceptually Important Points,PIP)表达。对于时序中所有数据点重要性进行排序,其中,第一个数据点 p_1 和最后一个数据点 p_n 分别是两个 PIP,第三个 PIP 是与前两个 PIP 距离最大的点,第四个 PIP 点是与两个相邻的 PIP(第一个 PIP 和第二个 PIP 之间)距离最大的点……直到序列中所有点作为 PIP 列出,这样得到关键点序列,基本上可以保持原序列变化趋势。用关键点来表示时间序列,利于异常检测。

(3) 分段线性表示。一种改进的重采样方法,即不用采样点的值而是采样间隔的平均值表示,也称为分段聚合逼近(Piece-Wise Aggregate Approximation,PAA)。除了分段均值表示外,还可用分段变化的和(Segmented Sum of Variation,SSV)来表示时间序列每一段,或用直线近似分段(Piecewise Linear Representation,PLR),即用数据点连线给出分段逼近。

(4) 符号聚合逼近(Symbolic Aggregate Approximation,SAX)。它是用字符表示分段的均值,先将序列的时间轴 X 轴离散为多个相等的段,并计算段内平均值,即 PAA,然后在序列值的纵轴 Y 按照高斯分布,分割等大小区域,依次将每个间隔映射为一个符号,然后将 PAA 每个分段均值转换为所在等概率区间对应的符号,即所谓符号聚集近似,这样序列简约为 SAX 单词。

对于每个时间序列，需要用 norm_z 函数（z-得分）或 norm_min_max（min-max）方法，进行均值为 0 和标准差为 1 的标准化，然后才能转换为其他表示。

此外，也可将时间序列从时域转换为频域，然后在频域降维。在频域中，一些数据降维方法包括奇异值分解（Singular Value Decomposition，SVD）、离散傅里叶变换（Discrete Fourier Transform，DFT）、离散小波变换（Discrete Wavelet Transform，DWT）。

对于季节性较明显的时间序列，建议采用基于模型的重表达，通过简单平均（或中位数）或提取季节性回归系数来实现，包括 Mean Seasonal Profile（repr_seas_profile）、Seasonal Linear Models（repr_lm）、Seasonal Additive Model（repr_gam），或 Seasonal Exponential Smoothing Coefficients（repr_exp）。

R 中的 TSrepr 包提供了多个函数平滑高噪声时间序列，包括 repr_paa()、repr_dwt()、repr_dft()等，分别用于 PAA、DWT、DFT。有关 TSrepr 包的用法，可参阅相关文献。

6.2 时序预测建模

6.2.1 预测原理

时序预测实际上就是利用回归模型，基于历史数据来预测未来。传统的统计模型有指数平滑法（Exponential Smoothing，ES）和自回归移动平均模型（Autoregressive Integrated Moving Average Model，ARIMA）。有时需要机器学习方法构建预测模型，如何做到呢？

机器学习建模需要有预测特征和目标 Target 训练模型。对于截面数据来说，训练集明确了预测特征和目标。例如，在物种空间分布模型中，以样点有无物种或物种丰度为目标变量，样点植被指数、气候要素等为特征，通过机器学习算法，就可生成物种与环境的关系模型。

对于时间序列数据，关键是如何构建机器学习算法所需要的特征和目标变量。由于时间序列数据一般具有时间上的相关性，这意味着在 t_{n+1} 时刻的值很可能接近 t_n 时刻的值，即可拆分前后两个时间的观察值，并分别看做特征和目标变量，由此构成一个训练样本，如 t_n（特征）和 t_{n+1}（目标）。假如一个等时间间隔取样的时序 t（t_1，t_2，…，t_{13}，共 13 个时间点），要预测下一个时刻 t_{14}，就可拆分为（t_1，t_2），（t_2，t_3），（t_3，t_4），…，（t_{12}，t_{13}），共 12 组。将每组中第一个数据为特征，第二个数据为目标变量，这样就构成了 12 个样本。如果利用 1～11 个样本模型进行训练，第 12 个样本用于预测，就可以预测 t_{14} 了。

有时候，不一定是最邻近数据点之间的关系密切，而是隔年、月或数日的数据相关。这样可通过移动时间窗口构造特征变量和目标变量。对于上述时序数据，可选择若干个时间点构成的子序列作为一个滑动窗口，如选择连续 4 个时间点的观察值作为一个窗口，从 t_{12} 开始，沿着整个序列倒退移动，每次位移为一个时间点，一共可以得到 $t_{12}-t_9$，$t_{11}-t_8$，…，t_4-t_1 共 9 个子序列，见图 6.1。

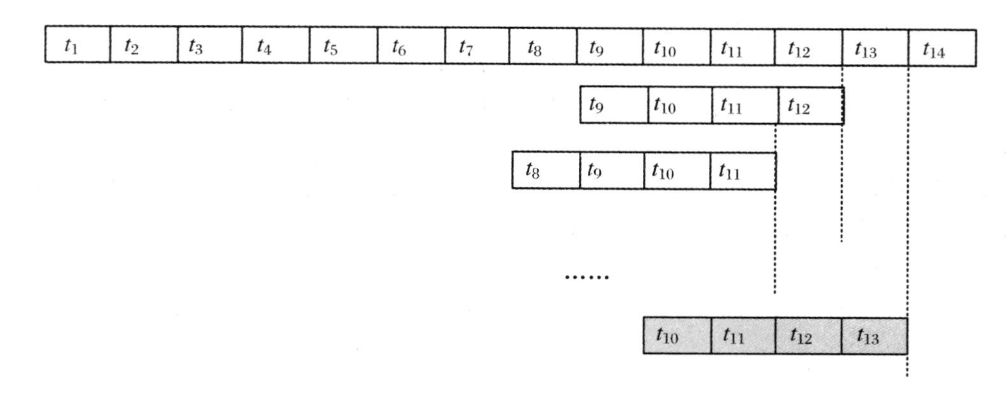

图 6.1

将 $t_{12}-t_9, t_{11}-t_8, \cdots, t_4-t_1$ 分别作为输入，$t_{13}, t_{12}, \cdots, t_5$ 分别作为输出，由此构造一个 9×5 矩阵。

$$\begin{bmatrix} t_{13} & t_{12} & t_{11} & t_{10} & t_9 \\ t_{12} & t_{11} & t_{10} & t_9 & t_8 \\ t_{11} & t_{10} & t_9 & t_8 & t_7 \\ t_{10} & t_9 & t_8 & t_7 & t_6 \\ t_9 & t_8 & t_7 & t_6 & t_5 \\ t_8 & t_7 & t_6 & t_5 & t_4 \\ t_7 & t_6 & t_5 & t_4 & t_3 \\ t_6 & t_5 & t_4 & t_3 & t_2 \\ t_5 & t_4 & t_3 & t_2 & t_1 \end{bmatrix}$$

这样就构造出适合机器学习的形式，其中，第 1 列为标签，其余列为输入特征。利用上述矩阵训练一个模型，这些模型可以是人工神经网络模型，也可以是随机森林模型，根据训练好的模型，利用 $t_{10}-t_{13}$序列作为特征，就可以预测 t_{14}。

通过机器学习不只是预测一个值，有时可预测多个值。在这种情况下，可采用递归预测策略。所谓递归策略是只构建一个模型 f，使用该模型，将每次的预测值作为新预测的输入给模型，以获得下一个预测，反复使用 f 模型 H 次，就可产生 H 个预测值。

此外，对于预测多个值，也可采用直接预测，即将每次获得的预测值作为新特征构建一个新的模型，这样预测 H 个值，就要构建 H 个模型。例如，将 $t_{12}-t_9, t_{11}-t_8, \cdots, t_4-t_1$ 分别作为输入，$t_{13}, t_{12}, \cdots, t_5$ 分别作为输出，构建一个模型预测 t_{14}，然后连同 t_{14}、t_{13}、t_{12}、t_{11}构建 $t_{11}-t_{14}$序列，再利用 $t_{11}-t_{14}$序列以及前面的序列作为特征，训练一个新的模型得到 t_{15}，每个迭代产生一个模型，并获得一个预测值。通过不断迭代，获得多个模型和预测值。

6.2.2 构造新特征

从上述建模原理看，用变量自身前期的观察值来预测该变量的未来值，依据的是前后自相关。另外，从时间戳还可以获取时间序列的预测特征。这种利用序列本身数据构建特征的方法，是时间序列所特有的，归纳起来，可构建如下三类特征：

(1) 日期时间特征(date time features)。即观察值与具体日期或季节有关,如日低温与雨季等有重要关系,可以选择把日期或季节作为特征。

(2) 滞后特征(lag features)。如今年的11月份数据与以往年份的11月份数据更相关,即要关注历史上的今天。

(3) 窗口特征(window features)。建模精度不仅与采用或选择的滑动窗口大小密切相关,而且与窗口内的均值、最大值等具体数据也有关。

对于一个单变量时间序列数据,如澳大利亚墨尔本1981~1990年日最低温数据(资料来源:https://machinelearningmastery.com/time-series-datasets-for-machine-learning/),10年共有数据3650条(t_1, t_2,…, t_{3650})。如何识别和构建时间序列特征呢?

6.2.2.1 日期时间特征

前面示例只用了时间序列的原始数据,但特征并不限于原始整数值,时间序列最重要的特征就是与年、季节、月、日有关的特征。例如,一个动物种群增长存在明显季节性,在早春增长快,在夏秋增长慢。鸟鸣早晨比较多,而白天较少,一天中存在明显时段。

首先可通过时间图(用将观测值与观测时间点作图,散点之间用直线连接),查看是否存在季节性等日期时间特征。R 中 fpp2 包是一个很好的时间序列分析包,因其可自动加载 ggplot2 和 forecast 包,可利用该包进行可视化,执行如下代码:

```
data <- read.csv("daily-min-temperatures.csv")
ts <- ts(data$Temp,
        start = c(1981,1),
      end = c(1990,12),
   frequency = 12)
library(fpp2)
autoplot(ts) +
    xlab("Year") +
    ylab("Degree") +
    ggtitle("Daily min temp between 1981 - 1990") +
theme_minimal() # 简约主题
```

许多时间序列同时包含趋势、季节性以及周期性。选择预测方法时,首先应该分析时间序列数据所具备的特征,然后再选择合适的预测方法抓取特征。该时间图直观地展现出数据具有的一些特征:有一个很明显的下降趋势,时间序列中没有缺失值。

生态学数据一般有明显的季节性和周期性,子系列季节图是观察季节性变化最有用的方式。可利用 ggseasonplot()函数,绘制子系列季节图,代码如下:

```
ggseasonplot(ts, year.labels = TRUE) +
    xlab("month") +
    ylab("Degree") +
    ggtitle("seasonality") +
    theme_minimal()
```

还可在 ggseasonplot()函数中,设置参数 polar = TRUE,将直角坐标系中的季节图转换为极坐标,执行如下代码:

```
ggseasonplot(ts, polar = TRUE) +
    xlab("month") +
    ylab("Degree") +
    ggtitle("seasonality") +
    theme_minimal()
```

利用 ggsubseriesplot()函数，着重描绘在相同月份数据的同比变化情况。代码如下：

```
ggsubseriesplot(ts) +
    xlab("month") +
    ylab("Degree") +
    ggtitle("subseries") +
    theme_minimal()
```

上述子系列季节图可以清晰地描绘出数据的潜在季节性形态，并且显示了季节性随时间的变化情况。在本例中，子系列季节图并没有数据的季节性特性。

如果存在明显的季节性，可从时间戳梳理 time-of-year 或 time-of-month 信息，即分离出月份、天等作为特征变量。在 R 中，将时间序列数据转化为数据框，从时间戳中提取月份和日期信息，代码如下：

```
ts <- read.csv("daily-min-temperatures.csv")
library(tidyverse)
ts.modified <- ts %>%
mutate(date = as.Date(Date))
ts.date <- ts.modified[, -1]
head(ts.date)
ts.date.split <- separate(ts.date, "date",
            c("Year", "Month", "Day"),
            sep = "-")
head(ts.date.split)
```

拆分时间戳后，时间序列数据格式见表 6.1。

表 6.1

	年	月	日	温度(℃)
1	1981	01	01	20.7
2	1981	01	02	17.9
3	1981	01	03	18.8
⋮	⋮	⋮	⋮	⋮

6.2.2.2　滞后特征

如前所述，前后时间观测值密切相关，换句话说，时间 t 的观察值可能与时间 $t-1$ 观察值相关。如果时间序列存在年周期，那么今年 11 月的观察值与其他年份的 11 月观察值有关。选择与过去观察值的相关性大的值(即滞后值)建模,结果会更准确。

那么如何寻找这种滞后特征呢?fpp2 包提供了一个 window()函数,可以截取时间序列中的一部分,并显示不同滞后 k 值下 y_t 和 y_{t-k} 的散点图。代码如下:

```
ts.laged <- window(ts,end = 1989)# 截取 1989 年前的数据
gglagplot(ts.laged)# 绘制滞后阶数图
```

如果 y_t 和 y_{t-k} 相关,那么在散点图上,y_t 和 y_{t-k} 就对称分布在对角线的两侧。然后,根据相关性高所对应的 k 值,确定滞后阶数。

除了利用散点图确定滞后阶数,还可以利用自相关系数,测量时间序列滞后值之间的线性关系,即用 ACF(自相关函数)和 PACF(部分自相关函数)图来确定 lag_特征与预测的相关关系。对于本例中的时序数据,可以计算多个相关系数,其中,r_1 衡量 y_t 和 y_{t-1} 之间的关系,r_2 衡量 y_t 和 y_{t-2} 之间的关系……并绘制一个自相关系数图,即 ACF 图。在 R 中,执行如下代码:

```
ggAcf(ts) +
ggtitle(")
```

ACF 图可同时反映出时间序列的周期性和趋势,从自相关系数看,时序的周期性与趋势有如下关系:

(1) 当数据具有趋势性时,短期滞后的自相关值较大,因为观测点附近的值波动不会很大。时间序列的 ACF 一般是正值,随着滞后阶数的增加而缓慢下降。

(2) 当数据具有季节性时,自相关值在滞后阶数与季节周期相同时(或者在季节周期的倍数)较大。

(3) 当数据同时具有趋势和季节性时,会观察到组合效应。自相关系数值随着滞后阶数增加而缓慢降低,是因为原时间序列中具有趋势变化。由于时间序列中的季节性变化,ACF 图中出现圆齿状形状。

最简单的是利用 $t-1$ 时刻,而不是 t 时刻,来预测 $t+1$,即滞后 1 阶,则可将序列数据全部后移 1,创建 $t-1$ 列作为特征,第一行添加一个 Na(未知)值,没有移位的时间序列数据表示为 $t+1$,执行如下代码:

```
ts.order.shift <- lag(ts.order, k =1)
head(ts.order.shift)
ts.order.shift.rename <- ts.order.shift %>%
    rename("t-1" = "Temp") %>% # 将 Temp 命名为 t-1
    add_column(ts.order[4])%>% # 增加一列 ts.order[4]
    rename("t+1" = "Temp") # 将 Temp 重新命名为 t+1
head(ts.order.shift.rename, 3)# 只显示前 3 行
```

移动 1 位后,时间序列数据格式见表 6.2。

表 6.2

	年	月	日	$t-1$	$t+1$
1	1981	01	01	Na	20.7
2	1981	01	02	20.7	17.9
3	1981	01	03	17.9	18.8
⋮	⋮	⋮	⋮	⋮	⋮

类似地，可计算 $t-2$ 为 lag_2……这样就生成了 lag_特性，代码如下：

```
library(DataCombine)
ts.order.shift1 <- slide(ts.order, Var = "Temp", NewVar = "t-1", slideBy = -1)
ts.order.shift2 <- slide(ts.order.shift1, Var = "Temp", NewVar = "t-2", slideBy = -2)
ts.order.shift3 <- slide(ts.order.shift2, Var = "Temp", NewVar = "t-3", slideBy = -3)
ts.order.shift <- rename(ts.order.shift3,"t+1" = "Temp")
head(ts.order.shift)
```

将用三个滞后特征添加到原始时序数据中，得到的时序数据格式见表 6.3。

表 6.3

	年	月	日	$t-3$	$t-2$	$t-1$	$t+1$
1	1981	01	01	Na	Na	Na	20.7
2	1981	01	02	Na	Na	20.7	17.9
3	1981	01	03	Na	20.7	17.9	18.8
4	1981	01	04	20.7	17.9	18.8	14.6
5	1981	01	05	17.9	18.8	14.6	15.8
⋮	⋮	⋮	⋮	⋮	⋮	⋮	⋮

然后删除 Na 行之后，就可用这些滞后特征来训练预测模型。基于这些滞后特征建模，可能提高预测模型的精度。

6.2.2.3　窗口特征

此处滑动窗口宽度为 1，可以扩展窗口宽度，产生更多滞后特征。但是选择一个合适的滑动窗口大小比较困难，一个可行的做法是尝试一组不同的窗口宽度，依次创建一组不同"视窗"，并查看哪一组模型结果更好。

确定窗口大小后，通过滑动窗口，并关注窗口内容，就可以得到很多特征，如取窗口中的平均值，将其作为特征，使用这种方法生成的特征被称为"滚动窗口"特征。此外，还可选取窗口中的和、最小值、最大值等作为特征，建立机器学习模型。

此外，特定领域的特征(domain-specific feature)是特征工程的精髓，需要对陈述的问题有很好地理解，根据领域知识，提取外部数据，为模型增加更多的信息。

R 中可用 TSrepr 提取时间序列有用的特征，如中值、最小值、最大值，还可以从时间序列中提取一些高级的有用特征，比如偏斜或峰度，从每一天时间序列（频率为48）中提取出偏斜。另外，使用 timetk 包中的 step_timeseries_signature（）函数，构建一个 25 个特征构成的基本特征集，在此基础上通过添加交互项、虚拟变量等构建 200 多个新特性。

6.2.3 平稳性和差分

如第 2 章所述，随机森林等树模型是生态学最常用的机器学习建模方法，被广泛用于分类或回归。对时间序列建模而言，利用随机森林建模存在诸多局限。例如，树模型是通过 if-then 递归地分割数据空间，无法预测趋势，即不能进行外推。另外，基于树模型的时序预测要求数据是平稳的。

所谓平稳性，指的是序列的均值和方差是有限的，而且不随时间变化。但是，多数时间序列数据具有上升或下降趋势，以及周期性，通常是不平稳的。这种不平稳通常由于观测值不是彼此独立的，一个观测值可能会在 i 个时间单位后与另一个观测值相关，形成自相关。自相关可以削减基于时间的预测模型（例如时间序列图）的准确性，导致数据错误解释。

6.2.3.1 检验平稳性

自相关图（ACF 图）可帮助识别非平稳时间序列。如果一个时间序列是平稳的，自相关系数（ACF）会快速地下降到接近 0 的水平，然而非平稳时间序列的自相关系数 r_1 通常非常大并且为正值，而自相关系数下降比较缓慢。

另外，Ljung-Box test 是对 randomness 的检验，或者说是对时间序列是否存在滞后相关的一种统计检验，代码如下：

```
Box.test (ts, lag = 5)
Box.test (ts, lag = 10, type = "Ljung")
```

在 Ljung-Box 检验中，统计量 Q 的 p 值远小于 0.01，所以具有很强的自相关，而非随机。为此，建模前要对序列数据进行处理，消除趋势和季节性变化，使非平稳时序数据平稳，用于机器学习建模。建模后，通过进行反转换处理，恢复真实值。

6.2.3.2 变换与差分

通过 Box-Cox 或 log 变换，可以稳定方差。可以用 forecast 包中的 BoxCox(x, lambda) 进行 BoxCox 转换。另外，该包中的 BoxCox.lambda(x)可以用于选择合适的 λ。执行代码如下：

```
BoxCox.lambda(ts) # 利用 Box-Cox 方法数据转换，平稳变异
ts %>% BoxCox(lambda = 0.2784676) %>%
autoplot() +
    xlab("Year") +
    ylab("Degree") +
    ggtitle("Daily min temp between 1981 - 1990") +
    theme_minimal() # 简约主题
```

差分（differencing）可以稳定时间序列的均值。简单法是取前后数据差，即 $y'_t = y_t -$

y_{t-1}，通常也称为“一步差分”，差值的滞后数为1。另外，还可用 $y_t' = y_t - y_{t-s}$ 消除季节变化（相当于同一季节的观察），这种差分也称为“季节差分”，是相邻年份的观测值的差值。单位根检验用于判定是否需要差分，常用 Kwiatkowski-Phillips-Schmidt-Shin（KPSS）检验。利用 urca 中的 ur.kpss()函数，执行代码如下：

```
library(urca)
ts %>% ur.kpss() %>% summary()
ts %>% diff() %>% ur.kpss() %>% summary()#经过一阶差分
ndiffs(ts)#确定一阶差分次数
```

检验统计量的值远大于临界值1%，该序列不平稳。但经过一阶差分，统计量的值变得很小，可以推断出差分后的序列是平稳的。进一步，通过 ndiffs()函数，返回值为1，确定只需要进行一次一阶差分次数。

如果执行季节差分，此时 diff(ts,lag = 12)，然后通过 ur.kpss()函数确定是否需要进行季节差分，通过 ndiffs()函数确定适合的季节差分的次数。本例只需要进行一阶差分，然后执行如下代码，检验序列是否平稳：

```
library(fpp2)
ts.df <- diff(ts)
autoplot(ts.df) +
    xlab("Year") +
    ylab("Degree") +
    ggtitle("Daily min temp between 1981 - 1990") +
    theme_minimal()#简约主题
Box.test(diff(ts),type = "Ljung-Box")
```

对于一个时间序列，转换和差分可同时进行。在此，首先对数据进行 log 转换来稳定方差，然后对数据差分使其平稳，并比较原始数据与处理后的差别，可执行如下代码：

```
ts.org<- window(ts, end = c(1989, 12))#训练集，测试1990年各月份
plot.org <- ts.org %>%
    autoplot() +
    xlab("Year") + ylab("Degree") +
ggtitle("1981 - 1989") +
theme_minimal()
ts.trd<- ts.org %>% #对数转换
    log() %>% diff(1)#差分
plot.trd %>% ts.trd %>%
    autoplot() +
    xlab("Year") + ylab("Degree") +
    ggtitle("1981 - 1989") +
    theme_minimal()
gridExtra::grid.arrange(plot.org, plot.trd)
```

6.2.4 模型构建

6.2.4.1 训练矩阵构建

在将转换后的数据作为机器学习的输入前，要把当前向量形式转化为矩阵，即嵌入 k 维序列（$k = \text{lag.order} + 1$），这就是时间延迟嵌入（time delay embedding）。通过转化，得到一个类似于图 6.2 的矩阵，矩阵的第 1 列为目标变量，其余列为模型的输入特征，这是机器学习可使用的结构。在 R 中，使用函数 embed()，可完成时间延迟嵌入，执行代码如下：

```
lag.order <- 6 #最理想的滞后阶数(假如 6 个月)
horizon <- 12 #预测值数量(此处为 1990 年 12 个月的值)
ts.mbd <- embed(ts.trd, lag.order + 1) #嵌入时间延迟
head(ts.mbd)
```

时间延迟嵌入允许使用任何线性或非线性回归方法。此处，采用滞后 6 个月，预测范围为 12(月)，即 1990 年全年。

6.2.4.2 分割训练集和测试集

针对横截面数据，利用留出法、交叉验证等划分数据集。但对于时间序列数据，因为存在时序自相关，不能随机分割。对于时间延迟嵌入矩阵，通过下面的代码分割：

```
y.train <- ts.mbd[, 1] #目标
X.train <- ts.mbd[, -1] #特征
y.test <- window(ts, start = c(1990, 1), end = c(1990, 12)) #测试窗口
X.test <- ts.mbd[nrow(ts.mbd),
          c(1:lag.order)]#由训练集 6 个月最近值组成测试集
```

6.2.4.3 训练和评价模型

用这些数据训练随机森林模型，意味着每个预测的结果作为下一个预测的输入再训练一个模型，以获得下一个预测，这样迭代过程的代码如下：

```
library(randomForest)
pred.rf <- numeric(horizon)
for (i in 1:horizon){
  set.seed(1)#设置随机种子
  fit.rf <- randomForest(X.train, y.train) #拟合模型
  pred.rf[i] <- predict(fit.rf, X.test)#用测试集预测
  y.train <- y_train[-1]
  X.train <- X.train[-nrow(X.train), ]
}
pred.rf
```

训练了 12 个模型，得到了 12 个预测。

接下来，需要把预测转换回来。首先进行 log 逆变换，然后反向差分，执行如下代码：

```
exp.term <- exp(cumsum(pred.rf)) #计算指数项
last_obs <- as.vector(tail(ts.org, 1)) #提取时间序列的最后一项
backtrans.fc <- last_obs * exp_term #计算最终预测结果
y.pred <- ts(  #转换格式
backtrans.fc, #如果未做数据转换,替代为 pred.rf
    start = c(1990, 1),
    frequency = 12)
library(tidyverse) #将结果添加到原始系列
ts.fc <- cbind(ts,pred = c(rep(NA, length(ts.org)), y.pred))
plot.fc <- ts.fc %>% #可视化预测
    autoplot() +
    theme_minimal() +
    labs(title = "1990",x = "Year",y = "Temp")
  plot.fc
accuracy(y.pred, y.test)
```

预测误差 MAPE=35.8%,可用随机森林进行时间序列预测。

6.2.4.4　简化建模过程

nnfor 包或 forecast 包的 nnetar()函数允许使用人工神经网络预测时间序列,随着 tidyverse模拟工具 tidymodels 的创新,形成了一组通用包执行机器学习。下面基于 tidymodels 训练预测模型,并进行预测。

加载数据,并分割为训练和测试集,执行如下代码:

```
data <- read_csv("daily-min-temperatures.csv")
data[["Date"]]<- as.Date(data[["Date"]])#转化为日期格式
data %>%
    plot_time_series(Date, Temp, .interactive = TRUE)
data.split <- data %>%
    time_series_split(initial = "9 years", assess = "1 year")#用近 12 个月做测试,之前做训练
data.split %>%
    tk_time_series_cv_plan() %>% #转化为数据框
    plot_time_series_cv_plan(Date, Temp, .interactive = TRUE)
```

接下来就是构建和选择特征。从时间戳构建特征,执行如下代码:

```
stamp.features<- recipe(Temp ~ ., data = training(data.split)) %>% #将时间序列标签
                                                                     添加到训练集
step_timeseries_signature(Date)
bake(prep(stamp.features), new_data = training(data.split))
spec.features<- stamp.features %>%
    step_fourier(Date, period = 365, K = 5) %>% #日期列转换为傅里叶级数
    step_rm(Date) %>% #移除 Date,以及包括 iso、minute 等
    step_rm(contains("iso"), contains("minute"), contains("hour"),
              contains("am.pm"), contains("xts")) %>%
    step_normalize(contains("index.num"), Date_year) %>% #标准化列
```

```
        step_dummy(contains("lbl"), one_hot = TRUE) #对 lbl 分类变量进行独立编码
```

通过计算时序自相关,选择并构建滞后特征,可执行如下代码:

```
    library(tidyquant)
    k <- 1:180#滞后特征
    col_names <- paste0("lag_", k)
    lagged.features <- data %>%
    tq _mutate(select = Temp,mutate_fun = lag.xts,k = 1:180,col_rename = col_names)
    lagged.features
    temp.autocorr <- lagged.features %>% #滞后特征自相关
    gather(key = "lag", value = "lag_value", -c(Date, Temp)) %>%
    mutate(lag = str_sub(lag, start = 5) %>% as.numeric) %>%
    group_by(lag) %>%
    summarize(cor = cor(x = Temp, y = lag_value, use = "pairwise.complete.obs"),
    cutoff_upper = 2/(n())^0.5,
    cutoff_lower = -2/(n())^0.5)
    temp.autocorr %>% #滞后特征可视化
    ggplot(aes(x = lag, y = cor)) +
geom_point(size = 2) +
        geom_segment(aes(xend = lag, yend = 0), size = 1) +
        geom_line(aes(y = cutoff_upper), color = "blue", linetype = 2) +
        geom_line(aes(y = cutoff_lower), color = "blue", linetype = 2) +
        ggtitle("ACF plot") +
        theme_minimal()
    abs.autocorr <- temp.autocorr %>% #输出自相关系数值
        ungroup() %>%
        mutate(lag = as_factor(as.character(lag)),cor_abs = abs(cor)) %>%
        select(lag, cor_abs) %>%
        group_by(lag)
    abs.autocorr
```

从自相关系数可分析周、月等周期性特征。下面仅用时间戳特征,基于 Modeltime 设计工作流,选择和评估预测模型。在此,构建线性回归和随机森林回归两个模型,执行如下代码:

```
    lm.model<- linear_reg(mode = "regression") %>%
        set_engine("lm")
    lm.workflow<- workflow() %>%
          add_recipe(spec.features) %>%
          add_model(model.spec.lm)%>%
          fit(data = training(data.split))
    rf.model <- rand_forest(mode = "regression",mtry = 3, trees = 100)%>%
          set_engine("ranger")
    rf.workflow <- workflow() %>%
          add_recipe(spec.features) %>%
          add_model(rf.model)
```

```
        fit(data = training(data.split))
models.tbl <- modeltime_table(
      lm.workflow,rf.workflow)
models.tbl
```

利用 modeltime_calibrate()函数校准模型,即量化误差和估计置信区间,可执行如下代码:

```
tests.tbl <- models.tbl %>% #评估模型
modeltime_calibrate(testing(data.split))
tests.tbl
tests.tbl %>% #可视化测试结果
modeltime_forecast(new_data = testing(data.split),actual_data = data) %>%
plot_modeltime_forecast(.legend_max_width = 25, .interactive = TRUE)
tests.tbl %>% #精确度矩阵
    modeltime_accuracy() %>%
    table_modeltime_accuracy(resizable = TRUE, bordered = TRUE)
```

最后一步是使用 modeltime_refit()函数,在整个数据集重构模型,并进行未来预测。可执行如下代码:

```
refit_tbl <- tests.tbl %>% #重构模型
    modeltime_refit(data = data)
refit_tbl %>% #向前预测2年
    modeltime_forecast(h = "2 years", actual_data = data) %>%
    plot_modeltime_forecast(.legend_max_width = 25,.interactive = TRUE)
```

6.3　时序相似性度量

6.3.1　序列相似性

时间序列的聚类和分类是基于序列的相似性。另外,Motif 发现、Disorder 发现、语义分割(semantic segmentation)、规则发现等,也需要计算序列的相似性。因此,序列相似性度量是数据挖掘中的首要问题。

对于数值时间序列(numeric time-series),序列相似性的度量方法包括:

(1) 基于形状的(shape-based)相似度。常用动态时间规整(Dynamic Time Warping, DWT)方法,新近发展的矩阵轮廓(Matrix Profile, MP)是一种通用的相似性度量。

(2) 基于特征的(feature-based)相似度。提取序列特征,如中值、最小值、偏斜、峰度等,也可以取 DWT 后得到的最大系数作为特征,比较序列相似性。

(3) 基于模型的(model-based)相似度。用某个序列所建模型生成另一序列的概率来衡量两个序列间的相似度。常用模型有隐马尔可夫模型(Hidden Markov Model,HMM)、自回归滑动平均模型(Auto-Regressive and Moving Average Mode,AMRA)。

在上述三种方法中,最常用的是基于形状或欧式距离的相似性度量。下面以2001～2006年与2011～2014年两个MODIS遥感植被指数时间序列为例,说明序列相似性的距离度量方法。

将2001～2006年序列记为C,2011～2014年序列记为Q。首先,根据MODIS植被指数,由下式计算两个序列各年份之间的欧氏距离:

$$d(i,j)=(q_i-c_j)^2 \tag{6.1}$$

式中,c_j表示C序列中第j年的植被指数值,q_i表示Q序列第i年的植被指数值。由此得到一个距离矩阵(图6.2,左)。将序列Q和C的起始年份2001与2011所对应的网格定义为$w_1=(1,1)$,将两个序列最后年份2006与2014所对应的网格定义为$w_k=(6,4)$,目标是找到从起始网格$w_1=(1,1)$到终止网格$w_k=(6,4)$的一条路径,这条路径必须满足:

C_j				
2006	2	1	7	5
2005	1	5	1	6
2004	4	7	2	4
2003	5	2	4	3
2002	3	4	8	2
2001	2	1	5	1
	2011	2012	2013	2014
	Q_i			

C_j				
2006	2	1	7	5(26)
2005	1	5	1(16)	6
2004	4	7	2(15)	4
2003	5	2(11)	4	3
2002	3	4(9)	8	2
2001	2(4)	1(5)	5	1
	2011	2012	2013	2014
	Q_i			

图6.2

(1) 所选的路径必定是从左下角出发,在右上角结束;

(2) 从网格$(i-1,j-1)$、$(i-1,j)$或$(i,j-1)$进入下一个网格(i,j),规整距离为

$$g(i,j)=\min\begin{cases}g(i-1,j)+d(i,j)\\g(i-1,j-1)+2d(i,j)\\g(i,j-1)+d(i,j)\end{cases} \tag{6.2}$$

在本例中,第一个网格(1,1)规整距离$g(1,1)$为$2d(1,1)$,即$2\times d(1,1)=2\times2=4$(见图中括号内值)。因为与网格(1,1)相邻三个方向网格,横行的网格距离最小(只有1),所以选择横行进入网格(2,1),规整距离$g(2,1)=d(2,1)+g(1,1)=1+4=5$(图中括号内值)。接下来,竖行的网格距离最小(为4)到(2,2),规整距离$g(2,2)=g(2,1)+d(2,2)=5+4=9$,…。这样得到一条规整路径(见图6.2中粗黑线条),累积最小规整距离为26。这个距离基于两个序列之间的相似度。

如果有另外两个序列,也可按照类似方法计算距离,通过比较距离大小,就可以知道哪两个序列更相似。这种基于规整路径求得最短距离的序列相似性算法,称为动态时间规整(Dynamic Time Warping, DTW)。

在R中,有一个专门的dtw包执行动态时间弯曲距离,并绘制规整路径。假如有一个时间序列,计算其两个不等长的时间间隔(1986年1～12月与1999年1～7月)的动态时间弯曲距离。具体代码如下:

```
library("dtw")
data("ts")
ref <- window(ts,start = c(1986,1),end = c(1986,12))
test <- window(ts,start = c(1999,1),end = c(1999,7))
alignment <- dtw(test,ref)
alignment $ distance
plot (dtw(test,ref,k = TRUE),type = "threeway",off = 1,match. lty = 2,match. indices = 20)
```

6.3.2　矩阵轮廓

基于距离的序列相似性度量方法,在单个时间序列中发现 Motif、Disorder 以及语义分割(semantic segmentation)等方面得到很好的发展和应用,特别值得关注的是距离矩阵轮廓(Matrix Profile, MP)算法。MP 算法的原理如下:

对于一个时间序列 TS(x_1, x_2, …, x_{14}),任意截取一段子序列。假如以 4 个采样的时间点构成的一个子序列为一个窗口,如将 $x_1 \sim x_4$子序列看做一个滑动窗口,也可将 $x_2 \sim x_5$子序列看做一个滑动窗口,此时的滑动窗口大小 $m = 4$。

利用其中一个窗口,如 $x_2 \sim x_5$(简称为窗口 2),从左边开始,沿着整个时间序列向右逐步移动,每次滑动步长为 1 个时间点(单位),这样就可以得到 11 个子序列,它们分别为 $x_1 \sim x_4$, $x_2 \sim x_5$, $x_3 \sim x_6$, …, $x_{11} \sim x_{14}$,见图 6.3。

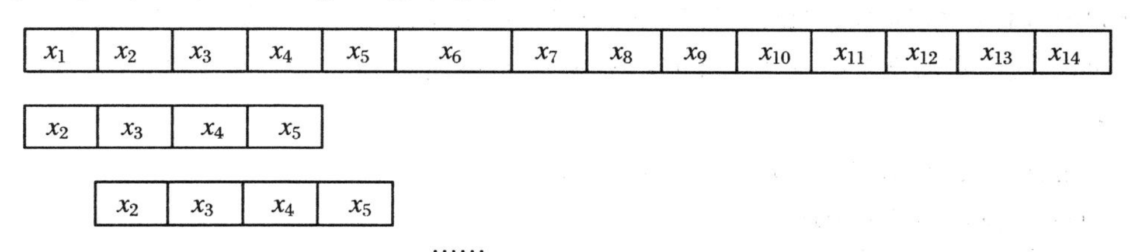

图 6.3

基于卷积方法(Mueen's algorithm),计算出窗口 2 与所有子序列(共 11 个子序列)之间的距离,得到如下距离矩阵(虚拟数据):

把窗口 2 与各个子序列对之间的距离按顺序排列起来,这样得到一个矩阵轮廓(matrix profile)(图 6.4)。

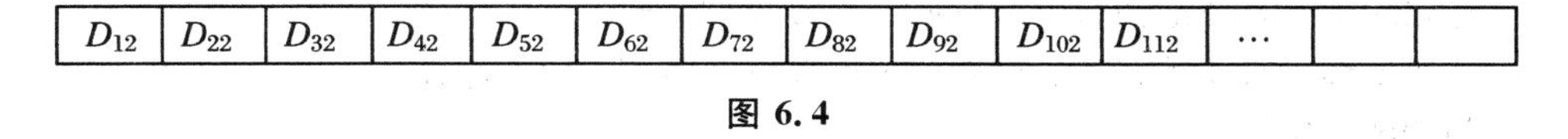

图 6.4

在图 6.4 中,D_{12}是 $x_2 \sim x_5$与 $x_1 \sim x_4$之间的距离,D_{22}是 $x_2 \sim x_5$与其自身之间的距离,…。因为 $x_2 \sim x_5$与 $x_1 \sim x_4$, $x_2 \sim x_5$、$x_3 \sim x_6$、$x_4 \sim x_7$很靠近,它们之间比较没有太大意义,排除掉 D_{12}、D_{22}、D_{32}、D_{42}。除了这四个值,在剩余的 7 个值中最小距离作为窗口 2 与整个序列的距离 D_2。

同理,用其他同长度窗口,得到各个窗口与整个序列的最小距离,如 $x_1 \sim x_4$、$x_3 \sim x_6$、$x_4 \sim x_7$等与整个序列的最小距离分别为 D_1、D_3、D_4等,这样总共有 11 个最小距离,将这些最小的距离排列出来,并绘制成图,即矩阵轮廓(图 6.5)。

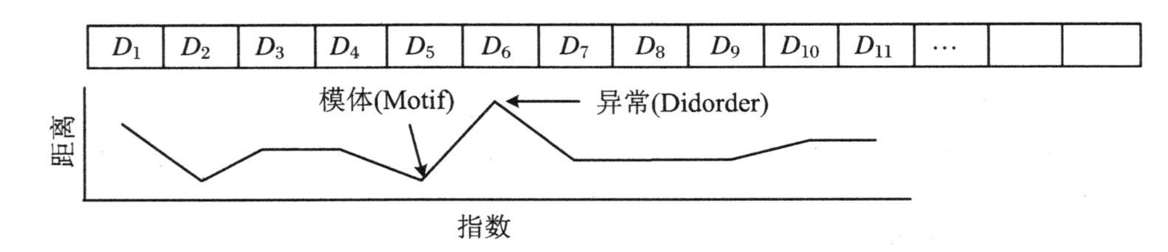

图 6.5

MP 算法适用于任何长度、有丢失值的时间序列数据，且不要求设置相似/距离阈值。由于其通用性、简单性和可扩展性，可完成各种时间序列的挖掘任务，如 Motif 发现、time series joins、shapelet 发现(classification)、clustering，它将促使时间序列数据挖掘变革。此方法有趣且易理解。例如，MP 上的最高点对应于时间序列 TS 的 Disorder，最低点对应于 TS 的 Motif。

R 中用 tsmp 包完成 MP 算法，可从 https://CRAN.R-project.org/package=tsmp 获得，有关 tsmp 中的主要函数语法以及相关参数参考相关网站。tsmp 包可用于单个时间序列的数据挖掘，具体挖掘如下。

6.3.2.1 Motif 发现

Motif 发现是指经常重复或定期重复的序列，可以使用 R 中的 tsmp 包寻找这种重复序列。下面举例说明 tsmp 计算 MP 及 Motif 发现。

WalkJogRun 数据集是 Reiss 和 Stricker 在 2012 年收集的，包含人类运动的三种状态记录，即步行、慢跑和跑步。使用大半径和排除区来迫使算法寻找遥远的 Motif。代码及解释如下：

```
temp = read.csv("data for tsmp.csv", sep=",")
class(temp) #查看类别
head(temp) #查看数据
data <- as.matrix(temp[, -1]) #数据框转化为矩阵
head(data) #查看数据
library(tsmp)
mp<- tsmp(data, window_size = 80, exclusion_zone = 1/2)
  #计算单个时间序列的 matrix profile,其中 window_size 为滑动窗口大小,exclusion_zone 排
    除区域,默认 1/2
motifs <- find_Motif(mp, n_Motifs = 3, radius = 10, exclusion_zone = 20)
  #radius=设定一个阈值,排除与当前 Motif 距离小于 10 的邻居
Motifs #查看
par(mar = rep(2,4)) #防止绘图区空间不足而不出图
plot(Motifs, type = "matrix") #绘图
```

tsmp 包从 magrittr 包引入 %>%(管道)操作，将前面的输出作为后面函数的第一个参数输入，从而使 tsmp 操作容易，上述过程可基于管道执行下面的代码：

```
motif <- tsmp(data, window_size = 80, exclusion_zone = 1/2) %>%
find_motif(n_motifs = 3, radius = 10, exclusion_zone = 20) %>%
plot(type = "matrix")
```

从运行结果产生的图形看,一个关于 MP 与每个 Motif 出现的位置(彩色垂直条),另外的图形显示了每一个 Motif 的颜色与其邻居(灰色)。

6.3.2.2 语义分割

对于时间序列,属性与时间相关,需要划出不同的时间窗口,得到同一属性在不同时间下的特征值。例如,用某种算法将原始时间序列数据分割为等长度的子序列集合,再抽取各个子序列特征,包括时域特征、频谱特征等,以便对这些子序列进行聚类/分类分析、检测时间序列中的变化点、对分割后的时间序列建立动态模型。

时间序列分割可被看做一个离散化问题,简单的离散化方法是利用固定长度窗口将时间序列分割为子序列,该离散化过程主要取决于窗口宽度。常用分割方法是用 PIP 或在时间序列中检测特殊事件识别时间点、最小消息长度(Minimum Message Length,MML)和最小描述长度(Minimum Description Length,MDL)作为滑动窗口来分割。模糊聚类分割是基于主成分分析(PCA),首先利用分割广义似然比(Piecewise Generalized Likelihood Ratio,GLR)粗分割,然后对其结果进行改进,或采用 PLR(Piecewise Linear Representation)来分割时间序列。

上述分割存在一个问题,即有意义的模式通常在整个时间序列中以不同的长度出现,使用固定长度分段有可能会错过有意义的模式。利用 MP 可自动分割,得到有意义子序列,即所谓的语义分割(semantic segmentation)。下面以 WalkJogRun 对象,利用 tsmp 包,尝试确定人从慢跑到跑步的转折点位置,代码和解释如下:

```
mp <- tsmp(data, window_size = 80, verbose = 0)
mp <- fluss_cac(mp) #矫正弧数
segments <- fluss_extract(mp, 2) #提取分割,也可用
#管道:segments <- Motifs %>% fluss(num_segments = 2)
segments
par = (mar = rep(2,4)) #控制图形输出
plot(mp, type = "data")
```

运行结果产生的图形显示了预测语义变化的弧形图,两次明显的转换分别发生在 3800 和 6800 位点。另外,运行后还产生了归一化弧数,并对"edge - e_effect"进行了校正。

6.3.2.3 时间序列链

时间序列链(time series chains)是一组时间有序的子序列模式,每个模式与其前面的模式类似,只是存在较小的变化。但是第一个模式和最后一个模式可以是任意不同的,类似于从文本中提取相似的单词构成的文本链,如 data、date、cate、cade、code。第一个词和最后一个词没有共同之处,但前后单词只有一个字母之差。通过这样一些词连接起来的时间序列链,可以捕捉系统的进化,并帮助预测未来。以上述数据为例,代码如下:

```
mp <- tsmp(data, window_size = 50, exclusion_zone = 1/4,verbose = 0)
chains <- find_chains(mp)
chains
dev.off() #防止出现"Error in plot.new() : figure margins too large"
par = (mar = rep(2,4))
```

```
plot(chains, ylab = "")
```

6.3.2.4 snippet 发现

对于一个大型时间序列数据集,要想找到典型序列却非易事,主要问题不是时间或空间的复杂性,而是不清楚具有代表性的数据意味着什么。为此,引入时间序列 snippet,表示典型时间序列子序列。snippet 发现代码如下:

```
temp = read.csv("D:/tutorial/data for tsmp.csv", sep=",")
data <- as.matrix(temp[, -1])
mp <- tsmp(data, window_size = 80, exclusion_zone = 1/2)
snippets <- find_snippet(mp, 40, n_snippets = 2)
snippets
plot(snippets)
```

除了用于可视化和总结大量时间序列集合之外,snippet 对于大型时间序列集合的高级比较具有实用性。

参考文献

[1] Bischoff F, Rodrigues P P, 2019. Tsmp: an R package for time series with matrix Profile. CoRR abs/1904.12626.

[2] Busetto L, Ranghetti L, 2016. Modistsp: an R package for automatic preprocessing of modis land products time series. Comput. Geosci., 97: 40-48.

[3] Dancho M, 2020. Time series machine learning. Avaible online: https://cran.r-project.org/web/packages/timetk/vignettes/TK03_Forecasting_Using_Time_Series_Signature.html.

[4] Dancho M, 2017. Tidy time series analysis. Part 4: lags and autocorrelation. https://www.business-science.io/timeseries-analysis/2017/08/30/tidy-timeseries-analysis-pt-4.html.

[5] Dancho M, 2020. Introducing modeltime: Tidy time series forecasting using tidymodels. https://www.business-science.io/code-tools/2020/06/29/introducing-modeltime.html.

[6] Dornelas M, Antão L H, Bates M F, et al., 2018. BioTIME: A database of biodiversity time series for the Anthropocene. Global Ecol. Biogeogr, 27: 760-786.

[7] Francisco M, Frías M P, Charte F, et al., 2019. Time series forecasting with KNN in R: the tsfknn package. The R Journal. DOI: 10.32614/RJ-2019-004.

[8] Hyndman R J, Athanasopoulos G, 2013. Forecasting: principles and practice. OTexts.org/fpp/. Available online: https://otexts.com/fpp2/.

[9] Laurinec P, 2018. Tsrepr r package: time series representations. J. Open Source Softw, 3: 577.

[10] NERC, 2010. The Global Population Dynamics Database Version 2. Centre for Population Biology, Imperial College. http://www.sw.ic.ac.uk/cpb/cpb/gpdd.html.

[11] Tilgner M, 2019. Time series forecasting with random forest. STATWORX (blog). Available online: https://www.statworx.com/at/blog/time-series-forecasting-with-random-forest/.

[12] Yeh C C M, Zhu Y, Ulanova L, et al., 2017. Time series joins, motifs, discords and shapelets: a unifying view that exploits the matrix profile. Data Min. Knowl. Disc., 32: 83-123.

[13] Zhu Y, Imamura M, Nikovski D, et al., 2019. Introducing time series chains: a new primitive for time series data mining. Knowl. Inf. Syst., 60: 1135-1161.

第7章　生态网络与图挖掘

群落中物种之间普遍存在各种联系，深入研究种间作用，可从系统水平上监测和管理生物多样性，探讨群落稳定性和弹性，也可揭示人畜共患疾病（如 SRAS、埃博拉）的散布和传播。

网络（network）是表示种间相互作用最常见的方法之一，而图（graph）是网络的数学表达形式，基于图论的数据挖掘技术为种间关系数据可视化和探索性分析提供了一个统一框架，图挖掘方法不仅为生态学家拓展了种间作用网络的构建能力，也为研究生态学大数据铺平了道路。

本章将介绍网络数据的表达、生态网络构建，以及基于图挖掘方法的网络拓扑特征分析和链接预测。

7.1　网络数据表达

7.1.1　图论与网络

在图论中，常用邻接矩阵和边列表来表示网络，这种数据格式或表达方式利于与图关联。下面是网络数据与图关联情况：

（1）邻接矩阵。第1行、第1列为物种，且相同。该方阵的对角线上值为0，其他值为0或1。

① 无权重的邻接矩阵。非对角线上的值为0或1，分别表示物种之间无关系（$a_{ij}=0$）或有联系（$a_{ij}=1$）（图7.1）。

② 有权重的邻接矩阵。非对角线上的值表示物种之间的相互作用的程度值（W_{ij}）（图7.2）。

（2）边列表与图。边列表是图的一种表达方式，对图中每个顶点建立一个链表（n 个顶点建立 n 个链表），边上数字表示权重。边列表及对应网络图见图7.3。

igraph 包用于网络构建和分析，具有强大的功能。例如，利用 igraph 包创建图7.1所示的网络图，可执行如下代码：

	a_1	a_2	a_3	a_4	a_5
a_1	1	1	0	1	0
a_2	1	0	1	1	1
a_3	0	1	0	0	0
a_4	1	1	0	0	1
a_5	0	1	0	1	0

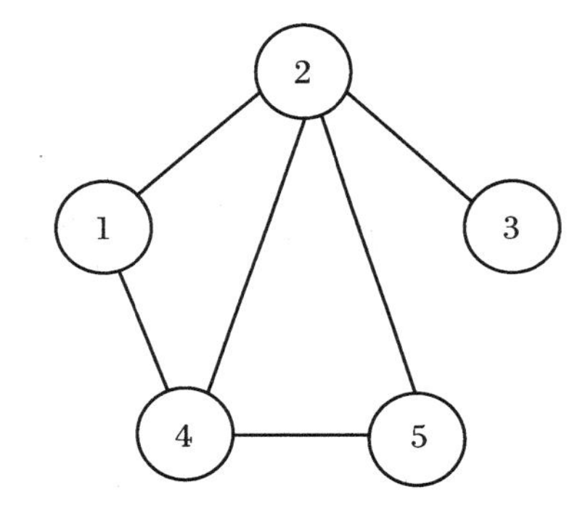

图 7.1

	a_1	a_2	a_3	a_4	a_5
a_1	0	3	0	1	0
a_2	3	0	2	5	8
a_3	0	2	0	0	0
a_4	1	5	0	0	7
a_5	0	8	0	7	0

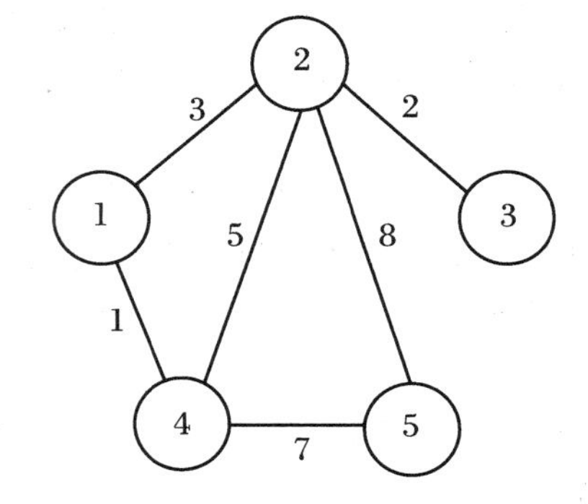

图 7.2

顶点5	弧列表	边列表
1 “a”	1 4	1 2
2 “b”		2 35
3 “c”		
4 “d”	4 2 5	
5 “e”		

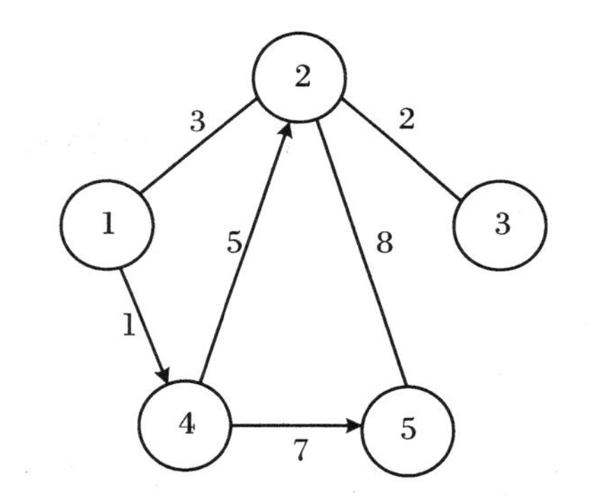

图 7.3

```
library(igraph)
g1 <- graph( edges = c(1,2, 1,4, 2,3, 2,4, 2,5, 4,5), n = 5, directed = F )
plot(g1)
```

网络数据的矩阵形式通常保存为两个表，其中一个为顶点数据表，包括顶点编号、顶点名称、类别等属性，另一个表为边链接，即1(有链接)或0(无链接)。例如，2016年Katherine Ognyanova收集了一个关于媒体之间的关系数据(https://kateto.net/networks-r-igraph)，其顶点和边数据表分别见表7.1和表7.2。

表 7.1

编号	媒体名称	媒体类别	属性	收线率
s01	NY Times	1	Newspaper	20
s02	Washington Post	1	Newspaper	25
s12	Yahoo News	3	Online	33
⋮	⋮	⋮	⋮	⋮

表 7.2

起点	终点	权重	类型
s01	s02	10	超链接
s01	s02	12	超链接
⋮	⋮	⋮	⋮
s04	s11	22	mention
⋮	⋮	⋮	⋮

从表 7.1 可知,该网络数据集为单个顶点网络,共 17 个顶点,表 7.2 实际上为一个边联系,且有权重。根据上述两个数据表,可利用 igraph 构造一个单个顶点网络图,代码如下:

```
nodes <- read.csv("data/Dataset1 - Media - Example - NODES.csv",
          header = T, # 读入的数据里包含了表头
          as.is = T # 指读入的字符串,不要默认按照因子来转换
          )
links <- read.csv("data/Dataset1 - Media - Example - EDGES.csv", header = T, as.is = T)
head(nodes)
head(links)
net <- graph_from_data_frame(d = links, vertices = nodes, directed = T)
plot(net, edge.arrow.size = .4,vertex.label = NA)
net.edges <- as_data_frame(net, what = "edges") # 从 net 提取边并保存
write.csv(net.edges, "edges.csv")
net.nodes <- as_data_frame(net, what = "vertices") # 从 net 提取顶点并保存
write.csv(net.nodes, "nodes.csv")
```

上述顶点属同类,有时顶点分属不同类。例如,Katherine Ognyanova 收集的关于媒体与用户关系的数据,也用了顶点表(表 7.3)和边列表(表 7.4)。

表 7.3

编号	媒体名称	媒体类型	媒体属性	收线率
s01	NYT	1	Newspaper	20
s02	WaPo	1	Newspaper	25
⋮	⋮	⋮	⋮	⋮
U20	Dave	NA	NA	NA

表 7.4

	U01	U02	U03	U04	U05	U06	U07	…
s01	1	1	1	0	0	0	0	…
s02	0	0	0	1	1	0	0	…
s03	0	0	0	0	0	1	1	…
s04	0	0	0	0	0	0	0	…
…	…	…	…	…	…	…	…	…

从表 7.3 可知，该网络数据集有两类顶点：一是媒体(s)，有 10 个顶点；二是用户(U)，共 20 个顶点。根据表 7.3 和表 7.4，利用 igraph 构造一个二分网络图，代码如下：

```
nodes<- read.csv("data/Dataset2-Media-User-Example-NODES.csv", header=T, as.is
  =T)
links<- read.csv("data/Dataset2-Media-User-Example-EDGES.csv", header=T, row.
  names=1)
links.m<- as.matrix(links)
dim(links.m)
dim(nodes)
net<- graph_from_incidence_matrix(links.m)
plot(net, vertex.label=NA, vertex.size=7, layout=layout_as_bipartite)
```

7.1.2 生态网络

物种之间的相互作用包括竞争、捕食、寄生(host-parasitoid webs)、互利共生(如 plant-pollinator mutualistic webs)等类型，不同物种之间相互作用交织在一起，形成一种网络，比如食物网(food webs)。

在 2006 年，Proulx 等提出了将图论应用到生态学领域，用图表示生态网络，即 $G(V, E)$，其中，V 为节点，表示物种或基因单位(OTU)，E 表示边(edges)，代表物种或基因单元之间的关系。常见生态网络为 Unipartite、Bipartite 和 Tripartite 类型。

(1) Unipartite (one-mode)。所有物种同在一个集团，如食物网，物种之间只有“吃”和“被吃”关系，网络中的“边”是有向的，见图 7.4。

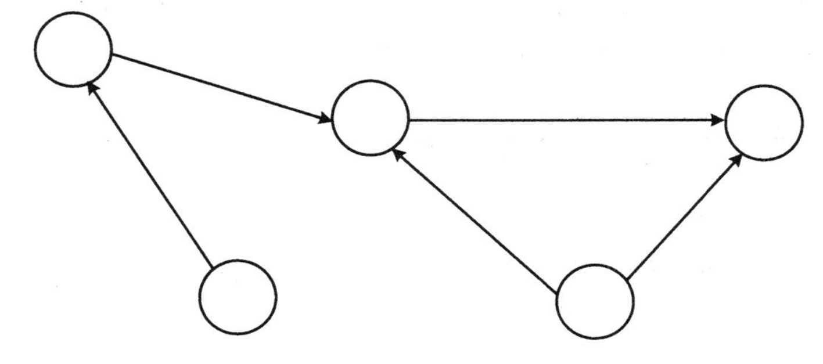

图 7.4

(2) Bipartite (two-mode)。物种分属两个集团,同一集团内的顶点之间没联系,只有不同集团之间的顶点有联系。如开花植物与传粉昆虫、植物与植食性昆虫,植物内部之间无联系,传粉昆虫之间也无联系,而且没有特定的方向。见图 7.5。

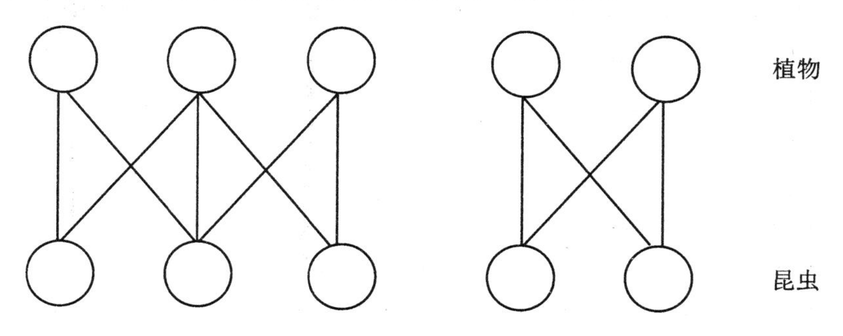

图 7.5

(3) Tripartite (three-mode)。物种分属三个集团。如植物—植食性昆虫—寄生虫,植物内部之间无联系,昆虫之间也无联系,有特定的方向,见图 7.6。

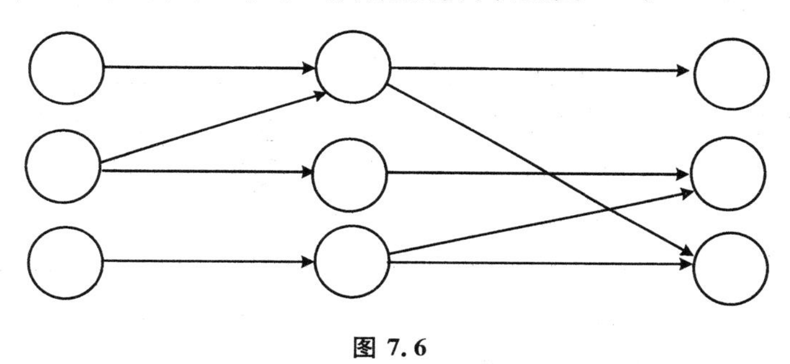

图 7.6

在 Mangal 是基于图论创建的一个生态网络数据库(https://mangal.io/),用户可使用 rmangal 包将网络数据存入此数据库。rmangal 包还附带了一个 vignettes,介绍了用户如何将网络数据上传到数据库中。目前该数据库有 172 个数据集,保存有 1300 多个网络数据。

在 Mangal 中,用边列表格式表示和存储网络数据。通过 rmangal 包搜索和下载相关数据,执行如下代码:

```
library("rmangal")
library(tibble)
mgn <- search_datasets(query = "lagoon") # 搜索并查看"lagoon",也可"insects"等关键词
class(mgn)
mgn
mgn <- get_collection(mgn) # 获取数据
mgn # 显示三个数据库
names(mgn[[1]]) # 查看第一个数据库各组成名称
```

从该数据库看,网络数据保存为边列表形式,且顶点、边分开保存,各为一个 csv 或 txt 文件。

虽然存储为 csv 或 txt 文件,但与普通表格有很大不同。例如,对于第一个表,在 Excel 中,打开 NODES,呈现形式见表 7.5。它是一个存储顶点的表,包括顶点的识别符和相关

属性。

表 7.5

	node_id	original_name	node_level	network_id	taxonomy_id	
1	4904	Scianids	taxon	86	4363	…
2	4905	Elopids	taxon	86	4364	…
3	4906	Lutjanids	taxon	86	4365	…
4	4907	Carangids	taxon	86	4366	…
5	4908	Centropomids	taxon	86	4367	…
6	4909	Ariids	taxon	86	4368	…
7	4910	Haemulids	taxon	86	4369	…
…	…	…	…	…	…	…

第二个表是关于边的，在 Excel 中，打开 EDGES，包括顶点、边方向等信息，其中，“from”到“to”是指边的方向，见表 7.6。

表 7.6

	interaction_id	node_from	node_to	date	direction	
1	48376	4912	4912	2003-01-01T00:00:00.000Z	directed	…
2	48377	4912	4914	2003-01-01T00:00:00.000Z	directed	…
3	48378	4912	4915	2003-01-01T00:00:00.000Z	directed	…
4	48379	4912	4918	2003-01-01T00:00:00.000Z	directed	…
5	48380	4912	4919	2003-01-01T00:00:00.000Z	directed	…
6	48381	4912	4920	2003-01-01T00:00:00.000Z	directed	…
7	48382	4912	4921	2003-01-01T00:00:00.000Z	directed	…
…	…	…	…	…	…	…

对于 Mangal 中的数据，可以下载保存到计算机上，执行如下代码：

```
glimpse(mgn[[1]]$nodes) #顶点或物种
NODES <- mgn[[1]]$nodes
head(NODES) #查看前6行
write.csv(NODES,"NODES.csv") #保存顶点
glimpse(mgn[[1]]$edges) #边或相互作用
EDGES <- mgn[[1]]$interactions
head(EDGES)
write.csv(EDGES,"EDGES.csv") #保存边数据
```

在 R 中，rmangal 可将 mgNetwork 转换为 igraph 和 tbl_graph，igraph 和 tidygraph 提供了分析网络的强大功能。例如，igraph 包提供了一些函数，可读取 Mangal 中的数据，并可视化，代码如下：

```
#分别读取顶点和边数据
```

```
nodes <- read.csv("NODES.csv", header = T, as.is = T) # as.is 表示设置列数据类型
        (默认下,numeric 变为 factor 类型,as.is = T 指不要默认)
names(nodes)
nodes <- nodes[, - 1]
names(nodes)[1] = "id"
links <- read.csv("EDGES.csv", header = T, as.is = T)
names(links)
links <- links[, - c(1,2)]
names(links)[c(1,2)]<- c("from","to")
dim(nodes)
dim(links)
library("igraph")
net <- graph_from_data_frame(d = links, vertices = nodes,directed = T)
plot(net)
```

另外,用 igraph 包是方便地进行图、矩阵、列表相互转换,可执行如下代码:

```
E <- get.edgelist(net) # 获取图 net 的边列表
class(E) # 查看
E
M <- get.adjacency(net) # 获取图 net 的邻接矩阵
class(M) # 查看
M
```

visNetwork 是一个基于 javascript 的 R 包,用于网络可视化,ggplot2 是一个适合交互式的绘图包,也常用于网络的可视化。对于 R 使用者而言,可根据处理、分析需要,选择合适的包。下面仿照 Katherine Ognyanova(2016),用 igraph 包对网络数据进行交互式操作。

R 和 igraph 允许交互绘制网络。例如,利用 tktool 可手动布局,代码如下:

```
tkid <- tkplot(net)
l <- tkplot.getcoords(tkid)
tk_close(tkid, window.close = T)
plot(net, layout = l)
```

7.2　网络构建与特征

7.2.1　网络构建

微生物之间也存在寄生、捕食、竞争等相互作用,自然环境下不容易直接观察到,而是利用 DNA 测序数据,依据不同类群 DNA 表达的关联性构建共发生网络。已有不少文献介绍

了基于 DNA 数据的微生物生态网络的构建方法，构建步骤见图 7.7。

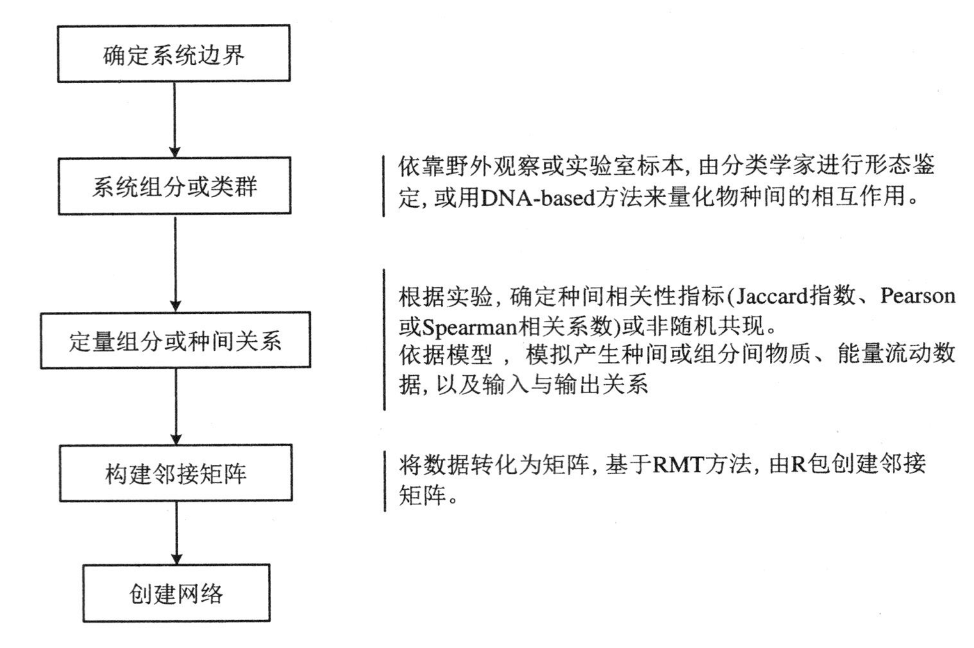

图 7.7

在构建网络过程中，重要的是确定生态系统中主要物种或功能类群，以及定量物种或功能类群之间关系，即网络的顶点和边。筛选顶点和边常用两种方法：

(1) 相关系数法。计算 OTUs 之间的相关系数，并设置一个阈值(一般设定相关系数 $r_0=0.6$、显著水平 $p_0<0.01$)，超过该阈值的两者意味着存在相互作用，并作为网络的边，由此构成矩阵，一般采用邻接矩阵(excel 中的 csv 格式，若为 txt 文件，可转为 csv 格式)，然后用 igraph 包构建网络。

(2) 非随机共现分析。先用 R 包 igraph 构建一个零模型(null model)，如随机网络模型(N 个顶点、M 条边的网络，随机选择两点有联系的概率 $P=2\times MN\times(N-1)$)，再用 igraph 计算网络参数，通过检验真实网络与随机网络的差异，保留与随机网络显著差异的链接。

下面参考 Deng 等(2012)的论文，说明构建分子生态网络的过程。

DNA 测序数据来自土壤微生物的 38 个样品，利用 16S rRNA 基因引物对样品进行扩增，获得 133 个微生物类别，即 133 种 OTUs(Operational Taxonomic Units，可操作分类单元，一种 OTU 表示一种微生物)，以及每种 OTU 的丰度，部分数据见表 7.7。

表 7.7

	OTU1	OTU10	OTU22	OTU41	OTU125	OTU86	OTU164	OTU75	…
样品 1	44	1095	282	218	6	0	6	21	…
样品 2	662	2	56	35	0	7	54	120	…
样品 3	7	1003	31	71	1	0	66	41	…
样品 4	97	200	40	42	0	1	62	30	…

续表

	OTU1	OTU10	OTU22	OTU41	OTU125	OTU86	OTU164	OTU75	…
样品5	104	226	17	21	1	5	155	19	…
样品6	58	50	21	43	0	1	202	26	…
…	…	…	…	…	…	…	…	…	…

将多个样品中重复出现的OTUs丰度转换为相对丰富度，选取相对丰度较高OTUs，计算相关系数，获得相关系数矩阵。计算各种OTUs之间的相关性，最简单的是相似性（相关性或距离），如Bray-Curtis距离、Pearson相关系数、Spearman相关系数等。这里采用Spearman相关系数，相关系数矩阵见表7.8。

表7.8

	OTU1	OTU10	OTU22	OTU41	OTU125	OTU86	OTU164	OTU75	…
OTU1	1	−0.7128	0	0	0	0	0	0	…
OTU10	−0.7128	1	0	0	0	0	0	0	…
OTU22	0	0	1	0	0	0	0	0	…
OTU41	0	0	0	1	0	0	0	0	…
OTU125	0	0	0	0	1	0	0	0	…
OTU86	0	0	0	0	0	1	0	0	…
OTU164	0	0	0	0	0	0	1	0	…
OTU75	0	0	0	0	0	0	0	1	…
…	…	…	…	…	…	…	…	…	…

根据相关系数，需要人为设定相关系数阈值、显著性水平等，选择相互关联的OTUs来构建共发生网络。对于Pearson或Spearman相关系数，一般选择相关系数大于0.6、p值小于0.05。扫描相关系数矩阵，将相关系数大于0.6且p值小于0.05的，选择为有相互作用，否则记录为没有关系。

R中psych包可用于计算相关系数，代码如下：

```
library(psych) #用于计算相关系数
otu = read.table("otu_table.txt",head = T,row.names = 1) #读取数据，行为sample，列
                                                          为OTU
#计算OTU两两相关系数
occor = corr.test(otu,use = "pairwise",method = "spearman",adjust = "fdr",alpha = 0.05)
occor.r = occor$r #取相关性矩阵r值
occor.p = occor$p #取相关性矩阵p值
occor.r[occor.p>0.05|abs(occor.r)<0.6] = 0 #将p>0.05和r绝对值<0.6取值为0
```

基于分析，构建邻接矩阵，结果见表7.9。

表 7.9

	OTU1	OTU10	OTU22	OTU41	OTU125	OTU86	OTU164	OTU75	…
OTU1	1	1	0	0	0	0	0	0	…
OTU10	1	1	0	0	0	0	0	0	…
OTU22	0	0	1	0	0	0	0	0	…
OTU41	0	0	0	1	0	0	0	0	…
OTU125	0	0	0	0	1	0	0	0	…
OTU86	0	0	0	0	0	1	0	0	…
OTU164	0	0	0	0	0	0	1	0	…
OTU75	0	0	0	0	0	0	0	1	…
…	…	…	…	…	…	…	…	…	…

一旦定义了邻接矩阵，就可以构建网络了。微生物生态网络是基于统计推断构建的，很难准确相互作用方式及方向，一般只能构建一个“无向网络”。构建微生物网络的工具有分子生态网络分析(Molecular Ecological Network Analysis，MENA)、局部相似性分析(Local Similarity Analysis，LSA)、成分数据稀疏关联分析(Sparse Correlations for Compositional data，SparCC)、共现网络分析(Co-occurence Network inference, CoNet)等。在此，采用 R 中的 igraph 包构建一个无向网络图。

用如下两个函数：graph_from_incidence_matrix()和 graph_from_adjacency_matrix()获得 igraph 对象，构建网络图，具体代码如下：

```
library(igraph)
g <- graph_from_adjacency_matrix(occor.r, mode = "undirected", weighted = TRUE, diag =
  FALSE) #构造 igraph 对象
bad.vs = V(igraph)[degree(igraph) = = 0] #度=0 点(没有关联的 OTU)
g <- delete.vertices(igraph, bad.vs) #除去度=0 的顶点
set.seed(123) #设计随机种子数，确保前后图形一致
plot (igraph, main = "Co-occurrence network", vertex.frame.color = NA, vertex.label = NA,
    edge.width = 1, vertex.size = 5, edge.lty = 1, edge.curved = TRUE, margin = c(0,0,0,0))
    #简单点线图
write_graph(g, "g.txt", "edgelist") #保存为边列表
```

7.2.2 物种水平特征

如前所述，生态网络具有一些基本特征，包括物种水平上的特征和网络水平上的特征。在物种水平上，主要特征包括度、中心性和特异性(specializaton 或 specility)等。

7.2.2.1 度与度分布

度(degree)是指与一个顶点连接的边数，有时，研究人员希望知道对于给定的某个度所对应的物种数，即度分布(degree distribution)。

（1）度。指与一个顶点（物种）与其他顶点（物种）交互作用（连接的边）的数量。例如，在图 7.8 中，与顶点 1 连接的有两条边，即顶点 1 的度为 2。

（2）度分布。拥有每个度的顶点的数量，在图 7.8 中度为 1 的顶点有 2 个，分别是顶点 3 和 5，度为 4 的顶点有 1 个，即顶点 4。

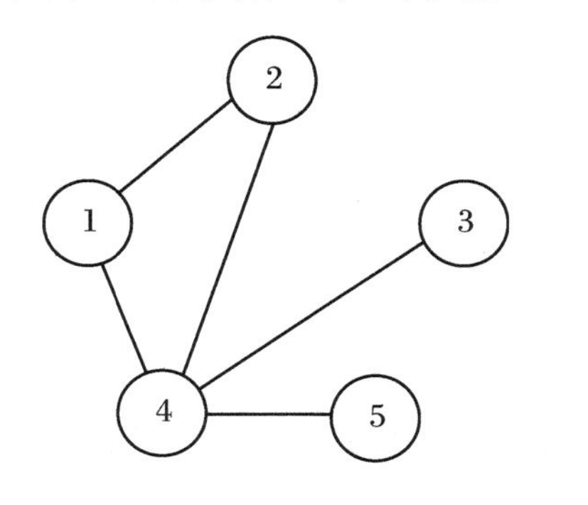

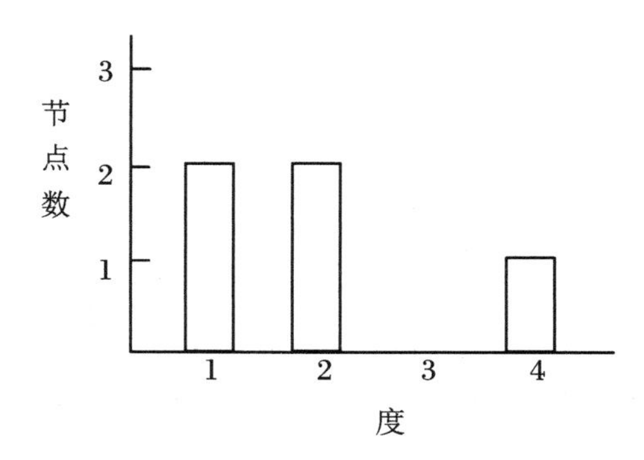

图 7.8

在 R 中，有不少可用于提取网络度的特征，比较重要的包有 igraph。对于上节创建的微生物生态网络 g，执行如下代码，来提取相关信息：

```
library(igraph)
g <- read_graph("g.txt","edgelist") #读取图数据
g <- as.undirected(g, mode = "collapse")
plot(g,vertex.frame.color=NA,vertex.label=NA,edge.width=1,
     vertex.size=5,edge.lty=1,edge.curved=F)
deg <- degree(g, mode="all") #计算度
deg
hist(deg, breaks=1:vcount(g)-1) #度分布图
```

根据度可评价物种的重要性，度低的顶点或物种，属于特异种，度高的物种，属于广布种。在微生物群落中，度高的顶点充当信息交流角色。另外，根据度分布，可初步了解一些网络的性质，顶点的度 k 一般满足幂分布，即 $p(k) \sim k^{\gamma}$，具有 Scale-free 特性，即所谓 Small-world 特性，但真实的生态网络一般偏离这种幂律分布。

7.2.2.2　顶点中心性

顶点的重要性除了基于度的评价外，可能要考虑顶点之间关系的密切程度，这就涉及中心性指标。中心性分为度中心性（degree centrality）、紧密中心性（closeness centrality）、中介中心性（between centrality）、特征向量中心性（eigenvector centrality）。

假如有一个 11 顶点的网络（图 7.9），如何计算各个顶点的中心性呢？下面仅介绍紧密中心性和中介中心性的算法。

（1）紧密中心性。指的是即从一个顶点到其他各个顶点最短路径的长度的平均值。对于 F，它到 P、O、Q、C、D 的最短路径分别为 1、1、2、2、3，共 9，除 F 外的顶点数为 5，最短路径的均值为 $9/5=1.8$。

（2）中介中心性。指的是网络中任意两顶点的最短路径中，经过某个顶点的最短路径数所占的比例，即为该顶点的中介中心性。对于图 7.9 中的顶点 P，除了 P，有 F、O、Q、C

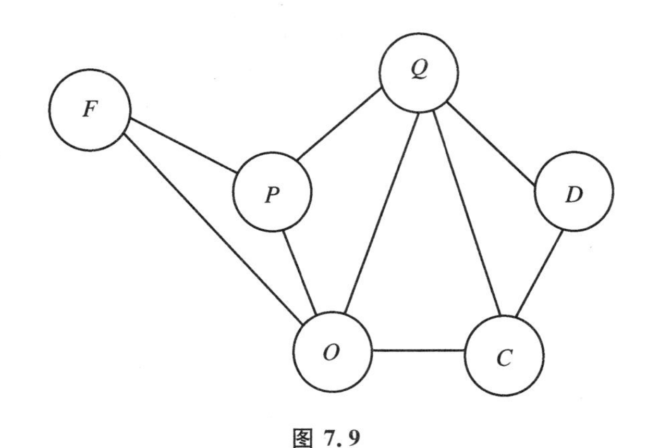

图 7.9

和 D 共 5 个顶点，这 5 个顶点两两之间的连接共 20 条，经过 P 点的最短路径数有 3 条，节点 D 的中介中心性是 3/20 = 0.15。

依据前面创建的微生物生态网络 g，利用 igraph 包中的函数，计算各个中心性指标，并可视化，执行如下代码：

```
deg = degree(g) # 计算度中心
lay <- layout.fruchterman.reingold(g) # 网络图易变化，固定布局图形，以便比较
lay
fine = 500 # 增加调节精度
palette = colorRampPalette(c("blue","red")) # 根据值调整颜色
degCol = palette(fine)[as.numeric(cut(deg,breaks = fine))]
plot(g, layout = lay, vertex.color = degCol,
vertex.size = deg * 1.5, vertex.label = NA)
betw <- betweenness(g)
plot(g,layout = lay, vertex.color = degCol,
vertex.size = betw * 0.8, vertex.label = NA)
clos <- closeness(g)
plot (g,layout = lay, vertex.color = degCol,vertex.size = clos * 15000,vertex.label = NA)
ev <- evcent(g) # 返回中心性向量、对应特征值和选项列表
ev <- evcent(g) $ vector # 取中心性向量
ev
plot(g,layout = lay, vertex.color = degCol,vertex.size = ev * 10, vertex.label = NA)
```

中心性高的顶点，与其他顶点关系比较密切，更容易促进其他顶点之间的信息交流。在微生物群落中，如果 F 患病，更容易促进病原扩散。

7.2.2.3 聚集系数

聚集系数(clustering coefficient)是指把某个顶点排除在网络外，这样计算出来的边密度值，即考察某个顶点外的其他顶点之间的联系程度，边密度较大的图有高的连通性。聚集系数包括：

(1) 全局聚集系数。基于顶点三元组(triplet)计算，CC = 封闭三元组(closed triplet)的数目/所有三元组(包括开和闭的)数目。对于图 7.7，封闭三元组有 3 个，即{1, (2,3)}、

{2，(1,3)}、{3，(1,2)}，开放三元组有5个，即{3,(1,4)}、{3,(1,5)}、{3,(2,4)}、{3,(2,5)}、{3,(4,5)}，则CC=3/(3+5)=0.375。

(2) 局部聚集系数。假设某个顶点有 k 条边，则这 k 条边连接的顶点(k 个)之间最多可能存在的边的条数为 $k(k-1)/2$，用 k 个顶点实际边数除以最多可能存在的边数即为该顶点的聚集系数。对于图7.7，节点1的邻居节点(2,3)，它们之间有1条边，可能存在2 * 1/2条边，CC=1/1=1，节点2的邻居节点(1,3)，它们之间有1条边，可能存在2 * 1/2条边，CC=1/1=1。网络中所有顶点的聚集系数的均值为网络平均聚集系数，高的平均聚类系数的网络有模块结构。

在igraph包中，使用transitivity()函数，可提取相关特征系数。

7.2.3 网络特征

在网络水平上，网络特征参数主要包括：连通性(connectance)、模块性(modularity)、嵌套性(nestedness)和特异性(specialization)。

7.2.3.1 连通性

在网络中，顶点间的相互作用分布很少是均匀的，通常是少数物种建立了大多数相互作用，用连通性来度量现实链接与潜在链接的比例。对于一个顶点数为 S 的网络，已有链接(作用)数为 L，则链接度为 L/m(m 为可能链接数，它取决于网络类型，在unipartite directed网络中，m 是 S^2，也有的用 $L/[S*(S-1)]$。

在图7.8中，实际边数为5，可能边数为10(顶点数 *(顶点数 - 1)/2，即各顶点都相连)，所以该网络连通性为5/10=0.5。

igraph包提供了edge_density()函数，可基于graph计算connectance。对于构建的微生物网络图，计算connectance，可执行如下代码：

```
library(igraph)
g<- read_graph("g.txt","edgelist")
g <- as.undirected(g, mode = "collapse")
plot(g,vertex.frame.color=NA,vertex.label=NA,edge.width=1,
     vertex.size=5,edge.lty=1,edge.curved=F)
connectance = edge_density(igraph,loops=FALSE) #连通性参数
connectance
```

一些文献将网络的连通性与链接密度(link density)进行了区分。例如，NetIndices包提供了一个函数GenInd()，基于邻接矩阵计算网络的连通性和链接密度。所以，在分析网络特征时，要注明包及计算方法。

网络连通性是群落对干扰敏感性的一个很好的估计，连通性高的网络，有较强的抗干扰能力。另外，网络连通性也与群落动态密切相关。

7.2.3.2 模块性

网络模块性是衡量网络中顶点的聚类程度的高低参数。对于一个网络图，按照顶点间关系的密切程度，把网络中顶点划分成若干子集合或模块，见图7.10。

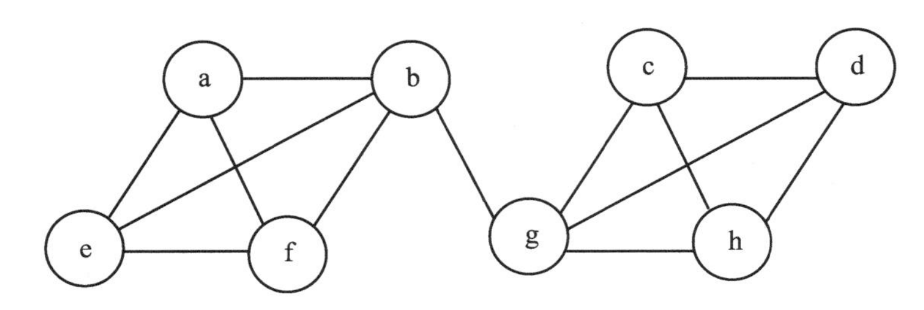

图 7.10

图 7.10 中四个物种 a、b、e、f 之间的关系比较密切，可聚合成一个集合或模块，另外 4 个物种 c、d、g、h 之间时关系也较密切，可聚合为另一个集合或模块，这种由关系密切的顶点所构成的模块，也称为图团体(graph community)或子图(subgraph)。

现在模块划分有非常多的算法，常见的算法包括随机游走(walktrap)、中介中心度、标签传播(label propagation)、贪婪算法(fast greedy)等。这些算法的思想比较简单，如中介中心度算法是使用中介中心度找到网络中关联最弱的点，删除它们之间的边，由此分裂网络，再在已经分裂的各个部分，找关联最弱的点并删除它们之间的边，这样就可以达到逐步分裂网络，直到模块度 Q 达到 0.3～0.7 之间停止分裂，得到最终划分结果。

相关算法多数集成在 igraph 包中，可调用包中相关函数来划分模块，并计算模块性。对于前面构建的微生物网络，计算其模块性，可执行如下代码：

```
library(igraph)
g <- read_graph("g.txt","edgelist")
g <- as.undirected(g, mode = "collapse")ceb <- cluster_edge_betweenness(g)
modularity(ceb)
plot(ceb, g)
```

M 接近或小于 0，表示接近随机，该网络的当前聚类没有意义。当模块性大于 0.4，认为网络是模块化的。M 值越高，该网络聚类成不同团体的程度就越好，表示将该网络分割成了准确的模块，所形成的团组就有意义。

模块在生态学上就是群落，模块性概念在生态学上非常重要，模块内的交互作用数最大化，同时模块之间的交互作用次数最小。同属一个模块的元素为高度相似物种、生物分类或相似生态位。网络的模块结构来源于交互作用(如捕食、授粉)、生境异质性、生态位重叠、趋同进化、资源划分、亲缘关系等。Module 内包含扰动，从而限制了它们向群落其他部分的扩展，对系统稳定性和抗逆性具有重要意义。另外，也可基于模块检测确定物种的作用。当检测到网络是模块化的，就可通过模块内连通性(z_i)和模块间的连通性(P_i)两个参数确定物种的作用。

7.2.3.3 嵌套性

与模块性一样，嵌套性也是网络研究的重点，它是指物种交互作用包含在较高等级物种交互关系中，呈现嵌套结构。一个网络，如果有交互作用多的物种，也有交互作用少的物种，则这两类物种的交互作用构成的网络具有嵌套结构。

量化嵌套性的基本原理是当矩阵由行和列(从左上方到右下方依次递减)排序时，嵌套的网络将在矩阵的左上角集中显示一个当前值，而在右下角集中显示一个缺失值数据。对嵌套性分析,可揭示对群落生态和进化的约束力。有人认为嵌套结构利于通过最小化群落中的物种间的竞争,以促进更高的多样性。

在网络水平上描述网络特征的指标还有很多,如网络的特异性(specialization)、平均路径长度(average path length)和网络直径(network diameter)等。一些网络特征的表达容易与物种水平上的特征表达混淆。例如,在物种水平上和网络水平上,都有特异性指标,但含义不同。在物种水平上,特异性表示的是物种相互作用的专一性,而网络水平上的特异性指的是每个物种平均作用的链接数。

另外,网络还具有高阶结构特征,包括 Motifs(网络模体)和 Graphlets 在内的子网络。Motifs 为重复出现的物种间作用,最小的 Motifs 是由三个物种组成的,如食物链 A→C←B 或 A→B→C,探讨这些子网络的频率分布也很有价值。

在特征分析过程中,要注意这些指标之间的联系及其隐含的信息。例如,网络的连通性与聚集系数有密切关系,若聚集系数的对数与连通性的对数之间存在线性关系,则表明某些生境的网络具有高度层次(hierarchy)的结构。

7.3　网络扰动与预测

7.3.1　网络与环境

通过比较网络特征参数,如度分布、连通性、嵌套性、模块化等,检测生态网络的时空变化,并将这些变化与环境因素联系起来,利于理解生态系统功能、突发性及对灭绝、入侵的潜在变化。就生态网络而言,一些能直接或间接反映环境状况的网络参数如下:

(1) 顶点连通性。对于微生物网络参数与环境特性之间的关系,首先将 OTU 丰度与环境性状的 Pearson 相关系数的平方(r^2)定义为 OTU 显著性(GS),并计算 OTU 的 GS,然后用 GS 与顶点拓扑指数(如 Connectivity)之间的相关性度量网络拓扑与环境特征的关系。即

$$GS = r^2_{OTU\sim envi} \rightarrow \text{GS 与顶点拓扑指数之间的相关性} \rightarrow \text{网络拓扑与环境特征的关系}$$

若特定环境中 GS 与顶点拓扑指数呈显著正相关,则表明连通性较高的顶点与该环境要素的关系更密切,通过计算环境性状的拓扑指数和 GS 之间的相关性,从而揭示网络拓扑结构与环境变化之间的内在联系。

(2) 模块性。即用基于模块的特征与环境因子之间的相关性来检测模块对环境变化的响应。例如,在微生物网络中,每一个模块都用其特征基因的奇异值分解(singular value decomposition,svd)来表示,用模块特征基因之间的相关性来定义网络,不仅可揭示网络的关键种群,显示子模块之间的关联和聚成超群,还可揭示模块对环境的响应。

(3) 子网络分布。例如,Motifs 重复出现的频率与栖息地有关,研究 Motif 的分布可探讨群落聚集和解体的过程、群落结构与动力学联系,以及物种营养作用及有关的网络稳

定性。

此外，可根据物种及种间相互作用沿环境梯度的变化，测定网络 β-diversity 的差异性，或用 Bray-Curtis（或类似的）度量来评估已知的网络之间相互作用强度的差异，并结合物种水平和网络水平上的特征参数，通过随机森林等机器学习模型，可揭示网络与环境之间的关系。

7.3.2 链接预测

根据 Samatova 等（2013）的链接预测（link prediction）定义，假如考虑一个有 V 个顶点和 E 条边的网络 $G(V, E)$，如果用图 $G(t_0, t_0')$ 表示在时间 t_0 与 t_0' 期间各个顶点间的链接图，$G(t_1, t_1')$ 表示在时间 t_1 与 t_1' 期间各顶点之间的链接图，链接预测任务就是获得一个边列表，该列表中的边不是原来 $G(t_0, t_0')$ 中已有的边，而是仅出现在 $G(t_1, t_1')$ 中的边。通过链接预测，可寻找隐含具有生态位相似性的物种及其作用，也可揭示疾病流行模式、动物迁徙路径等。

7.3.2.1 预测原理

链接预测是根据网络中顶点 O_i 和 O_j 的相似性程度，在一个网络中，如果顶点 O_i 和 O_j 的度分别为 k_i 和 k_j，则 $\frac{k_i k_j}{2L}$ 表示该网络随机分配顶点 O_i 和 O_j 的期望边数，当 k_i 和 k_j 都较大时，顶点 O_i 和 O_j 出现链接的概率比较大，当 k_i 和 k_j 中任何一个较小或都较小时，顶点 O_i 和 O_j 出现链接的概率较小。

基于机器学习方法的链接预测过程是：首先分析网络顶点属性以及拓扑特征，用这些特征作为预测变量，并根据对应顶点对之间是否存在链接（是＝1，否＝0），基于机器学习，如 SVM、RF 等，训练一个二分类模型，实现链接预测。链接预测建模过程见图 7.11。

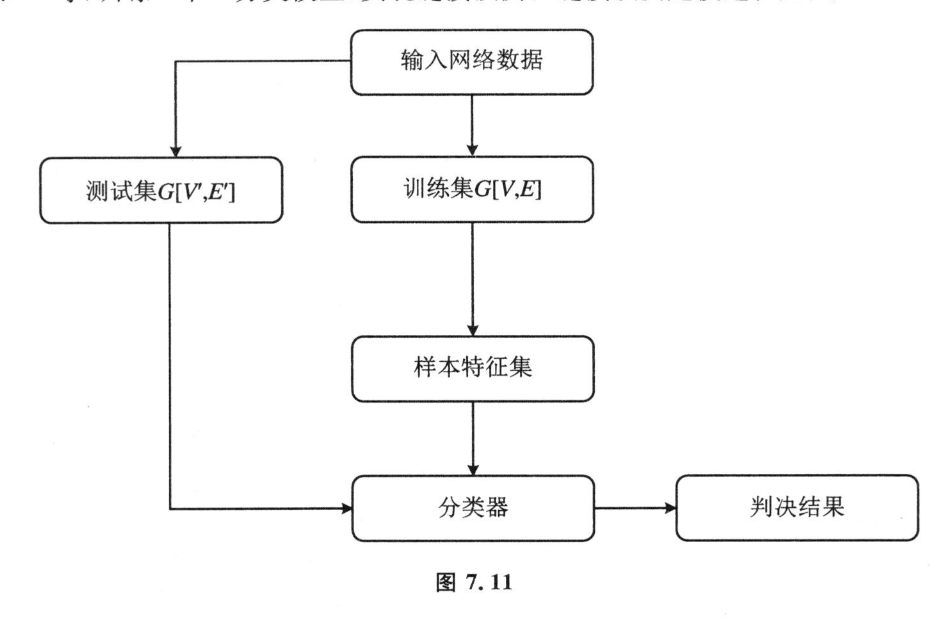

图 7.11

参考 Samatova 等（2013）的研究，数据集如图 7.12 所示，图中有 $A \sim H$ 共 8 个顶点，一般选择有较多边链接的顶点进行训练和测试。

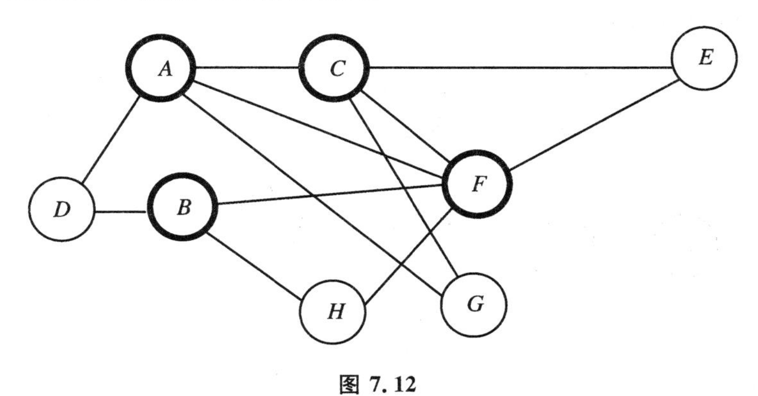

图 7.12

假如训练顶点至少要有 3 个边，则图中满足该条件的顶点有 A、B、C 和 F，它们各有 3 个以上的边，这些顶点称为核。训练集 k_{training} 和测试集 k_{test} 分别为训练和测试的边，k_{training} 必须是至少与一个核顶点相连的边，称为 E_{old}。k_{test} 一般仅限于核顶点之间的边，即两个顶点都为核顶点，且没在 k_{training} 中用到的边，这些边统称为 E_{new}。除了 k_{training} 中用到的边，这样的边只有 AF 和 CF，以及无链接的 AB 和 BC。另外，增加一个新的顶点 I，预测与 A、B、C、F 之间的链接。整个 k_{training} 和 k_{test} 的拆分分别见图 7.13 和图 7.14。

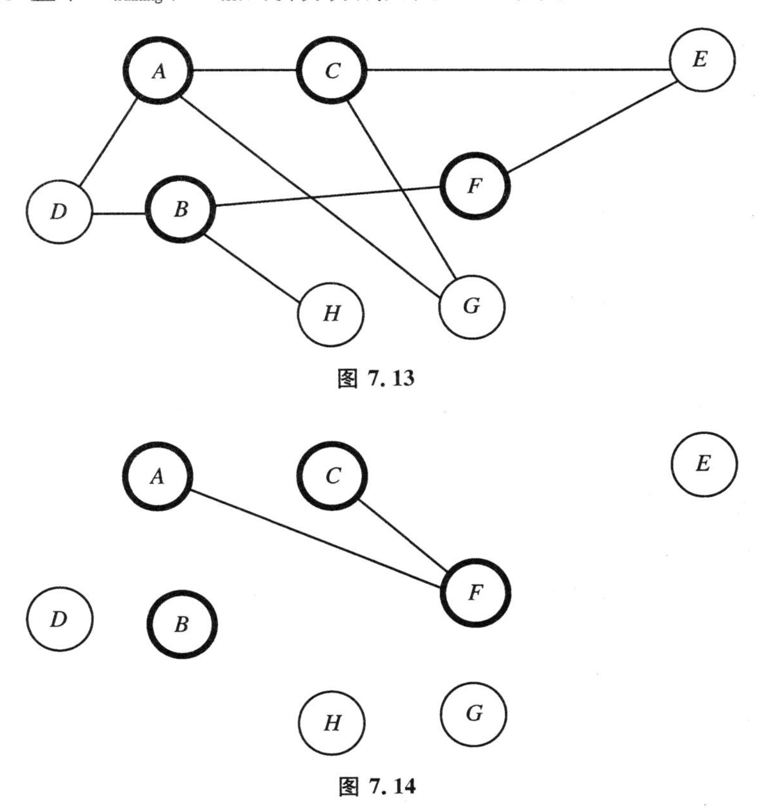

图 7.13

图 7.14

链接预测可分为两种主要情况（图 7.14、图 7.15）：

(1) 在 $G(t_0,\ t_0')$ 未链接的顶点是否会在 $G(t_1,\ t_1')$ 出现链接。例如，在 $G(t_0,\ t_0')$ 时段，D 与 E 之间没有链接，预测这个顶点对在 $G(t_1,\ t_1')$ 是否会产生链接。

(2) 在 $G(t_1, t_1')$时段,新顶点 I 与其他顶点之间是否会有链接,特别是与 A、B、C、F 四个顶点之间会不会发生链接。

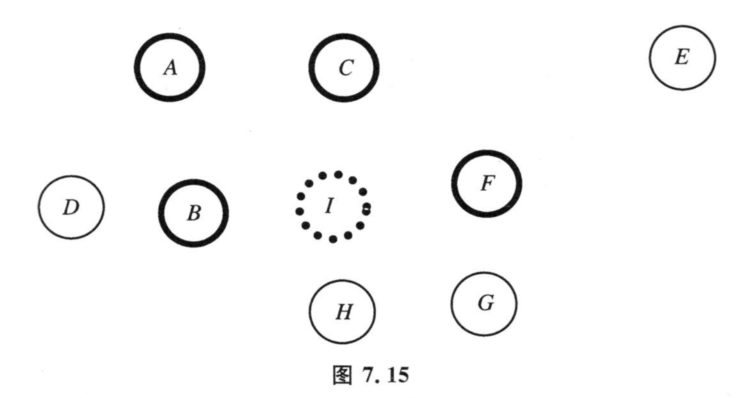

图 7.15

将训练集和测试集汇总于表 7.10,其中,x_1、x_2、x_3、x_4、x_5等为特征向量,即顶点对的相似性(similiarity)或相近性(approximity)。

表 7.10

样本编号	样本	相似性特征						标签
		x_1	x_2	x_3	x_4	x_5	…	
训练集(E_{old})								
1	(A,C)							1
2	(A,G)							1
3	(A,D)							1
4	(B,D)							1
5	(B,H)							1
6	(B,F)							1
7	(C,E)							1
8	(C,G)							1
9	(E,F)							1
10	(F,H)							1
测试集(E_{new})								
11	(A,F)							1
12	(B,C)							0
13	(C,F)							1
14	(A,B)							0
预测(E_{new}^*)								
15	(A,I)							?
16	(B,I)							?
17	(C,I)							?
18	(F,I)							?

7.3.2.2 特征与模型

选择合适的特征集是任何机器学习算法中最关键的部分。一些文献对用于链接预测的特征进行了分类，包括近似特征（proximity features）、聚合特征（aggregated features）和拓扑特征（topological features）。

顶点对的相似性指标比较多，如共同邻居系数、Jaccard 系数、k 边不相交最短距离、聚类指数等，这些特征大致包括基于顶点或路径的相似性。

（1）基于邻居的网络结构相似性。这是网络局部相似度指标，计算方法如下：

① 共同邻居系数（common neighbours）。顶点 u 的邻居表示的是与 u 链接的顶点，共同邻居就是既与 u 链接又与 v 链接的数量，共同邻居系数表示为

$$CN(u,v) = |\Gamma(u) \cap \Gamma(v)| \tag{7.1}$$

其中，$\Gamma(u)$、$\Gamma(v)$分别表示顶点 u 和 v 的邻居顶点集合。

② 共同邻居归一化（Jaccard 系数）：

$$JC(u,v) = \frac{|\Gamma(u) \cap \Gamma(v)|}{|\Gamma(u) \cup \Gamma(v)|} \tag{7.2}$$

（2）基于路径的网络特征相似性。这是网络全局相似度指标，具体计算方法如下：

① Katz 系数。其基本思想是点对之间可能的路径数量越多，相似性越高。其计算公式为

$$\text{katz}(u,v) = \sum_{l=1}^{l_{\max}} \beta^1 * |\text{path}_{u,v}^l| \tag{7.3}$$

其中，$\text{path}_{u,v}^l$表示从 u 到 v 的可能路径中，路径长度等于 l 的数量，β 为权重系数。

② 随机游走系数（RWR）。假设随机粒子由顶点 u 出发，到达任一邻近顶点的概率为 c，而返回顶点 u 的概率为 $1-c$，q_{uv}表示随机粒子从顶点 u 出发到目标顶点 v 的恒稳概率，则 RWR 的数学定义为

$$\text{RWR}(u,v) = q_{uv} + q_{vu} \tag{7.4}$$

此外，还有 Adamic-Adar index（AA）、Resource Allocation（RA）、Preferential Attachement（PA）和 Total Neighbors（TN）等。有不少 R 包提供了计算顶点相似性的函数，如 igraph 包提供了相似性系数 similarity()，可计算 CN 和 JC 等。另外，linkprediction 包提供了函数 proxfun()，可用于计算给定两个节点相似性分值。下面以一个简单的例子，说明这些参数的计算。执行如下代码：

```
library(igraph)
g <- make_graph( ~ 1 -- 2:3, 4 -- 2:3:5)
plot(g)
similarity(g, method = "dice")
similarity(g, method = "jaccard")
```

在微生物网络中，生物的栖息地偏好应该是一个较好的特征，如果两个物种具有相似的栖息地偏好，它们共现的可能性就比较大。利用这类辅助特征，可提高模型的精确度，有文献将这类特征称为“近似特征”。

另外，除了将顶点对之间的相似性或近似性作为特征，还有针对单个顶点的特征，辅助建模。例如，任意物种 x 和 y，如果 x 与 y 共现的概率为 p_1，另一物种 z 在群落中的丰度比

较高，x 与 z 共现概率为 p_2，则 p_2 总是高于 p_1，换句话说，丰度高的物种更有可能与其他物种共现。可用于链接预测的物种主要聚合特征有：

（1）物种丰度。丰度度较高的物种，与其他物种共现的机会比较多。例如，在微生物共现网络中，OTUs 丰度较高的物种或类别，有更多的共现机会。

（2）抗干扰性。一般而言，忍耐外界变化强的物种，较容易接受与其他物种。

（3）分布范围。生存或活动范围广的物种，即与广布种共现的机会多。

总之，需要根据实际情况，尽可能收集一些容易获得的特征，用于训练模型。不管用到何种特征，在建立分类模型之前，要对特征值作归一化(均值为 0 和标准差为 1)处理，减小量纲不同所带来的影响。

所有特征可以被输入到有监督/无监督的机器学习算法中，通过聚类或分类来完成链接预测问题。

参考文献

[1] Csardi G, Nepusz T, 2006. The igraph software package for complex network research. InterJ. Complex Syst., 1695: 1-9.

[2] Deng Y, Jiang Y-H, Yang Y, et al., 2012. Molecular ecological network analyses. BMC Bioinform. http://www.biomedcentral.com/1471-2105/13/113.

[3] Eva D, Mathilde B, Marie-Hélène B, et al., 2018. Analysing ecological networks of species interactions. Biol. Rev. DOI: http://dx.doi.org/10.1101/112540.

[4] Evans D M, Kitson J J N, Lunt D H, et al., 2016. Merging DNA metabarcoding and ecological network analysis to understand and build resilient terrestrial ecosystems. Func. Ecol., 30: 1904-1916.

[5] Fath B D, Scharler U M, Hannon B, et al., 2007. Ecological network analysis: network construction. Ecol. Model., 208: 49-55.

[6] Ings T C, Montoya J M, Bascompte J, et al., 2010. Ecological networks: beyond food webs. J. Anim. Ecol., 78: 253-269.

[7] Leonelli S, 2014. What difference does quantity make on the epistemology of big data in biology. Big Data Soc., 1: 1-11.

[8] Mutlu E C, Oghaz T A, 2019. Review on graph feature learning and feature extraction techniques for link prediction. arXiv: 1901.03425.

[9] Ognyanova K, 2016. Network analysis with R and igraph: NetSci X Tutorial. www.kateto.net/networks-r-igraph.

[10] Poisot T, Baiser B, Dunne J A, et al., 2016. mangal-making ecological network analysis simple. Ecography, 39: 384-390.

[11] Samatova N F, Hendrix W, Jenkins J, et al., 2013. Practical Graph Mining with R. New York: Chapman & Hall/CRC.

第 8 章　科学工作流

在大数据时代，科学研究不仅依赖共享数据，而且可借助他人共享代码，完成自己的研究。例如，rOpenSci 等正在利用 GitHub 平台开放，促进协作。

生态学研究涉及多学科数据或数据流和各种分析方法，充分理解数据处理过程，重现研究过程及结果就显得很重要，科学工作流（scientific workflow）为共享数据和代码提供了一个范式。码头集装箱提高工作流可移植性，Jupyter 和 RMarkdown 支持嵌入式代码。

本章将结合实例，简单介绍基于 R 构建和共享科学工作流方法。

8.1　工作流及构建平台

8.1.1　可重复研究

生态研究涉及多源异构数据和引用多模型。例如，研究气候变化对物种分布的影响，涉及收集物种数据、当前与潜在变化的气候数据，以及构建和评估模型。该研究技术路线见图 8.1。

首先，收集有关物种目录（物种名称和同义词清单）以及观察地点信息，并将这一信息与气候数据（如观测站点的最高/最低气温）结合起来，建立一个可以描述这些地点的气候-物种关系模型，然后给该模型输入新的气候数据，就可以预测该物种的潜在分布区，并将潜在分布区投影到地图上，以便生成分布图，发现新的知识。

对于该项研究，如果其他人员能够使用原始数据和分析代码重现原来的结果，那么该研究被认为是可重复的。可重复性利于评估科学见解，且给其他研究人员提供有价值的参考，甚至通过复制数据或代码获得新的发现。

为确保研究的可重复性，越来越多的期刊要求发表论文时，连同数据和分析方法一起公开，这些期刊同时提供了相关的公开工具，如通过 figshare 发布海报、利用 SlideShare 介绍项目、基于 GitHub 存储代码、通过 PeerJ 预印服务、在 Dryad 里公开数据。

除了上述方法，还可通过构建一个科学工作流，将数据收集、统计分析、结果呈现整个过程中所用到的软件和方法，按照一定逻辑集成起来，放到网上，供他人访问与下载。科学工

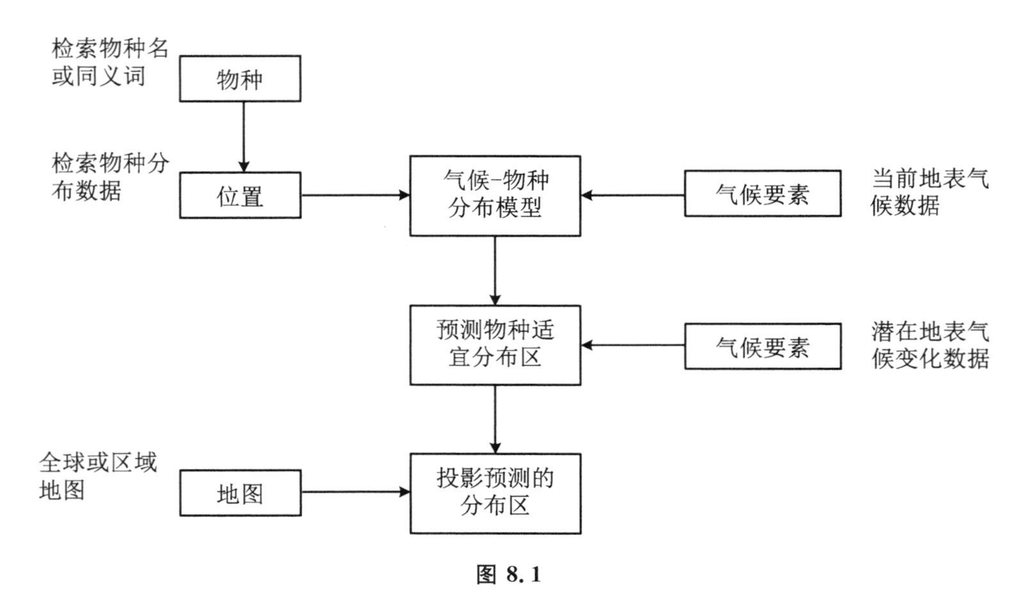

图 8.1

作流是一种数据科学结构化的方法，包括定义分析步骤和流程，执行必要计算，收集派生数据信息，使得数据处理和分析标准化，成为解决复杂生态学问题的有效范式。这种格式化方法可规范化生态学研究，有利于重现研究过程和结果。

8.1.2 工作流系统

科学工作流的定义、创建和执行是由工作流管理系统支持的，该系统的一个关键功能是协调各个操作。现有工作流系统分为以下两类：类似脚本系统（script-like systems）和基于图形系统（graphical-based systems）。

(1) 类似脚本系统。通过文本编程语言制定工作流，语言可以由语法类似于传统编程语言（如 perl、ruby 或 java）方式来描述。它们具有复杂的语义和广泛的语法，通过文本说明任务及其参数，注释建立典型数据的依赖关系。

(2) 基于图形系统。如 Tavina、weka、rapidminer、Kepler，这些软件可用于构建图形上的工作流。与基于脚本描述相比，基于图形的工作流系统更直观，易于使用，图形中顶点通常表示工作流任务，而不同任务之间的通信（或数据依赖关系）则表示为从一个顶点到另一个顶点的链接。支持基于图形的工作流结合了图形用户界面，允许用户通过拖放方式构建工作流。

选择适合的工作流系统，将科学工作流的步骤清晰地表达出来，让计算机系统可以读、写和计算，且可自动化执行工作流步骤和生成结果，以便提高研究的可再现性。例如，对一些主要依靠传感器实时数据的研究，可选择类似 Weka、kepler 系统，进行在线分析。但是，有时候单一的工作流系统不能很好地完成所有数据挖掘的各项任务。在这种情况下，需要整合考虑各个工作流系统，构成一个复合型的系统。目前，不同工作流系统直接提供了相互融合的接口。例如，R 提供了与 Weka 的接口函数包 RWeka，在 R 环境中可调用 Weka，同时，Weka 使用 JRI 库集成 R，用户只需要在 R 环境中安装 rJava 包（包括 JRI）和 Rplugin 插件，就可以整合 R，一起构成一个复合工作流管理系统。

R具有强大的计算能力和绘图功能，它提供了广泛的内置函数、库和程序包，非常适用构建科学工作流系统。例如，dplyr包提供一套访问存储在数据库中的数据功能，rpostgresql提供了在R环境中编写访问底层数据库的R脚本的可能性，bigmem包和pbddmat包用于解决分布式矩阵计算。另外，R可以整合其他工作流平台，更好地构建处理多源异构数据。因此，基于R脚本的工作流适用于生态学大数据研究。

目前，已有不少实验室开发了基于R的特定工作流系统。例如，欧盟创建的生物多样性工作流系统，可通过lifewatchgreece门户（https://portal.lifewatchgreece.eu/）访问和开展合作研究，德国Pier Buttigieg博士等创建了一个基于shiny友好界面的微生物生态研发平台GUSTA ME（https://mb3is.megx.net/gustame），提供了一套标准化研究方法。此外，Marcelo Araya-Salas博士等开发了warbleR工作流（https://marce10.GitHub.io/warbleR/），分析wav或mp3格式的音频数据工作流。芝加哥大学Matthew Stephens实验室博士后研究员JohnBlischak开发了Workflowr包，提供了一个工作流管理系统，可用于构建R工作流，以便共享工作流和研究结果。

8.2 构建和发布工作流

8.2.1 创建project

在项目开始时就要想到研究的可重复性，并着手构建工作流框架，按照研究进程逐步完善，而不是等到研究接近结束时再去构建，这样可确保所需文档的完整性，描述的过程也更加清晰，而且省时省力。

基于R语言的工作流，实际上就是在R环境中组织和管理一个project。对于R用户，可从RStudio界面，通过New Directory、Existing Directory或Version Control（版本控制）创建一个新的project。如果要构建一个R工作流，应该选择哪种方式创建一个新的project?

因为使用R包会随着时间的推移而有改变，也可能在什么地方引入新的代码更改了脚本，以至于在线性差。为了日后验证或重现分析以及方便共享，需要跟踪所做的更改，版本控制提供了一种结构化和透明的方法来跟踪代码和其他文件的更改。所以，构建R工作流时，一般选择版本控制创建project。

有许多版本控制软件，常用的是Git，它是开源的、分布式版本控制系统。Git可作为一个独立的工具来管理自己计算机上的文件，也可以链接到外部服务器存档文件。Git可直接使用，也可通过其他软件如RStudio使用，很容易地集成到工作流中。基于Git版本控制构建工作流主要包括创建project、编写代码、发布工作流等步骤，基本流程见图8.2。

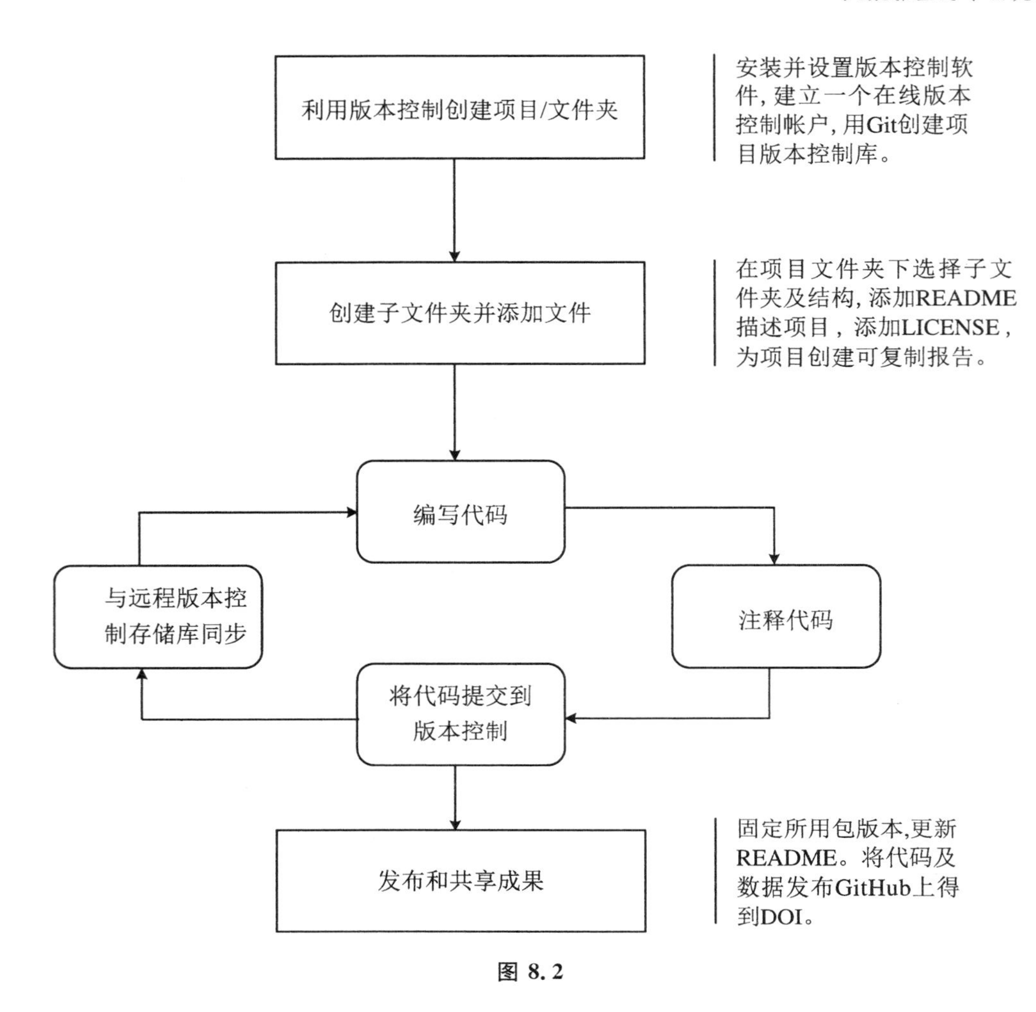

图 8.2

8.2.1.1 创建 project 并设置目录

组织和管理好一个 project 的最简单和最有效方法是保持一个合理的文件结构，清晰记录与分析有关文件。如果所有目录都处于同一级别，则需要使用绝对文件路径。为此，组织和管理 project 的基本原则是将项目的所有源文件保存在同一目录中，然后根据需要使用相对路径访问它们，保持内部数据和脚本相互链接，确保 project 转移到其他计算机时仍然有效，也有助于提高代码的可读性。

一般项目大致构架如下：

(1) 项目。每次开始时，使用 RStudio 开启一个新项目，将项目的所有源文件保存在一个目录中，并使用相对路径访问它。

(2) 数据文件目录。将原始数据、清洗整理后数据分开存放，对于执行 project 过程中产生的中间输出与原始数据也要分开存储。

(3) 代码文件目录。所有代码不能集中为一个文件，应该将代码文件拆分为若干个主题单元，如加载数据代码、合并和清理数据代码、分析数据代码若干、输出图和表代码，并将这些主题代码文件存放在 src 或 R 文件夹中。另外，代码拆分后，按照执行顺序编号，易于阅读，便于日后修改和完善。

(4) 把多个代码公用的函数从代码核心分离出来作为单个文件，考虑获取资源脚本的工作目录。

(5) 其他材料文件。由他人提供的材料，应保存在单独的文件夹中，对其重命名，并设置到自己的文件系统中。

(6) 另外，要包括一个 README 文件，用于描述 project，并提供一些关于 project 文件的基本内容。

创建项目包括创建项目目录和项目子目录两个部分。首先在 RStudio 中，使用 Git 创建一个 project 步骤如下：

(1) 首先注册一个 GitHub 账号，然后在 GitHub 中，创建一个新的 repository，并命名该库，如 XX_project。

(2) 回到 RStudio 界面，File －＞ New project －＞ Version Control －＞ Git，在弹出窗口 Clone Git Respository 界面，在 RepositoryURL 栏输入新建的 repository 的 URL，在 Project directory name 中，创建一个名为 XX_project 项目，也可与 GitHub 库名称相同，在 create project as subdirectory of 中输入存储 XX_project 的目录。然后勾选 Open in new session，单击 create project，这样就创建好了一个 project。

(3) 接下来，在 XX_project 目录下，设计和构建一个 project 工作流。

在 XX_project 目录下创建若干子目录，可在 RStudio 右下角"Plots/Packages…"窗口，Files －＞XX_project，点击 New Folder 来创建。一般包括 data 子目录、figs 子目录、src 子目录等，各个子目录及功能如下：

(1) data 子目录。包含分析中使用的所有输入数据（以及元数据）。

(2) clean_data 子目录。存放清洗、整理后的数据。

(3) doc 子目录。包含原始文稿。

(4) figs 子目录。包含由分析生成的图形。

(5) output/results 子目录。包含任何类型的输出文件，如模拟输出、模型。

(6) src/R 子目录。包含分析脚本，以及自定义函数脚本。

(7) reports 子目录。包含 RMarkdown 文件，以及分析结果或报告。

上面设置的只是一些基本目录，可考虑利用 ProjectTemplate、workflowr 包自动创建 data、src 等目录。在实际应用中，可能涉及其他文件，可适当增加子目录。

8.2.1.2　文件及命名规则

在 project 开始时，要确定一个文件命名方案，并坚持下来。例如，以_mat 结尾命名所有矩阵，这样有助于对文件内容的理解。采用一致的样式，使代码更容易阅读，更容易发现问题。要记住在 README 文件中描述命名的方案。一般命名原则或方案如下：

(1) 应尽可能多地提供关于 project 中的文件（不只是脚本）的信息，如文件内容、存在的原因、与 project 中其他文件的关系，并与数据管理（见第 3 章）紧密联系起来。

(2) 命名避免空格、标点符号、大小写，只对文件类型使用"."号，如.csv。可使用分隔符，如"_"，将重要元数据信息分隔开来，而不是空格，这样有利于编程查阅和搜索、分析。

(3) 对于数据文件，可按照 ISO 8601 标准，在文件名中增加有关数据的时间、内容等方面的信息，以便理解。如 2016-12-01_IUCN-reptile_shapefile_metadata.txt，提供了数据的采集时间（2016-12-01）、采集组织（IUCN）、数据内容（reptile_shapefile_metadata）和格式

(.txt)等信息,这样的命名可让人一目了然。另外,数字可用于代码文件命名,用于指示执行代码的次序,如 01_Download-data.R,表示在此 project 中首先运行该脚本,变量名通常用名词,如 species_data,函数名可以是动词。

(4) 对于无法按名称注释或描述的文件,在文件夹中提供一个 README 的元数据文件,用于描述文件的内容、来源、与相关论文或数据库的链接,以及数据列中所包含的度量单位等。

就具体文件类型而言,简单地说有以下几种:

(1) 文件(files)。所有字母都是小写字母,多个单词用下划线分隔,如 seq_along 或 package_version。

(2) 函数(functions)。所有字母都是小写字母,多个单词由一个点分隔。这种命名约定是 R 唯一的,并用于许多核心函数,如 as.numeric、read.table。

(3) 变量(variables)。单个单词名称由小写字母组成,在由多个单词组成的名称中,除第一个单词外,其他所有单词第一字母都大写,也像 colMeans 和 javaScript 中的名称,如 addTaskCall。

到目前为止,已经确定了有关子目录(文件夹)的结构,以及文件的命名方案,也就已经完成了 R 工作流构架的设置。组织好了一个 project,接下来就是编写代码,执行相关操作了。

8.2.2 编写和测试代码

与其他编程语言不同,R 没有统一的编码格式,基本都是根据个人喜好编写的。但是,从事 R 编程的人员在长期实践中,总结和提炼出一些基本规则和技巧。

8.2.2.1 多用注释

写脚本要养成一个习惯,记下当前执行的步骤的注释。在文件开头用 1~2 行文字,简短地描述是谁写的,什么时候写的,它包含了什么,以及它的适用性,有助于将来查看或更改。对于自定义函数,编写代码前,对其任务及输入、输出格式进行注释。Wegmann 等(2016)认为一个好的 R 脚本多为如下形式:

```
#script description
#################
#Purpose: Import GPS data and convert it to shp format
#Author: XXX
#Date: month, year
#R version and packages: x.xx
#################
#Import format: csv, tab delimited
#Output format: shp
#################
#Load required packages
library(sp)
#Import the csv with x and y coordinates
```

```
gps_in <- read.table("mytrack.csv")
#check first entries
head(gps_in)
#overview statistics
summary(gps_in)
#plot data
plot(gps_in)
#data analysis
…
```

8.2.2.2　编写格式

编写清晰且可重复的代码，要严格遵守编写流程：写函数→程序防御→注释→测试→归档。只有这样，才可能提高编写代码效率，增加代码可读性，并获得清晰、可复制的代码。具体步骤和编写代码技巧如下：

（1）选择一种合乎逻辑的、可读的编写风格或式样。例如，在运算符（=、-、<-等）周围和逗号后面，使用空格来提高视觉效果。

（2）使用注释说明代码做什么及为什么等，注释可在代码后，并用“#”与代码分开，也可在代码开头添加概述或注释行，用破折号“---”与脚本分开。

（3）使用相对路径存储代码，以提高其可移植性，即将代码保存为一个相对路径，以便运行在别人的计算机上或另一台服务器上，避免找不到文件。RStudio 提供了一个独立的编码环境，在打开时，.rproj 文件将设置 project 工作目录，并保存 project 的历史记录和状态。

8.2.2.3　编写函数

在分析数据时，通常需要多次重复相同任务。例如，可能有几个文件都需要以相同的方式加载和清理，或者需要对多个类型或参数执行相同分析，面对这样的任务，可以使用函数以标准化的方式重复任务。使用函数可以将代码分解为块，另一个优点是有助于为脚本提供更好的结构。

每一个 R 函数都包括三个部分：函数名、程序主体以及参数集合。在 R 语言中，用户自定义的函数语法格式如下：

```
functionname <- function(arglist) expr
return (value)
```

在上面格式中，functionname 为函数名称，arglist 是参数列表，可以没有参数，也可以有一个到多个参数，expr 是自己编写实现函数功能的语句，value 是返回值。例如，定义一个函数接受一个 base 参数，对这个数字进行平方，然后返回一个数字作为输出，代码如下：

```
square_number <- function(base){
    square <- base * base
    return(square)
}
square_number(5)
```

通过扩展函数,可以包含其他参数。例如,如果想要定义一个函数,以便输出一个特定数字的幂,比如平方,则可以包含一个额外的参数来指定。

```
exp_number <- function(base,power) {
    exp <- base^power
    return(exp)
}
```

按照此扩展原则编写函数的关键是每个函数执行单个操作,不依赖于函数外部对象,也不更改函数外部对象。

8.2.2.4 代码测试

防御式编程(defensive programming)就是保护自己不受其他错误的影响。比如,对一个函数来说,即使给它输入一个错误数据,它仍然继续正常工作,即便这个错误数据是其他函数造成的。防御式编程利于发现错误,改正错误。

对上述定义的 exp_number 函数,要求这两个参数都是数字的,如果其中一个参数为字符串,则会得到一个错误输出。

```
exp_number("hello", 2)
Error in base^power: non-numeric argument to binary operator
```

如果添加一行代码来测试输入数据类型,则会得到一条错误信息。

```
exp_number <- function(base, power) {
  if(class(base) ! = "numeric" | class(power) ! = "numeric"){
    stop("Both base and power inputs must be numeric")
}
exp <- base^power
return(exp)
}
exp_number("hello", 2)
Error in exp_number("hello", 2) :
  Both base and power inputs must be numeric
```

通过防御性编程,将这些检查添加到代码中,可以更快地使用错误消息,发现问题。另外,一旦开始编写自己的函数,建议就开始编写单元测试(使用 R 中的 test-that 包进行测试),通过测试代码(testing code),可早发现错误,加快代码开发。具体可参考 Hadley Wickham 文献(http://r-pkgs.had.co.nz/tests.html)。

8.2.2.5 代码链接

上面描述的技术是为识字编程(literate programming)所构建的块。当拥有了这些代码块,将它们链接在一起,就成了真正的文艺代码。

用 RMarkdown 将代码块集成到 Markdown 语言编写的文本中。Markdown 是一种轻量级、直观的标记语言,可以转换成多种格式,包括 HTML、PDF、Word 文档。它允许用户编写纯文本,同时用一些标记来格式化文本,方便在平台之间传输,并集成到版本控制系统中。

8.2.3 管理与发布

如果用R的最新版本编写了代码，用没有升级的R版本打开，可能无法运行。为了日后自己重现代码和结果，也为了他人重复使用代码，需要提供的不仅仅是代码和数据，还需要提供所用包、库和软件的确切版本，以及操作系统和硬件的确切版本。具体包括：

(1) 显示所使用的包。如果重现分析，知道需要安装哪些软件包。对于R，记录依赖包的最简单方法是报告 sessioninfo()或 devtools:sessioninfo()的输出，显示用于运行分析所加载的所有包及其版本。

(2) 重新设置的包。如果所有包都是最新的CRAN，没有使用无法从CRAN获得的包，在这种情况下，R中的 checkpoint 包提供了一种从CRAN下载给定日期的所有包。因此，从 sessioninfo()提供的输出，可以重新安装。另一种比较简单的方法是使用 packrat 包，此包直接在分析目录中创建一个库，即包的集合。

(3) 使用 docker 共享设置。使用 docker(docker.com)可以重新创建整个操作系统和所需要的所有软件、数据和包。

目前还没有关于发表代码、数据的普遍标准，常见做法是将代码和数据上传到个人网站，或链接到版本控制存储库，如 GitHub、GitLab、Bitbucket 或 Savannah。

Git 存储库可以托管到 GitHub。GitHub 是一种基于 Web 的托管服务。此外，GitLab、Bitbucket 和 Savannah 也可提供类似托管服务。通过这些服务，共享和协作相关工作。因版权相关法律，即使对于公开资源，在未经"许可"的情况下，他人无权使用。因此，在将代码发布到在线存储库时，应该附上"开放源码"许可证。

一旦选择了许可证，就在 project 中添加一个名为 LICENSE 或 LICENSE.txt 的文件。GitHub 网站 choosealicense.com 包含关于可用许可的简化信息，以及完整的许可文本，可复制和粘贴到 LICENSE 或 LICENSE.txt 文件中。接下来在 Environment/History 面板进行托管操作。具体操作如下：

(1) 添加或暂存文件。Git 只会跟踪要求它管理的文件的修改，在版本历史记录中，需要告诉 Git 包含哪些文件，可通过在 project 目录中的 adding 或 staging 文件来实现。

(2) 创建提交。commit 是存储库更改的快照。随着时间的推移，它构成了 project 历史的一部分。使用 Git 创建提交时，系统会提示输入 commit 消息，可以用来描述所做的更改。每个提交都分配了一个唯一的标识符，该标识符与日期、作者和提交消息一起存储，可用于以后指定提交。

(3) 链接到远程存储库。本地 Git 存储库允许跟踪对文件的更改，将详细信息存储在版本历史记录中，并允许在必要时返回到以前的文件版本。如果要创建版本历史记录的外部副本并与他人共享代码，则应考虑将存储库链接到远程存储库。将本地存储库同步到远程存储库保存代码，并为 project 提供一个集中存储，可轻松地共享。

(4) 推送到远程存储库。此步骤将本地完成的任何提交的详细信息发送到指定的远程存储库，该存储库可充当工作的备份或与他人共享的资源。

进一步，将 GitHub 与开放访问数据存储库集成。开放数据库包括 Zenodo(zenod.org)、Open Science Framework(osf.io)和 Figshare(figshare.com)等。Zenodo 由 CERN 开发，是免费的，Figshare 属于 Digital Science，可以免费使用。存放在 Zenodo、Figshare 的

软件和数据都提供了一个 Digital Object Identifier(DOI),且可保存较长时间。如果与 GitHub 一起使用,它们会自动记录作者身份和软件版本等信息。

8.3 一个简单工作流构建举例

8.3.1 工作流构架

下面参考美国匹兹堡大学 Justin Kitzes 博士关于可复制工作流模板的论文(https://www.practicereproducibleresearch.org/core-chapters/3-basic.html),说明构建和发布一个简单 R 工作流的方法。

现有一个数据集,见表 8.1。

表 8.1

土地	西红柿单株产量	植株是否遭受昆虫损害
N	5.8	是
N	5.9	否
N	1.6	是
N	4.0	是
N	2.9	是
C	12.4	否
C	11.5	否
C	9.3	否
C	NA	否
C	12.1	否
O	9.9	否
O	6.7	否
O	10.6	是
O	3.7	是
O	NA	否

注:N—无管理措施;C—施用化肥和农药;O—有机管理;NA—死亡植株。

首先,创建一新的 Git repository,并命名如 workflow,再到 RStudio 中创建一个新的 project,并命名,如 tomato_project。

接下来,在 tomato_project 目录下,创建 data_raw、data_clean、results 和 src 子目录,分别用于存储原始数据、清洗后的数据、分析结果和 R 代码。可在 RStudio 控制台输入 dir.

create(“目录名”),也可利用 RStudio 右下角“绘图…”创建,即 Files ->tomato_project,点击 New Folder,分别创建 data_raw、data_clean、results 和 src 子文件夹。

项目 tomato_project 的子目录和结构如下:

```
|-- tomato_project
| |-- data_raw
| ||-- raw_yield_data.csv
| ||--README.txt
| |-- data_clean
| |-- results
||-- src
```

随后,准备数据,并将数据保存为.csv 文件,如 raw_yield_data.csv。同时,创建一个元数据文本文件,并命名为 README.txt,描述数据来源及相关信息。

输入如下代码,读取 raw_yield_data.csv 和 README.txt,并保存到 tomato_project 工作目录的子目录 data_raw 中:

```
df1 <- read.csv (file.choose()) #选择读取的 csv 文件
write.csv(df1, file = “data_raw/raw_yield_data.csv”) #将原始数据文件保存到 data_raw 文件夹里
df2 <- read.csv (file.choose()) #选择读取的 txt 文件
write.csv (df2, file = “data_raw/README.txt”) #将元数据文件保存到 data_raw 文件夹里
```

也可返回到计算机系统,找到 data_raw 子文件夹,将数据文件 raw_yield_data.csv 和元数据文件 README.txt 直接拷贝到 data_raw 文件夹。这样就完成了创建子目录,保存原数据,并构建起工作流框架。

8.3.2 数据处理及代码

一旦收集了原始数据,并构造了一个工作流框架,接下来就是写代码,清洗数据、分析数据、保存和输出结果。

8.3.2.1 清洗数据及代码

清理数据包括删除无效数据、异常值和其他类似操作。本例有两个植株因虫害死亡,无产量(NA),需要从表格中读取原始数据,删除 NA 行,并将清洗后的数据保存到 data_clean 文件夹中,执行代码如下:

```
raw_yield_data <- read.csv("raw_yield_data.csv") #读取原始数据
clean_yield_data <- na.omit(raw_yield_data[raw_yield_data $ Field ! = "NA", ]) #保留Field 中不等于 NA 的行
write.csv(clean_yield_data, clean_yield_data.csv") #将 clean_yield_data 文件保存名称和格式为 csv 的文件"clean_yield_data.csv"
```

给代码命名为 clean_data.R,并保存到 src 子目录中。为确保 src 中代码能够定位文件,可以对上面代码进行修改,即修改文件的读写位置,并添加注释。

```
raw_yield_data <- read.csv("../data_raw/raw_yield_data.csv") #读取原始数据
clean_yield_data <- na.omit(raw_yield_data[raw_yield_data$Field ! = "N", ])
  #保留不等于 NA 的行
write.csv(clean_yield_data, "../data_clean/clean_yield_data.csv") #保存文件
```

至此,tomato_project 目录如下所示:

```
|-- tomato_project
| |-- data_raw
| ||-- raw_yield_data.csv
| ||-- README.txt
| |-- data_clean
| | |-- clean_yield_data.csv
|   |--  results
|   |--  src
| | |-- clean_data.R
```

8.3.2.2 数据分析及代码

数据分析产生不同类型的输出,包括文本、表格和图形。例如,将对未配对的两个样本进行 t-检验,以确定在常规管理模式和有机管理模式下西红柿单株产量是否显著不同。这一步最重要的是确定应该使用哪些命令执行分析。一旦使用了交互式工具来探索可能方法,建议将执行数据分析的所有代码作为单独文件。

下面进行非配对两个样本的 t-检验的代码,并将分析结果以纯文本 test_results.txt 形式保存到 results 子目录里:

```
clean_yield_data <- read.csv("../data_clean/clean_yield_data.csv") #导入数据
aov_Weight_Field<- aov (data = clean_yield_data, Weight ~ Field) #不同管理模式下差异检验
capture.output(t_test_Weight_Field, file = "../results/test_results.txt") #将结果保存为文本文件
```

同时,将代码命名为 analysis.R,保存到 src 子目录。另外,如果有其他任何结果如表和图,也应保存在 results 子文件夹中。

运行 analysis.R 之后,project 目录将显示如下:

```
|-- tomato_project
| |-- data_raw
| ||-- raw_yield_data.csv
| ||-- README.txt
| |-- data_clean
| | |-- clean_yield_data.csv
|   |--  results
| | |-- test_results.txt
|   |--  src
| | |-- analysis.R
```

```
| | |-- clean_data. R
```

到此为止，可再现的工作流程基本上已经完成，任何能够获得原始数据和代码的研究人员都可重复和再现此分析过程。

8.3.2.3 工作流拓展

实际上，许多工作流都比较复杂，但可在此模板上直接扩展，即增加更多文件。代码文件、结果文件、可执行文件，将文件添加到 src 和 results 文件夹中，相关文档如稿件和已编译的二进制文件可存放在 project 目录下的 doc 和 bin 等子文件夹中。

除了增加更多的 project 文件外，更复杂的 project 还需要更复杂的工作流。例如，允许在多个 project 之间共享文件，允许基于多个数据集或参数组合进行相同分析，允许在远程计算机上运行分析等。

本例中先执行 clean_data. R 来生成清理后的数据，然后执行 analysis. R 进行统计检验。为了使这个工作流更容易再现，可以添加一个控制或驱动脚本，操作此脚本执行整个工作流的所有子组件。

为此，创建一个 shell 脚本 runall. sh，并保存在 src 目录中。对于本例，只包含两行代码：

```
r clean_data. R
r analysis. R
```

要测试此控制脚本，可删除 data_clean 和 results 中的内容，从命令行导航到 src 目录，并运行 sh runall. sh 命令，查看工作流重新生成的中间结果和最终结果。

除了支持重复研究外，创建“push button”工作流还有第二个好处，即确保任何生成的结果都直接链接到特定的数据集和分析参数，成为一个可复制的工作流模板，准确地删除上面描述的所有结果，使用控制代码运行整个工作流来处理最新数据。

8.3.3 工作流发布

与别人分享代码时，可用 Packrat 包把代码所涉及的包一起封装到项目中，避免因不同机器上的 R 版本不一致而无法运行。

如何将 Packrat 和 RStudio 联系起来呢？如果要将现有的 Packrat 项目引入 RStudio，则在新建 RStudio 项目时，启动 Packrat，即 File -> New project -> New Directory -> Empty Project，勾选“Use packrat with this project”。如果将现有的 RStudio 项目置于 Packrat 监管，可以使用 Tools -> Project Options 将 Packrat 添加到 RStudio 项目。运行 Packrat 后，在 RStudio 目录里，除了 project 目录，还增加了一个 packrat 目录，项目使用的那些包都镜像到里面了。

使用 Git 管理代码的具体方法如下：在 RStudio 面板的右上方，查看 Git，勾选所有文件夹，包括数据文件夹，单击 Commit，并输入 first commit，随后单击 Push，输入 Git repository 用户名和密码，这样就将数据及文件发布到 GitHub 存储库。进一步链接 GitHub 与 Zenodo，便于他人搜索与共享。

(1) 进入 Zenodo 网站(https://zenodo.org/)，单击 Sign Up 按钮，选择 Sign Up with

GitHub,单击 Authorize Zenodo,然后输入 GitHub 密码,通过电子邮件中的链接确认账户。

(2) 登录 Zenodo,在屏幕右上角,单击电子邮件地址,从下拉菜单中选择 GitHub。

(3) 在列表中找到需要链接的存储库,并将开关切换到 ON,这样就将 GitHub 存储库链接到 Zenodo。

参考文献

[1] Araya-Salas M, Smith-Vidaurre G, 2017. warbleR: an R package to streamline analysis of animal acoustic signals. Methods Ecol. Evol., 8: 184-191.

[2] Blischak J D, Carbonetto P, Stephens M, 2019. Creating and sharing reproducible research code the workflowr way. F1000 Research, 8:1749.

[3] Buttigieg P L, Ramette A, 2014. A guide to statistical analysis in microbial ecology: a community-focused, living review of multivariate data analyses, FEMS Microbio. Ecol., 90:543-550.

[4] Cooper N, Hsing P Y, 2017. A guide to reproducible code in ecology and evolution. Technical report, British Ecological Scociety. https://www.britishecologicalsociety.org/wp-content/uploads/2017/12/guide-to-reproducible-code.pdf.

[5] Gandrud C, 2015. Reproducible Research with R and RStudio. 2nd ed. New York: Chapman & Hall/CRC.

[6] Hampton S E, Strasser C A, Tewksbury J J, et al., 2013. Big data and the future of ecology. Front. Ecol. Environ., 11: 156-162.

[7] Kelling S, Hochachka W M, Fink D, et al., 2009. Data-intensive science: a new paradigm for biodiversity studies. BioScience, 59: 613-620.

[8] Kitzes J, Turek D, Deniz F, 2018. The practice of reproducible research: case studies and lessons from the data-intensive sciences. Oakland: University of California Press.

[9] Kranjc J, Roman O, Podpe can V, et al., 2016. Clowd flows: online workflows for distributed big data mining. Future Gener. Comp. Syst., 68:38-58.

[10] Varsos C, Patkos T, Oulas A, et al., 2016. Optimized R functions for analysis of ecological community data using the R virtual laboratory (RvLab). Biodivers. Data J, 4: e8357.

[11] Wegmann M, Leutner B, Dech S, 2016. Remote sensing and GIS for ecologists. Exeter: Pelagic Publishing.